全面推行河湖长制
典型案例汇编
（2023）

水利部河长制湖长制工作领导小组办公室　编
水利部发展研究中心

中国水利水电出版社
www.waterpub.com.cn
·北京·

图书在版编目（CIP）数据

全面推行河湖长制典型案例汇编. 2023 / 水利部河长制湖长制工作领导小组办公室，水利部发展研究中心编. -- 北京：中国水利水电出版社，2023.12
　　ISBN 978-7-5226-1939-2

Ⅰ．①全… Ⅱ．①水… ②水… Ⅲ．①河道整治—责任制—案例—汇编—中国—2023 Ⅳ．①TV882

中国国家版本馆CIP数据核字(2023)第223352号

书　　名	**全面推行河湖长制典型案例汇编（2023）** QUANMIAN TUIXING HEHUZHANGZHI DIANXING ANLI HUIBIAN（2023）
作　　者	水利部河长制湖长制工作领导小组办公室　编 水　利　部　发　展　研　究　中　心
出版发行	中国水利水电出版社 （北京市海淀区玉渊潭南路1号D座　100038） 网址：www.waterpub.com.cn E-mail：sales@mwr.gov.cn 电话：（010）68545888（营销中心）
经　　售	北京科水图书销售有限公司 电话：（010）68545874、63202643 全国各地新华书店和相关出版物销售网点
排　　版	中国水利水电出版社微机排版中心
印　　刷	天津嘉恒印务有限公司
规　　格	170mm×240mm　16开本　21.75印张　331千字
版　　次	2023年12月第1版　2023年12月第1次印刷
印　　数	0001—2000册
定　　价	**88.00元**

凡购买我社图书，如有缺页、倒页、脱页的，本社营销中心负责调换
版权所有·侵权必究

编 委 会

主　　任　陈东明　陈茂山

副 主 任　李春明　刘小勇

编　　委　吴海兵　孟祥龙　刘　卓

参编人员　宋　康　魏雪艳　孟　博

　　　　　　陈　晓　陈　健　王佳怡

　　　　　　李禾澍　李宛华　贺霄霞

前言

全面推行河湖长制，是以习近平同志为核心的党中央从生态文明建设和经济社会发展全局出发作出的重大决策，是促进河湖治理保护的重大制度创新，是维护河湖健康生命、保障国家水安全的重要制度保障。2016年11月、2017年12月，中共中央办公厅、国务院办公厅印发《关于全面推行河长制的意见》《关于在湖泊实施湖长制的指导意见》，在全国江河湖泊全面推行河湖长制。河湖长制推行以来，在党中央、国务院的坚强领导下，各地各部门多措并举、协同推进、狠抓落实，河湖面貌明显改善，人民群众的获得感、幸福感、安全感显著增强。

为贯彻落实好中央关于河湖长制最新部署要求，推动河湖长制从"有名有责"向"有能有效"转变，水利部河长制湖长制工作领导小组办公室（以下简称"水利部河长办"）已连续三年在全国范围内征集了全面推行河湖长制典型案例，为宣传和推广地方河湖长制典型做法，发挥了良好作用。为进一步总结推广各地典型经验，形成互相借鉴、共同提高的良好工作局面，推动各地强化河湖长制工作，2023年，受水利部河长办委托，水利部发展研究中心组织开展了第四次全国范围内全面推行河湖长制典型案例征集和遴选编撰工作，组织专家对各省（自治区、直辖市）和流域管理机构报送的案例进行了甄别、遴选，精选了54篇有代表性的典型案例，将其编辑成册出版发行。

本书设置五个主题板块，反映全面推行河湖长制工作的最新探索和实践，展示各地在强化履职尽责、推进统筹协调、幸福河湖建设、基层河湖管护、智慧河湖建设和公众参与等方面的典型做法与经验。本书对各地强化河湖长制，扎实做好河湖长制各项工作具有重要的参考借鉴价值。

  在案例编选过程中，孙继昌、段红东、柳长顺、胡玮、林锦、吴大伦、孟兆芳、马如国、王晓刚、齐婕、周晖、蔡国宇等专家对案例进行审核把关，各省（自治区、直辖市）河（湖）长制办公室、流域管理机构等相关单位给予大力支持，在此一并致以深切谢意！

编委会

2023 年 12 月

目录

前言

强化履职尽责

1 压实河长责任　聚焦突出问题整治
　　——天津市武清区高质量完成妨碍河道行洪突出问题排查整治工作 ·············· 2

2 抓稳考核"指挥棒"　守好人民幸福河
　　——浙江省宁波市探索分层分类差异化流域化绩效考核 ············ 7

3 实施河湖长述职制度　推动河湖长制"四个深化"
　　——浙江省台州市市级河湖长述职汇报会的探索与实践 ············ 12

4 推深做实河湖长制　探索水环境治理的合肥答卷
　　——安徽省合肥市多部门联动开展派河流域河湖长制进驻式督查 ·············· 18

5 压实河长之责　深化治河之策
　　——重庆市武隆区探索建立"1233"河流管护工作机制 ············ 25

6 创新督查制度　守护河湖健康
　　——四川省首创河湖长制进驻式督查的探索实践 ············ 32

7 灌区河长护航　重塑千年水网
　　——四川省彭州市灌区河长统筹联动助力更高水平天府粮仓

建设 ………………………………………………………………… 38

8 以考核为抓手 促河长履职
——陕西省商洛市抓实河长制考核工作纪实 ……………… 44

推进统筹协调

9 着力构建"三大工作体系" 筑牢一湖碧水生态屏障
——河北省承德市宽城满族自治县全力打造潘家口水库库区及周边区域联防联治联建工作体系实践经验 ……………… 50

10 以"全域治理"探索超大城市治理"新路子"
——上海市浦东新区张江镇以小流域为抓手，促人与自然和谐共生 ……………………………………………………… 56

11 "把支部建在河上" 引领河道联防联治
——河南省南阳市积极探索"河长+全域党建"新模式 …… 63

12 强化流域综合治理 推进河湖生态价值实现
——湖北省宜昌市探索"流域综合治理+生态价值转换"统筹发展新模式 …………………………………………………… 70

13 强化资金统筹 幸福河湖合力建
——湖南省娄底市娄星区推进高灯河综合治理 ……………… 77

14 铸执法监管利剑 保江河清波流远
——广东省清远市创建河长制联合执法点强化执法监管…… 84

15 流域一盘棋 共护一江水
——四川省宜宾市南广河流域"九县联盟"的实践探索 …… 90

16 "一台两圈"聚合力 共建幸福黄河口
——黄河河口管理局构建水行政联合执法协作平台助力建设

  幸福黄河口 ………………………………………………………… 96

17 流域区域联防联治 维护河湖健康生命

  ——沂沭泗水利管理局依托河湖长制平台推动直管大运河问题

  清理整治 …………………………………………………… 102

18 以案促改 技术支撑 河长发力 流域统筹

  ——海委漳卫南局科学稳妥整治漳卫新河河口妨碍河道行洪

  突出问题 …………………………………………………… 108

19 清理整治碍洪重大问题 坚守流域防洪安全底线

  ——珠江水利委员会以河湖长制为抓手强力督导西江干流

  梧州段网箱养殖清理整治 ………………………………… 114

20 聚焦短板弱项 以强化河湖长制推动解决河湖管理重难点问题

  ——松辽水利委员会充分发挥河湖长制作用推动流域

  河湖管理重点工作纪实 …………………………………… 120

21 统筹运作联席会议 强化流域治理管理

  ——太湖流域管理局探索省级河湖长联席会议运作实践 …… 125

幸福河湖建设

22 书写幸福河湖新答卷 擦亮碧水润城新画卷

  ——北京市平谷区实施河道水系综合治理，洵河新城段实现

  华美蜕变 …………………………………………………… 132

23 一湾清水托起复兴梦

  ——河北省邯郸市复兴区全域幸福河湖建设的探索与实践 …… 138

24 坚持"三抓"齐发力 促进桃河漾碧波

  ——山西省阳泉市城区推进桃河段幸福河道创建案例 ……… 145

25 建设幸福河湖　唱响流水欢歌
　　——辽宁省本溪市本溪县小汤河综合治理为县域经济协调发展点燃新引擎 ………………………………………… 150

26 点线面协同推进　构建幸福河湖新图景
　　——吉林省长春市双阳区实施绿水长廊项目打造幸福河湖 …… 156

27 幸福中山河　水美秦淮源
　　——江苏省南京市溧水区传承弘扬水文化助力水利高质量发展 …………………………………………………… 162

28 微改造　精提升　幸福新安再提级
　　——安徽省黄山市以"绣花"功夫推动新安江屯溪段国家级示范河品质再提升 ……………………………… 168

29 "第一视角"解码世遗之城的"幸福河湖"
　　——福建省泉州市幸福河湖建设探索实践 …………………… 174

30 宜水河"一河五治"打造人民满意的幸福河
　　——江西省宜黄县宜水幸福河湖建设的做法与启示 ………… 180

31 建设"三通六带"特色水网　描绘幸福河湖崭新画卷
　　——山东省德州市建设现代水网打造"德水新韵"现代水城纪实 ……………………………………………………… 185

32 擦亮生态底色　让幸福河湖润泽美丽洛阳
　　——河南省洛阳市以河长制为抓手推动幸福河湖建设实践 …… 191

33 南岗河的幸福蝶变
　　——广东省广州市黄埔区大都市小流域幸福河湖建设的探索与实践 ……………………………………………… 198

34 三河汇碧焕新颜　临江碧水载幸福

——重庆市永川区"三步发力"推动临江河幸福河湖建设 …… 204

35 绿色始于心　河长践于行
——贵州省贵阳市以河长制为抓手，共绘南明河"一水环城将绿绕"美好画卷 ………………………………………… 210

36 建设幸福河湖　邂逅诗画银川
——宁夏银川市全面推进幸福河湖建设的实践经验 ………… 215

基层河湖管护

37 河长制融入积分制　共建共享河湖新生态
——天津市宝坻区新开口镇以乡村治理积分制凝聚河长制管理新力量 ………………………………………………… 224

38 水管家助推河长制有能有效
——江西省抚州市广昌县构建"五位一体"管护新模式推进农村小微水体治理 ……………………………………… 229

39 党员协理聚合力　河湖治理开新局
——湖南省岳阳市创新推行河湖治理"党员协理长"工作机制 ………………………………………………………… 234

40 创建河流村级自护站　赋能全民管河新力量
——湖南省永州市江永县蹚出河湖基层"共建共管"新路径 … 241

41 "绿城水都"描绘水清岸绿新图景
——广西梧州市全面推进河湖长制推动河湖长治 …………… 248

42 创新举措呵护郪江美
——四川省绵阳市三台郪江流域"4+2"模式破解河道清理难题 ……………………………………………………… 254

43 以水绘就茶乡美　唱响富民幸福歌
　　——贵州省遵义市湄潭县坚守"四全四治"推进河湖治理
　　管护 ………………………………………………………………… 259
44 助力世界遗产活态传承　让太湖溇港永续生辉
　　——太湖溇港世界灌溉工程遗产保护传承利用的探索实践 …… 265

智慧河湖建设与公众参与

45 共护瀛洲碧水　同享幸福河湖
　　——上海市崇明区构建"万、千、百"爱水护河体系，奋力
　　书写全民治水新篇章 ……………………………………………… 272
46 "数字明湖"赋能幸福河湖管护迭代升级
　　——安徽省滁州市数字明湖项目驱动管护方式"智慧转型" …… 279
47 探索河湖治理多元参与　同心共守绿水青山
　　——福建三明市以民主监督推动幸福河湖建设实践 …………… 286
48 建设智慧河湖　演绎"靖安经验"
　　——江西省宜春市靖安县智慧河湖建设实践 …………………… 292
49 "一网统管"智能管理　赋能河库精细管护
　　——湖北省襄阳市智慧河湖建设工作实践 ……………………… 298
50 五位一体　共筑清水梦
　　——广东省广州市全民参与爱水护水工作实践 ………………… 304
51 深化拓展"河长＋"体系 "污染者"变身"治理者"
　　——重庆市九龙坡区探索企业河长治水新思路 ………………… 310
52 牵起家校之手　共建幸福之河
　　——四川省成都市双流区河长制进校园的探索实践 …………… 316

53 创新引领　数字赋能
　　——四川省遂宁市河道采砂数字化监管实现"云"护河 ……… 322

54 以"智水"　促"治水"
　　——新疆博州走出河湖智慧管护新路…………………………… 327

强化履职尽责

压实河长责任　聚焦突出问题整治

——天津市武清区高质量完成妨碍河道行洪突出问题排查整治工作[*]

【摘　要】 2022年，天津市总河湖长1号令，要求各区全面完成妨碍河道行洪突出问题整治工作，武清区坚持高位推动、全面排查、高质量整改，在时间紧、任务重的复杂形势下，切实提高政治站位，牢固树立全区上下"一盘棋"的思想，区委、区政府始终坚持"以人为本"的工作理念，贯彻"保民生、促发展"的工作方针，高质量落实上级部门工作要求的同时，最大程度保障人民群众合法权益和生命财产安全，全面完成武清区碍洪点位整治工作，其中北运河点位11处，永定河点位35处，均较计划时间提前高质量销号工作，为武清区河道行洪畅通、守住防洪排涝安全底线提供了有力保障。

【关键词】 妨碍河道行洪突出问题　排查整治　高位推动　责任落实

【引　言】 2022年，武清区深入学习习近平总书记关于防汛抗旱和防灾减灾救灾工作的重要指示精神，全面贯彻落实天津市2022年总河湖长1号令文件精神，全力做好妨碍河道行洪突出问题整治工作。面对碍洪问题整治工作时间紧、任务重的复杂形势，武清区上下切实提高政治站位，增强"四个意识"、坚定"四个自信"、做到"两个维护"，充分认识开展碍洪问题整治工作的重要性和紧迫性，各级河长履职尽责，不遗余力抓好落实，碍洪问题整治工作高质量完成销号，全面保障了河道行洪安全。

一、背景情况

2022年1月，武清区河（湖）长制办公室按照《天津市开展妨碍河道行洪突出问题集中排查整治工作实施方案》及《市河（湖）长办关于印发天津市妨碍河道行洪突出问题"三个清单"的通知》的工作要求及

---

[*] 天津市武清区河（湖）长办公室供稿。

安排，会同天津市永定河管理中心、区水务局等相关单位通过召开会议、实地踏查等方式，针对疑似点位进行对接，最终明确武清区碍洪问题点位46处，其中北运河11处，分别涉及大良镇5处，南蔡村镇6处；永定河35处，分别涉及豆张庄镇6处、黄花店镇18处、黄庄街道11处。

北运河武清段河道长62.3公里，经研判，北运河武清段妨碍河道行洪突出问题11项，主要涉及房屋9处、集装箱堆放1处、种植大棚1处。其中2处点位为南蔡村镇蓝耕果蔬种植专业合作社经营的种植园大棚和房屋。武清区南蔡村镇蓝耕果蔬种植专业合作社位于北运河左堤16+000处滩地内，属大王甫村，占地面积200余亩，土地性质为一般耕地，涉及50余户村民土地。该种植园为天津能源集团帮扶建设，总投资1077.5余万元，涉及市、区财政补贴215.25万元，能源集团帮扶61万元，村自筹1.25万元，合作社投入800余万元。种植园内有大型日光温室8座，占地24亩；小型日光温室10座，占地10亩；桃树15亩；苹果树15亩；葡萄20亩；灌溉管道总长4.5公里等。该种植园每年支付村民土地承包费1450元/亩，同时村内部分村民在种植园内劳作。种植园的土地承包费是当地村民家庭主要经济来源，特别是疫情期间，成为部分村民的唯一经济收入。种植园的拆除不仅会影响村民收入，甚至会给当地社会稳定造成影响。

大良镇阿拉斯加小镇生态园房屋整改前　　　　大良镇阿拉斯加小镇生态园房屋整改后

永定河武清段河道长27.8公里，永定河泛区武清境内面积96.65平方公里，涉及黄庄街道、豆张庄镇和黄花店镇三个镇的29个行政村，耕地面积9.9万亩。经研判，永定河武清段妨碍河道行洪突出问题共计35

项，主要涉及坑塘及土埝 13 处、种植大棚 7 处、桥梁 8 处、房屋 7 处。按照水利部工作安排，2022 年 5 月上旬需开展永定河全线通水工作，不仅要确保泛区内居民生命财产安全，顺利完成永定河通水任务，还要迅速推动永定河 35 处碍洪点位整改工作。

二、主要做法和取得成效

（一）提升思想认识，高位"推"

武清区坚持把贯彻落实 2022 年天津市总河湖长 1 号令精神，扎实开展碍洪突出问题整治工作作为推动河湖长制从"有名有责"到"有能有效"的重要举措。区级双总河湖长先后 5 次到永定河点位现场听取整改汇报并推动问题整改，区级河湖长多次到永定河、北运河点位现场推动整改，亲自部署协调属地政府加快问题整改。区河（湖）长办下发《关于贯彻落实天津市 2022 年第 1 号总河湖长令〈关于开展妨碍河道行洪突出问题清理整治的决定〉的通知》至全区 35 个镇街园区及河湖长制工作领导小组成员单位，要求各单位积极组织学习 1 号令精神，适时组织开展培训等工作，并将各单位 1 号令落实情况纳入区级月度考核内容，确保抓实抓细 1 号令工作任务，推动河湖长制各项工作目标高质量完成。

（二）强化组织领导，全力"推"

按照《天津市开展妨碍河道行洪突出问题集中排查整治工作实施方案》的部署，武清区河（湖）长办第一时间组织天津市北三河管理中心、天津市永定河管理中心、区水务局相关业务科室召开专题会议，研究部署碍洪突出问题集中排查整治工作推进措施等，组织问题点位属地政府召开点位整改协调推动会，并深入现场核查各点位情况，在市级部门明确时间节点为 7 月 15 日全部整改完成的基础上，提前一周完成全部整改任务，强力推进妨碍行洪整治工作。

（三）坚持问题导向，清单"推"

在排查整治工作中，武清区通过现场核查、无人机巡检等多种手段，全面深入开展排查整治，横向到边、纵向到底，不留空白、不留死角。对妨碍河道行洪各类突出问题认真梳理，建立整治台账，明确整改措施、完成时限，由区、镇街园区、村三级河长共同作为责任人，形成问题、任务、责任"三个清单"，做到发现一处、清理一处、销号一处，扎实推进排查整治工作。

通过以上工作，永定河 35 处碍洪点位整改工作较原计划提前半年完成目标任务，仅用一个月的时间完成全部整改工作，顺利实现永定河全线贯通。北运河 11 处点位于 2022 年 12 月 20 日完成全部整改工作，武清区碍洪点位全部完成高质量销号工作，为全区河道行洪安全奠定坚实基础。

三、经验启示

（一）高位推动到位

武清区区委、区政府主要领导高度重视碍洪点位整改工作，就碍洪点位整改工作多次作出重要指示批示，多次带领相关部门到重要节点进行现场督导，组织研判重难点问题，逐一落实解决方案，全力推动整改工作落实到位。区水务、农委、各相关镇街，在区委、区政府的正确领导下，牢固树立"一盘棋"思想，凝心聚力、形成强大工作合力，坚决落实整改任务。武清区河（湖）长办树立大局观念，充分发挥职能作用，严格落实区级双总河湖长工作要求，联合区水务、农委、属地镇街和永定河治理工程管理部门，多次现场核查碍洪点位具体情况，明确各属地镇街为拆除碍洪点位第一责任人，落实一处、拆除一处。武清区碍洪点位整治工作能够顺利完成依托于区、镇、村三级河湖长的制度优势，体现出武清区各级河湖长在区级双总河湖长的领导下，能够秉承"担当作为、勇挑重担"的工作执念，实现河湖长从"有名有实"向"有能有效"转变。武清区区委、区政府始终坚持"以人为本"的工作理念，贯彻"保民生、促发展"的工作方针，高质量落实上级部门工作要求的同时，最大程度保障人民群众合法权益和生命财产安全。

（二）细致排查到位

按照市河（湖）长办、市水务局关于妨碍河道行洪突出问题的排查要求，武清区河（湖）长办积极对接天津市北三河管理中心和永定河管理中心，就排查工作召开研讨会，明确排查范围、类型等问题。武清区河（湖）长办组织区水务局、规自局、交通局、农委、城管委等相关部门对辖域内一级河道滩地、堤防进行全面排查。在排查整治工作中，武清区河（湖）长办通过现场核查、无人机巡检等多种手段，全面深入开展排查整治，对问题点位土地性质、建设时间等进行多次核查，逐个点位登记详细信息，确保横向到边、纵向到底，不留空白、不留死角。

（三）责任落实到位

将碍洪问题整治工作纳入区级河湖长制考核工作，对影响点位整改或整改工作进展缓慢的镇街在月度考核中进行扣分处理，对进展严重滞后的镇街级河湖长进行追责问题，全面压实各级河湖长责任。同时，借助河湖长制管理平台强化问题排查，对发现的问题立查立改，并对整改后的点位及时开展回头看，确保问题不反弹，整改责任落实到位。

（执笔人：逄静）

抓稳考核"指挥棒" 守好人民幸福河

——浙江省宁波市探索分层分类差异化流域化绩效考核[*]

【摘　要】 为充分发挥河湖长履职的主动性、积极性和实效性，客观反映河湖长履职工作成效，实现长效管理，宁波市不断优化河湖长绩效考核机制，积极探索实施"分层分类、导向结合、差异化、流域化、公众参与"的考核模式，创新工作机制，上下联动，让治水成果全民共享，为宁波打造中国式现代化市域样板贡献力量。

【关键词】 绩效管理　考核体系　创新机制

【引　言】 宁波市自河湖长制提档升级开展以来，对绩效考核机制的优化取得了一定的成果、成效。通过探索利用河湖长制平台因地制宜采取针对性优化设计，提升各级河湖长管理效率、治理水平和保护成效，为进一步完善河湖长制提供借鉴。

一、背景情况

宁波市地处东海之滨，河网水系密布，是典型的浙东水乡，境内河湖水生态安全、水质安全直接关系居民的生产生活水平和质量。优化河湖长绩效考核机制是河湖长制提档升级工作的重要抓手，是强化履职管理、提高主观能动性、实现长效管理的重要举措，建立科学合理的绩效考核体系至关重要。宁波市归纳总结历年绩效考核与管理经验，分析各级河湖长履职主要存在三方面的不足：一是履职评价内容单一，早期以巡查为主要考核内容的评价机制导致河湖长工作质量不高，各级河湖长

---

[*] 浙江省宁波市河长办供稿。

巡查发现上报问题、解决问题、组织协调、宣传发动等工作发挥作用不足；二是工作积极性不足，河湖大小不一、类型多样，不同层级水域的管理、治理、保护现状也不具可比性，单一的以问题发现和解决的加分机制或者以"水质论英雄"的绩效评估导致河湖长履职存在畏难情绪；三是协调联动主动性不强，分级分段的管理体系割裂了水体干支流治理的联动性，社会参与治理的渠道不足导致对河湖长工作的认识理解存在偏差。这些问题的解决需要有针对性地优化考核评价内容和指标，以激励各级河湖长发挥能动性，提升绩效管理水平。

二、主要做法

（一）分层分类、导向结合，制定科学评价新体系

根据不同层级河湖长工作职责和权限差异，完善"县、镇、村"三级河湖长履职评价和量化考核办法，综合评估河湖长的执行力、竞争力、领导力、协作力、号召力等方面的能力。一是突出履职侧重点。层级越高，对于反映领导能力的组织督导项目要求越高；层级越低，对于执行力的日常履职项目要求越高。河湖长制工作的中心一定是提升河湖健康状况、提高人民的满意度水平，因此，反映各级河湖长履职的竞争能力的绩效评估指标权重最高。二是采用"321"工作导向模式。根据不同层级河湖长履职主要问题制定年度主要的工作任务、基本的任务数量目标，并对年度工作质量进行结果性评估。其中县级河湖长以问题、目标、结果为导向，镇级河湖长以问题、目标为导向，村级河湖长以问题为导向分层考核。三是采取定量和定性结合的通报制度。月度积分定量排名，年度结果星级定性评价，最终成绩由上级河湖长审定。对不同层级的河湖长制工作进行客观科学评价并通报，保证考核的科学性和公平性，不仅提高了工作效率，同时也有更大的容错空间。2022年度，285个县级河湖长履职平均积分综合评定优良率为96.14%，合格率达100%。

（二）数字赋能、差异考核，打造智慧评价新模板

探索实施"结果评定＋目标成效"的差异化考核体系，以数字技术打破信息壁垒，从数据"一张图"到评价"一张网"，打造河湖长"智治"新格局。一是激发河湖长履职积极性，改变以往关注结果远多于过

程的考核模式，没有好的过程就不会有好的结果。各级河湖长通过阶段结果评定，自行设定完成绩效目标任务数量，减少年度河湖基础状况差异改善缓慢引起的考核得分差距，使不同类水域的河湖长履职更具可比性。二是加强河湖长履职的针对性，根据"绿水币"平台公众满意度调查结果，结合河湖长年度宣传目标成效，监督评价河湖管理绩效；根据河湖水质评价结果，结合河湖长推进"一河一策"项目实施目标成效，监督评价河湖治理绩效；根据无人机、无人船重点抽查评估结果，结合河湖长开展卫星遥感普查整治目标成效，监督评价河湖流域保护绩效。三是强化大数据应用的精准性，2022年实行"一段一评""一事一评"，收集公众满意度调查164.8万人次，公众满意度从上半年的67.7%提升到87.9%；部署乡镇段级水质抽检点位2500余个，全年全市水质质量指数提升9.1%，涉水问题主动发现率提升120%，进一步推动河湖长履职工作有能有效。

考核项目		类型	县级	乡级	村级
日常履职	巡查		周期巡查、排查		
		成效	河湖美景实拍	河湖美景实拍	河湖美景实拍
	培训		在线视频课程	在线学习	在线学习
组织督导	一河一策		有	有	/
	专题会议		有	/	/
		成效	解决基层系统性问题的会议纪要	/	/
	对下考核		有	/	/
	述职报告		有	/	/
绩效评估	管理		河湖圈满意度得分（公众）		
		成效	宣传等	问题发现与处理	问题发现与处理
	治理		河湖圈状况得分		公众评测
		成效	专项活动通报表扬、水质提升等	专项活动通报表扬（区县自定）	
	保护		水质监测、全河段无人机技术巡查		
		成效	河湖健康评价调查（遥感等）	一河一策水域调查（构筑物、岸线、缓冲带拍照）	一河一策水域调查（社会服务功能点拍照）
联防联控	巡查率		/	河湖圈各级河湖长巡查率	
	排查率		/	河湖圈公示牌排口排查率	
	办结率		河湖圈一般、重大问题办结率		
	调查率		河湖圈水域调查完成率		
公众参与	社会协管		河湖圈公众活跃度		
	公众活跃	成效	民间河长公益活动成效	绿水币平台协管团队成效	绿水币平台协管团队建设

分类考核表

（三）联防联控、公众参与，创建河湖共治新模式

探索"河湖圈"治理模式，打破干支流碎片化现状的责任僵局，促进分段河湖长向分片河湖长调整转化。一是提升流域统筹能力，把相关干支流4级河湖长整合到一个团队，让多层级、多行政区划、多部门在最高层级河湖长的协调下开展工作，将下级支流治理纳入干流"一河一策"统一编制，进一步完善了上下级、左右岸、干支流流域治理方案。二是强化上下级联动，设置"河湖圈"年度团队任务，下级河湖长的问题发现整改情况与上级河湖长流域内问题总办结率挂钩。村级河湖长对涉水对象如排口、公示牌的排查完成情况与上级即乡级河湖长的平均排查完成率挂钩，乡级河湖长对水域污染、生态岸线等调查完成情况与上级即县级河湖长平均调查完成率挂钩，三是加强社会公众参与度，基层河湖长组织公众志愿者活动收集提出问题，经过调查整理提出河湖治理项目需求；上级河湖长组织行业部门、民间河长对基层开展业务培训，召开专题会议对相关事项协调部门联合治理、联合执法予以解决，既提升了基层排查的覆盖面和调查专业性，又提高了本级调查完成率、问题办结率。2022年，我市组织护水、培训、宣传活动439场，巡查活跃累计约130万人次，全年公众发现问题占比39.2%。

三、经验启示

河湖长制工作最大的依靠是广大的河湖长，联合各级部门、社会、群众，打击各类危害河湖健康生命的行为，所以制定绩效考核要把引导各级河湖长敢做事、会做事、做成事作为重中之重。

首先，绩效考核的核心是激励。赋予各级河湖长的职权是对政府及主管部门履行职责的监督、协调职权，通过分层分类绩效考核机制进一步规范和引导各级河湖长高效履职，通过目标导向的正面激励清单指导不同层级河湖长履行其职责范围内的工作内容，去提升他们的履职热情，激发他们的荣辱意识，用积分体现他们的工作成效，进一步促进河湖长牵头、多部门联治、上下游共治、左右岸同治、全社会群治的河湖管理保护机制落到实处。

其次，绩效考核的重点是成效。河湖长制工作是一项长期、有利民生的工作，不同层级河湖长、不同类型河湖所需要解决的问题是不同的，不能将河湖评价结果和绩效死死地挂钩在一起。通过差异化的考核目标的设置，使绩效考核体系更加科学、更有可操作性、更具全面性，让各级河湖长看到自己工作所取得的成绩，也能发现工作中存在的问题，鼓励各级河湖长公平竞争、提升工作成效。

最后，绩效考核的关键是团队。流域化团队考核工作丰富了河湖长履职的应用场景，同时也带来良好的效益，也使流域的治理更加精准、科学。通过考核河湖长的团队绩效，基层支流河湖长获得上级更多专业资源支持，避免"无力躺平"的情况出现。下一步要强化各级河湖长组织民间力量参与的力度，通过招募"民间河湖长"提高社会参与的专业性，引导社会公众志愿者参加各类护水公益活动，形成全社会齐抓共管的局面。

（执笔人：刘俊伟）

实施河湖长述职制度
推动河湖长制"四个深化"

——浙江省台州市市级河湖长述职汇报会的探索与实践[*]

【摘　要】台州市坚持每年召开高规格的市级河湖长述职汇报会，全面检查河湖长履职情况，有力推动河湖长制工作，不断强化制度刚性约束，在浙江全省范围内形成较为规范的河湖长述职"台州样本"。为避免述职制度建设不够完善、制度效用不够显著等情况，台州述职汇报会坚持"四个深化"，以述评结合深化责任担当意识、以总河长部署深化目标方向引领、以对标落实深化履职见实见效、以警示曝光深化顽疾痛点攻坚，促进河湖长履职更加规范，排名保持前列，治理取得实效，群众满意度提高，有效推进河湖长制迭代升级。

【关键词】　河湖长述职制度　总河长部署　"四个深化"

【引　言】根据党中央、国务院关于全面深化河湖长制工作的重要部署以及浙江省委、省政府工作要求，台州注重河湖长述职制度建设，每年召开市级河湖长述职汇报会，发挥好述职汇报会的效用，使河湖长述职成为一项长期坚持的工作制度。本文从河湖长述职制度存在的不足之处出发，分析总结台州市的具体做法和取得的成效，探索在原有运行机制下，通过制度设计、考核评价和规范化管理相结合，强化河湖长履职监督管理，助力河湖治理取得实效，推动河湖长制从"有名有责"向"有能有效"转变，为河湖长制工作制度建设提供借鉴参考。

一、背景情况

河湖长述职制度是强化河湖长履职尽责的重要制度保障，实施过程

[*] 浙江省台州市河长办供稿。

中存在制度建设不够完善、制度运用有待加强等情况，主要体现在三方面：一是"述而不评"，河湖长述职是对全年工作的总结、检查、评价，早期述职以书面报告方式居多，缺少大会述职汇报发言，缺少对述职工作评价，容易造成述职意识不强、质量不高、氛围不浓的情况；二是"述而不为"，河湖长述职的目的是有效履职，促进河湖治理，部分河湖长述职侧重日常工作程序，对河湖治理工作的组织、方案的制定、项目的推进等不够系统性安排，河湖长制发挥的作用还不够显著；三是"述而不究"，部分河湖长对发现的河湖突出问题，督促、协调、跟踪落实不够到位，未能形成有效的闭环处理机制。

二、主要做法和取得成效

台州市坚持召开市级河湖长述职汇报会，不断完善河湖长述职制度，强化河湖长履职考评管理，着力推动河湖长制工作"四个深化"。

（一）坚持述职汇报机制，着力深化责任担当意识

2022年5月，台州召开全市最高规格的市级河湖长述职汇报会，自2015年以来已经连续第8年召开，述职汇报会已经成为一项常态化工作制度。坚持重要会议强化意识，参加会议的包括党委、政府、人大、政协四套班子主要领导及全体成员，县级总河长以及市级联系单位主要领导等，各市级河湖长均做到高度重视，认真对待，系统全面地向市主要领导、总河长和大会做汇报。坚持述评结合强化责任，会上，市委、市政府主要领导、总河长对河湖长履职、河湖长制年度工作进行点评，会上播放警示片曝光河湖存在的突出问题，促使河湖长认真总结，主动查找短板问题，强化工作交办督办，进一步压紧压实责任，不断提升治理水平。坚持层层带动强化履职，会后各市级河湖长、县级总河长进行再研究、再部署、再落实，层层传导压力，链式聚焦治理，全市上下形成思想统一、行动一致的强大工作合力。2020年台州在全省率先实施河湖长履职考评，30位市级河湖长分别听取县级河湖长述职汇报，对县级河湖长考评赋分；2020至2022年台州市级河湖长履职排名分别位于全省第4名、第2名和第2名；2022年全市水环境质量综合评价实现从良好向优秀的历史性转变，并获得浙江省政府授予的"大禹鼎"荣誉。

（二）坚持总河长部署，着力深化目标方向引领

在每年述职汇报会上，市级总河长对河湖长制工作进行全面部署。2022年是河长办机构转设到水利局的第一年，会议重点强调河湖长制新体系建设、新目标确定、新机制运行等工作，进一步发挥河湖长制牵头抓总的作用。促进思想站位提高，总河长要求，把河湖长制工作作为贯彻落实习近平生态文明思想的重大实践进行定位，摆到忠诚拥护"两个确立"、坚决做到"两个维护"的高度上进行把握，摆到奋力打造"重要窗口"的大局中审视，扛起生态建设"先行示范"的绿色担当。促进新目标任务确立，坚持河湖长制以纲促行、以令促治、以述促效，总河长为河湖长制工作定目标、绘蓝图，由市政府印发《关于加快构建现代水网 全面建设幸福水城的实施意见》，确定水安全可靠、水资源优质、水生态健康、水城市宜居、水管理智控作为河湖长制当前和今后一个时期的工作目标。

台州市2022年总河长令

台州市总河长对重要工作事项提出具体时间要求，促进重要事项落实，各地各部门及时落实到位。如在新体系建立上，各县、市、区均在6月份完成河长办转设到水利部门，其中台州市本级在全省率先完成机构转设，实现国家、省、市、县体制上下贯通；在总河长令发布上，各县、市、区均在6月底前完成总河长令签发，形成总河长令推动体系机制建设、重点工作落实和重大问题解决的工作模式；在河湖长考评上，市、

县两级落实河湖长制考评管理，做好指导帮扶，开展"月晾晒、季比拼、年通报"方式促进河湖长履职。2022年共组织47次、4087人河湖长制培训，并创新实施覆盖1800名县、乡级河湖长的网上在线培训。

（三）坚持对标落实，着力深化履职见实见效

全市进一步增强河湖治理和打造样板的意识，依托"一河一策"实施方案，落实河湖治理任务，开展一系列新举措。行动更密集，2022年述职汇报会前后，半数以上市级河湖长认真落实履职要求，密集开展巡查工作，组织召开专题会议，有效带动400多名下级河湖长进行日常巡查，及时协调处理发现的问题，民间河长和志愿者广泛开展服务行动，公众护水人数达到42.69万，占全市常住人口的6.44%。举措更深化，如三条河市级河长在"一河一策"年度实施计划的基础上，细化分解年度重点项目任务，纳入市委督查每月专项通报；山水泾市级河长在工作部署的基础上，要求联系单位多次召集黄岩区、路桥区和10多个部门研究具体项目落实；各级河长办组织集中检查和交叉检查，覆盖60%以上的县级河湖长责任河湖，对县级河湖长督促整改和履职扣分的达到35人（次）。成效更显著，2022年市、县级河湖长推动实施200多项河湖治理项目，"一河（湖）一策"年度实施计划工作项目完成率达到90%，全面完成第一轮污水零直排区建设，整治六类入河排口1128个，开工改造农村生活污水处理设施416个，全市各级河湖长巡河27万余次，发现解决河湖问题8.3万个，巡查率和问题处理率均超过99%。

（四）坚持曝光警示，着力深化攻坚顽疾痛点

在述职汇报会上播放水环境突出问题警示片，曝光一批久督未改和反复治、治反复等河湖顽疾问题。参加会议的市级河湖长和县级总河长均高度重视，在会后迅速走现场、查原因、督责任、抓整改。市级总河长签发2022年第2号总河长令《关于完善工作交办机制提升河湖长制效能的通知》，建立河湖长交办"三表单"工作闭环管理模式，强化工作交办执行力。近两年警示片曝光了久督未改、基础薄弱、管理缺位、断面超标4类29个问题，较典型的问题如：椒江区章安街道椒江堤塘外滩涂养殖问题，违规占用14多万平方米，涉及当地村民资金投入和收益来源，整治难度大，会后椒江市、区两级河长重点研究落实，公安、行政执法、

经河湖长审定后联系单位印发"一河一策"年度实施计划

水利等部门联合行动进行拆除；椒江区海门街道枫南河、临海市涌泉镇戎旗村环山河、温岭市泽国镇五里泾村江厦大港、台州湾新区白洋河等污水直排问题，通过河湖长交办、书面督办和挂牌督办等形式跟踪落实，市委督查室会同相关部门现场核查。警示片曝光的问题，均已于当年12月底前整改到位。

2020年警示片中重大问题整改前后对比图（温岭市箬横垃圾填埋场渗滤液渗滤问题）

三、经验启示

（一）述职汇报会是党委政府主要领导重视和推动工作的有效载体

河湖长体系是以党政领导负责制为核心的责任体系，党委政府主要领导、总河长通过述职会议听取汇报和工作部署，有效检查一年来河湖长履行职责情况，加强顶层设计，指明方向，确定重点，进一步增强河湖长责任感，落实河湖长制工作任务。

（二）述职汇报会是解决突出问题和推进重点工程的有效途径

在全市最高规格的会议上曝光河湖突出问题，对责任河湖长起到警示作用，促进河湖长进一步查找薄弱环节，督促协调解决存在的问题；会议有效推进河湖治理重点工程项目实施，解决建设中的"堵点难点"，加快幸福河湖和污水零直排等项目进度，促进河湖长主动担当作为和发挥前头抓总的作用。

（三）述职汇报会是促进规范履职和系统治理的有效结合

以述职汇报会全面检视"河长制"促"河长治"，一方面检查督促河湖长履职的"程序规范"，实行向上级河湖长述职和对下级河湖长评定等，纳入河湖长考核，促进工作开展规范高效；另一方面检查督促河湖长履职的"目标实现"，将河湖治理成效、幸福河湖建设、一河一策方案和水质改善情况等作为述职的重要内容，并纳入河湖长考核，促进河湖治理取得实效。

（执笔人：姚加健　林扬　谢子洋　李兆伟）

推深做实河湖长制
探索水环境治理的合肥答卷

——安徽省合肥市多部门联动开展派河流域河湖长制进驻式督查*

【摘 要】 为深入贯彻落实习近平总书记视察安徽的重要讲话精神，建设"河畅、水清、岸绿、景美、人和"的幸福河湖，加快"让巢湖成为合肥最好的名片"，2020年9月，安徽省委常委、市委书记虞爱华签发市总河长1号令，印发实施《合肥市问题河流河长制工作整治专项调度方案》，围绕河湖长履职、河道岸线管理、面源污染防治、涉水项目建设、污水处理厂运营等方面，部署对市域问题河流开展全方位、进驻式督查。目前，市河长办牵头，会同市有关部门对派河等6条河流开展了进驻式督查，累计出动1600余人次，取样检测972次，交办问题1240个，扭转了滁河年度均值不达标的局面，实现了南淝河流域干支流水质全面达标，守护了皖北人民的输水廊道。

【关键词】 总河长令　进驻式督查　联勤联动

【引 言】 2020年8月，习近平总书记考察安徽、亲临合肥，指出"巢湖是安徽人民的宝贝，是合肥最美丽动人的地方。一定要把巢湖治理好，把生态湿地保护好，让巢湖成为合肥最好的名片"。合肥市大力实施巢湖生态保护与修复工程，建设环巢湖十大湿地，巢湖综合治理取得积极成效。下一步，合肥将大力实施"五大工程"（碧水、安澜、生态修复、绿色发展、富民共享工程），瞄准"四大定位"（大湖治理的典范案例、城湖共生的示范工程、江河连通的重要链接、人湖和谐的壮美画卷），全力推动巢湖综合治理各项工作，着力把巢湖打造成合肥最好"名片"。

---

* 安徽省合肥市水务局供稿。

一、背景情况

巢湖是我国五大淡水湖之一，湖区面积780平方公里，位于长江下游左岸，流域面积1.35万平方公里，地跨5市16个县（市、区），拥有39条入湖支流。为抗御江洪倒灌侵袭和蓄水灌溉、发展航运，20世纪60年代相继建成了巢湖闸、裕溪闸等控湖工程，但水体封闭后，水污染问题越来越严重，"九五"期间被列为全国重点防治的"三河三湖"之一。

从巢湖自然条件看，大湖治理是世界性难题，巢湖本底条件导致难上加难。巢湖呈浅水碟形，平均水深不到3m，上游是江淮丘陵，下游为低洼水网圩口，地形多样、气候多变、水系复杂。20世纪中后期以来，巢湖接纳周边工业和生活污水，水体封闭性强、流动性慢、交换周期性长，自身净化能力持续下降；此外，巢湖北岸500平方公里含磷地层，矿山开发易造成地表天然本底磷随雨水进入河湖。

从环境承载能力看，存在污染刚性增量与环境有限容量的矛盾。合肥每年新增约30万就业并参保大学生、30万市场主体、30万机动车辆，预计到2025年，实有人口将超1300万，城区经处理后的入河尾水量将超7亿 m^3，占入湖水量1/5。此外，存在农业稳产增收与农药减量增效的矛盾，巢湖流域农业面源污染COD、氨氮、总氮、总磷分别占水污染物入河量的20%、25%、40%、43%，需要协同好农业稳产保供与化肥、农药减量。

二、主要做法和取得成效

派河是巢湖的重要支流，也是引江济淮的重要输水通道，一头连着巢湖综合治理，一头连着广大皖北群众饮水安全。为了确保引江济淮通水前派河干流水质稳定达到Ⅲ类水标准，根据市总河长1号令，市河长办牵头组织水务、生态环境、城乡建设、农业农村等部门开展派河流域河长制进驻式督查（以下简称"派河行动"）。

（一）实行进驻督查，建立河长联动、专班进驻的指挥体系

一是联动督导。盯紧"让巢湖成为合肥最好的名片""让皖北人民喝上引调水"的目标，市委书记、市级总河长一线督导，提出工作要求；

市总河长、市长督导派河流域 8 号排口、城西排涝站等水环境问题，要求从严从快整改；流域 5 县区成立整改专班，各县级总河长定期调度，推动治理由"被动干"向"主动干"转变。二是靠前指挥。市委副书记、派河市级河长担任派河河湖长制进驻式督查领导小组组长驻点县区并致"亲笔督办信"；市副总河长、副市长现场督导派河行动。三是进驻督查。坚持"管行业就要管责任"的原则，成立由河长办牵头，水务、城建、生态环境、农业农村等部门参加的督查组，开展为期约 80 天的一线现场检查。

派河：全景潭冲

（二）聚焦问题根源，推行部门协同、溯本求源的排查模式

一是查"领域"。在指挥部牵头下，水务部门围绕河湖管理范围内建设项目管理，生态环境部门围绕入河排污口、河湖水质监测，城建部门围绕雨污管网整治、污水处理厂提标改造，农业农村部门围绕农业面源污染防治理，共同研判 32 次，理清问题成因、整改任务和部门责任，协同精准治理。二是查"水岸"。坚持"水岸同治"原则，针对派河流域"五多"（支流多、跨区多、高校多、企业多、排口多）的特点，通过无人机飞、人工步巡、机器人爬、潜望镜探的"空地管"一体方式，排查入河排口 481 个、不规范截流设施 71 座、小区 536 个、工厂 1205 家、学校 88 所、集市 10 个、工地 40 处、写字楼 52 栋，发现管网错接、偷排漏排、面源污染等问题 434 个。三是查"重点"。针对王建沟、斑鸠堰河两条重污染支流地下暗涵多、排查难度大的情况，督查组人员佩戴防毒面具、氧气瓶，下潜管道拉网式摸排，首次发现"地下排口"87个并向上溯源9条市政道路和46个大排水户存在排污问题。

派河：幸福河湖

（三）强化共管共治，制定智库参谋、市县齐抓的联动机制

一是专班统筹。制定《派河流域水环境问题"1+N"整改总体方案》（"1"为市级专项行动发现问题；"N"为流域内县、乡自查发现问题），指挥部坚持问题导向，整合资源，系统施策，避免各自为战，建立"五个一"（每日一巡查、每晚一例会、每天一交办、每周一调度、每旬一通报）调度协调机制，组织巡查850余人次、交办问题615个、市级河长调度6次。二是智囊联动。建立"河长+智库"治水联动模式，邀请相关研究机构参与督查，协同制定《加强排水管网建设运维管理的通知》，从流域水环境变化特点、水质情况、水质达标建议等模块联合编写《派河流域水环境分析报告》，为下步问题河流督查、治理提供参照样板。三是市县攻坚。针对流域内大型企业、省部高校和老旧小区排放的老大难问题，市、县两级组成联合督导组多次宣讲政策、共商对策、督促整改。对个别敷衍整改的企业，采取暂停政策补贴、公开曝光、降低信用分等形式倒逼整改。

（四）创新工作方式，实行运转高效、动真碰硬的督办机制

一是"对比"督办。通过播放暗访问题警示片及晴雨天排口对比视频，让流域内县区认清问题现状，加快整改；实施色彩对比督导，选取52个水质断面加密监测，每日赋色公布在微信群（劣Ⅴ类：红色；Ⅴ类：橙色；Ⅳ类：黄色；Ⅲ类：绿色），明确各职能部门责任。二是"双率"督办。在从进驻式督查转战常态化督导，着眼做好派河行动"下篇文章"，围绕6月底实现阶段性成果、9月底稳定达标的目标，对整改情况实行每日"双率"（问题整改率、整改合格率）通报机制。针对项目进展慢，"双率"低的县区实行挂牌督办，量化调度。三是依法督办。坚持"治污先治人"，强化"府检联动"，深化"联合执法"，围绕流域水环境问题开展公益诉讼，移交线索43条；职能部门约谈相关责任企业32家，对106家问题企业下发整改通知书，立案查处41家违规排放企业，罚款366.56万元；纪检、组织部门约谈230人次，组织处理6人，函询204人，调离领导岗位1人。

（五）实化工作流程，开展层层相扣、坚持到底的闭环工作

一是全过程监管。高标准推进转办问题销号工作，创新聘请第四方监管机构，对派河流域水环境问题整改设计的相关雨污分流改造工程开展"设计、施工、检测"全过程查验，动态发现、及时交办存在的工程质量、安全、进度、投资方面的问题，设立治污项目公示牌，公示时任属地负责人、项目负责人、监理人，确保出问题时精准倒查。二是按行业整改。充分发挥河长办"组织、协调、分办、督办"工作职能，根据问题归属类型，划分教育、林园、经信、农业农村等领域，交由对应的政府职能部门作为牵头单位，负责问题具体整改和验收工作。三是集中式销号。市河长办牵头水务、生态环境、城乡建设、农业农村、纪委监委等部门，对市级转办615个问题逐个开展集中式验收销号，对新发现的问题移交督查室和纪委监委；制定《派河流域河长制专项行动评估报告》，复盘专项行动，提升工作成效。

截至目前，行动期间排查的615个问题，动态销号566个，谋划实施水环境治理项目779个，工程总投资约62.68亿元，拆除违章建筑123处，铲除违规垦殖494.73亩，清理垃圾3.93万吨；派河牛角大圩国考断面点COD、氨氮、高锰酸盐、总磷等指数较去年同比下降22.5%、35.9%、12%、26.3%。根据生态环境部反馈结果，派河牛角大圩国考断面 COD、氨氮、高锰酸盐、总磷等主要指标均稳定达到地表Ⅲ类水标准，提前一年达到国考断面水质考核要求，奠定引江济淮通水基础。2022年，全市 20 个国考断面全部达标，其中 7 个优于考核要求，优良率达 85%，劣Ⅴ类断面全面消除，全市基本无重大河湖"四乱"问题，河湖面貌持续改善，并建成 14 条省级幸福河湖、2 条淮河流域幸福河湖。

三、经验启示

派河行动在水利部、省河长办的坚强领导下，在市委、市政府的统筹指挥下，在市直部门的协同配合下，在属地党委政府的积极作为下，取得了初步成效，但水环境治理具有长期性、反复性、突发性，需慎终如始、持续用力。总结好、推广好派河行动经验，可以为巢湖流域综合治理提供有益的参考借鉴。

（一）河湖治理首在河长

河湖治理是一个复杂的、长期的过程，关键在于突出各级河湖长在治理过程中的主导地位和作用。派河行动在市级河长统筹指挥下，市河长办充分发挥组织、协调、分办、督办职能，市级河长成员单位联勤联动，会同属地政府按照"点对点、长对长"的模式，以水质达标为目标，以历史欠账为重点，以入河排口为抓手，统筹上下游、左右岸、地上地下、城市乡村、干支流关系，依托水网工程，系统推进"点、线、面、内"综合治理。

（二）河湖治理重在协同

面对河湖顽疾，需善于打突击战，集中时间、集中力量、集中资源"协同帮扶"。派河行动围绕雨污管网、入河排口等疑难问题开展进驻式督查，由市级职能部门联合，县、镇两级政府共建问题清单，共商整改方案，形成纵向协调、横向联动的协同治理模式。其他问题河流不同程度存在类似情况，同样需要协同治理。

（三）河湖治理贵在铁腕

治理河湖问题需各级领导干部进一步提高思想认识，理清治水思路，扎实工作作风，坚持"治河先治污，治污先治人"。在派河行动中，指挥部深挖细究，动真碰硬，对虚假整改、敷衍整改、表面整改的行为不断加大曝光和处罚力度，树立红线意识，联合纪委监委、检察院、组织部等部门，以刮骨疗伤、抓铁留痕的勇气和决心铁腕治水。

（四）河湖治理要在长效

河湖治理既是突击战也是持久战，需反复抓、持续抓。反观派河行动取得成效的重要因素是河湖问题有市县联动、干群联动、政企联动。巩固河湖治理成效需进一步发挥河湖长制优势，建立完善常态化河道巡查、问题发现、问题交办、办理跟踪、验收销号等闭环工作机制；积极推进河湖长制工作进企业、进社区、进学校、进乡村，联合全社会各方力量形成强大监督力量，形成积极正面导向，实现"河畅、水清、岸绿、景美、人和"的河湖长制工作目标。

（执笔人：李劲松　丁云朋　谢国祥　施骁勇）

压实河长之责　深化治河之策

——重庆市武隆区探索建立"1233"河流管护工作机制[*]

【摘　要】 为深入贯彻落实习近平生态文明思想，有力践行"绿水青山就是金山银山"发展理念，武隆区坚定不移落实河长制，在工作实践中，建立了以抓责任落实、促问题整改为主要目标的"1233"工作机制，即"一巡二函三单三报"，助推武隆以工作机制建设为抓手，压实河长查河、治河、管河责任，统筹各部门推动河流管理保护工作的生动实践。为推动全国河长制落地落实，实现河流管理常态化、长效化发展提供了有益的工作机制创新范例。

【关键词】 河长履职　河流治理　闭环机制

【引　言】 习近平总书记高度重视生态文明建设工作，多次就生态文明建设工作做重要指示批示、发表重要讲话。重庆市武隆区以山水而闻名，是全国"绿水青山就是金山银山实践创新基地"。基于"国之大者所系、生态底色所向、民生福祉所盼"，彰显武隆推进生态文明建设、保护江河湖泊的坚定决心和久久为功的鲜明态度，解决部分河长消极懈怠、巡河质量不高等问题，武隆区始终把习近平总书记念兹在兹的生态环境保护"国之大者"扛在肩上、落在实处，认真聚焦"实"的基调，探索创建"1233"河流管护闭环工作机制，压紧压实河长责任，实现河流全过程管理，推动河长制落地落实、见行见效。

一、背景情况

武隆区位于重庆市东南部，地处大娄山与武陵山的交错地带，长江中游支流乌江横贯境内，发育形成了溶洞、峡谷、峰丛等独特而丰富的喀斯特地质奇观，是长江三峡库区集雄、奇、险、峻、秀、幽、绝等特色于一身的旅游胜地。

武隆辖区河流众多，水文丰沛，境内共有大小河流199条，管好治好

---

[*] 重庆市武隆区河长办公室供稿。

河流，守护良好生态，成为落实河长制的题中之义。自启动实施河长制工作以来，武隆对长江一级支流乌江到细小河沟落实"一河一长""一河一策""一河一档"，确定353名河长，大小河流有了"健康守护人"。多年来，通过诸多务实举措，推动河流从"没人管"到"有人管"、从"多头管"到"统一管"、从"管不住"到"管得好"，河长制真正实现"有名有责""有能有效"。武隆先后获得"国家生态文明建设示范区""绿水青山就是金山银山实践创新基地"荣誉称号，芙蓉江获评中国"最美河流"。

习近平总书记强调，在生态环境保护上一定要算大账、算长远账、算整体账、算综合账，不能因小失大、顾此失彼、寅吃卯粮、急功近利；生态环境保护要久久为功。为此，武隆区结合工作实际，在实践中不断总结提炼，创新探索形成了"1233"河流管护工作机制，通过抓牢各级河长履职这一关键，压实河长查河、治河、管河"三实"责任，统筹各部门推动河流管理保护工作，有效推动全区河长制落地落实、纵深推进、久久为功。

石桥湖景色

二、主要做法

武隆区紧扣河长制工作要求，积极在具体实践中总结探索治河之策，针对部分河流治理过程中出现的重视不够、履职不力、巡河质量不高、发现问题不足、问题整改拖沓等现象，创新构建了"1233"，即"一巡二函三单三报"的管河治河工作机制，既解决现实问题，又提供长期路径。

(一)"一巡"找问题，把脉问诊定方向

"一巡"，即巡河巡查。一是镇村级河长常态化广泛巡查，发挥镇村级河长网格化作用，常态化对所管辖范围内的每条细小河流开展广泛巡查，从源头污染到发现问题分类形成难易程度情况后及时整改并上报区河长办。二是流域河长适时化全面巡查。发挥流域河长牵头作用，适时组织成员单位对流域河流开展巡查，特别是在区级河长巡河之前，就河流水质变化、河库"四乱""三排"、污水"三率"等内容开展全面巡查，梳理发现问题及拟出合理解决措施后报告区级河长，便于区级河长巡河时推动解决问题。三是区级河长定时化重点巡查。发挥区级河长统筹协调作用，每季度对负责河流至少开展一次巡查，以现场办公方式重点针对上一阶段安排问题的整改事项及新发现的问题，进行现场统筹调度，全面推进问题整改落实。2022年，武隆区三级"河长"累计巡河巡岸达12215次，共计发现问题167个，为发现并推动辖区河流问题的解决奠定了基础。

(二)"二函"常提醒，履职尽责当参谋

"二函"，即履职提示函和问题提示函。一是发送履职提示函。区河长办按要求，每季度定期或不定期向相应的区级河长发送履职提示函，内容主要包括巡河时间提示、最新河长制工作相关会议精神或上级要求、上一次巡河问题交办事项及推进情况等，为及时提醒其履职当好参谋。二是发送问题提示函。区河长办根据前期巡查收集及镇村级河长上报的问题，按轻重缓急分门别类整理形成问题提示函并及时发送给相应的区级河长，逐项说明问题性质、所涉范围、解决措施建议等，为区级河长推动问题的解决及时提供决策依据。2022年，武隆区河长办共发出履职和问题提示函60余份，督促解决河流问题38个。特别是，2022年河长换届后，区河长办针对各级新任河长工作职能职责不够明确、工作流程不够清晰、工作推进乏力的现象，充分发挥"二函"作用，促进并实现河长制工作的及时规范和正常有序。

(三)"三单"明责任，环环相扣促落实

"三单"，即问题、任务、督查三张清单。根据问题、任务、督查三张清单先后时限要求，首先，由区河长办将河流问题整理形成"问题单"，明确问题解决时限和治理效果，并交办到涉及的乡镇（街道）级河长或责任部门；其次，由乡镇（街道）级河长及责任部门建立相应的"任务单"，明确具体完成时限、具体责任人员、具体解决措施全面予以整改落实；最后，由区河长办对久拖不决、治理效果不佳的情况，以"督办单"形式予以督办。并建立"两个机制"：一是建立健全"河长＋警长＋检察长"协同联防机制，充分发挥公安机关及检察机关侦查、办案、检察磋商、公益诉讼等职能，形成打击震慑的局面，为推动河流管理保护工作提供强力支撑；二是建立健全追责问责机制，由区河长办根据问题整改情况适时会同区纪委监委、区检察院对责任单位问题整改情况实施动态管理，直至追责问责。2022年，武隆区河长办向11个责任单位开出问题清单50余份，涉及问题83个，整改83个，开展督查督办30余次，督促责任单位销号整改问题67个，整改率100%。

(四)"三报"亮成效，一五一十数家珍

"三报"，即问题整改报告、履职报告、区级河长述职报告。根据各级河长履职工作实际，按要求和程序适时报送相关情况。针对区级河长交办的问题，责任单位必须在规定时间内完成整改任务，并形成书面问题整改报告报区河长办。针对乡镇（街道）级河长、流域河长办及责任部门河长制工作履职情况，每半年形成书面报告报区级河长。针对区级河长履职情况，要求其每年将河长制工作开展情况形成书面述职报告在区总河长会上述职。2022年，区河长办收到问题整改报告83份，报送区级河长履职报告192份，11位区级河长分别在总河长会上对所管辖河流涉及流域工作开展情况进行了述职。

三、工作成效

(一)协同作用有效发挥，"九龙治水"难题迎刃而解

"1233"闭环工作机制的构建及实施，形成了分工明确、责任明晰、

协同配合的工作格局，有效解决了河长制落实过程中出现的联而不合、推而不动、为而无果的难题。

一是强化责任落实，组织体系更加健全。建立健全了领导、组织、联动、责任、网格五大机构体系，压紧压实各级河长责任，解决了河长制工作无人做的问题。二是强化整合资源，水岸共治更加有效。整合投入资金1.24亿元，有序推进了智慧河流建设、"一河一策"、水质监测、"三实、三排、三乱、三率"专项治理、河林共治、"清河护岸净水保水"专项行动等6个重点工作，解决了河长制工作无钱做的问题。三是强化机制完善，长效治理更加有力。建立完善了河长制工作的"巡查暗访""视频曝光""定期调度""常态化巡河""督查督办""追责问责"6个机制，探索创新了"1233"工作机制，解决了河长制工作无机制保障的问题。

（二）治理实效更加凸显，水文环境质量大幅提升

"1233"闭环工作机制的构建及实施，让武隆全区水环境质量大幅改善，成效直观可感，群众认可度、满意度直线上升。

一是整治有力。2022年，武隆区治理水土流失面积2.85万亩，实施"两岸青山-千里林带"等生态修复12.1万亩，治理污水乱排47处，拆除违建21处，开展联合执法65次，查处违法行为68件，处罚19.76万元，排查突出问题93个，整改完成率100%。二是成效显著。2022年全区集中式饮用水源地水质达标率100%，辖区乌江、芙蓉江、大溪河3条河流水质均为Ⅱ类以上，区域地表水环境质量位居全市第二位，3个国控断面（乌江白马断面、芙蓉江芙蓉洞码头断面、大溪河鸭江断面）、3个市控断面（乌江白涛断面、木棕河马金断面、石梁河长坝断面）达标率100%，市级综合目标考核获同类区县前列。三是群众满意。及时回应群众诉求，认真解决关乎群众生产生活的水源污染、污水乱排等问题。如，妥善解决2022年6月龙溪河梦冲塘村60余户水源"被污染"问题及7月芙蓉江被白色泡沫和绿色漂浮物"污染"问题，虽然最后都被证实是藻类植物覆盖所致，并未造成水体污染，但整个事件中，工作组处置方式和效率都得到群众认可。

（三）助力地方经济发展，良好生态催生"三产融合"

"1233"闭环工作机制的构建及实施，让武隆山更绿、水更清，生态

芙蓉江景色

环境质量更佳。

当前，武隆正全面实施乡村振兴战略，各地纷纷围绕辖区江、河、湖、库做起水文章，生态农业、生态工业、生态旅游相继发力，乌江银盘电站电力供给充足、芙蓉江上游客络绎不绝、大溪河岸桃李成林、木综河畔稻香荷美，"三产融合"相得益彰。尤其是生态旅游最显活力，以水为媒的景区景点、乡村旅游点日益增多，旅游产业带动效应更加凸显。2023年一季度，武隆区接待海内外游客883.88万人次，实现旅游总收入31.83亿元，真正将绿水青山变现为"金山银山"。

山虎关水库景色

四、经验启示

（一）注重抓住"关键少数"，念好"紧箍咒"

河长制就是河长负责制，河长是河流治理、管护的第一责任人，是推动水环境治理的"关键少数"。通过实施"1233"工作机制，对"关键少数"念好必须切实履行河长制工作职责的"紧箍咒"，确保顺利全面推进河长制工作。

（二）注重层层传导压力，亮出"金箍棒"

集中围绕河流水质、河库"四乱""三排"、污水"三率"等具体工作任务，亮出督查考核"金箍棒"，压实工作责任，层层传导压力，将河长制工作履职情况纳入年终政绩目标考核，确保河长制工作有序有效。

（三）注重跟踪督办问效，畅通"取经路"

加强"1233"工作机制过程管理，强化跟踪督办、跟踪问效、跟踪问责，并在组织机构、人员配备、物资保障上予以统筹支持，及时清除"路障石"，打通"肠梗阻"，畅通做好河长制工作的"取经路"。

（执笔人：吴泽林）

创新督查制度　守护河湖健康

——四川省首创河湖长制进驻式督查的探索实践*

【摘　要】　找准影响河湖健康的关键症结，是高质高效开展河湖污染治理、维护河湖健康、实现河湖功能永续利用的重要基础。为深入学习贯彻党的二十大精神和习近平生态文明思想，不断践行"绿水青山就是金山银山"的发展理念，四川省以解决河湖治理保护难题和痛点为目标导向，不断强化河湖长制，在全国首创开展河湖长制进驻式督查。河湖长制进驻式督查有效压紧压实河湖管护主体责任，倒逼各级河湖长及责任单位高效履职尽责，为准确获取影响河湖健康的第一手资料找到有效途径，为制定务实有效的河湖污染治理措施奠定基础，为真正解决影响河湖健康的关键问题提供支撑。进驻式督查制度的创新实施是督促各级河湖长和责任部门及时发现和制止破坏河湖健康行为，倒逼各级河湖长履职尽责的有效手段。

【关键词】　进驻式督查　河湖健康　履职尽责

【引　言】　自河湖长制全面实施以来，四川省全面建立河湖长制"五大体系"，围绕河湖长制"六大任务"，深入开展"五项行动"。通过重拳治乱、清存量遏增量，推动一大批河湖顽瘴痼疾得以有效解决，河湖面貌得到历史性好转。但随着河湖长制纵深推进，一些问题也日益凸显，如基层河湖长履职尽责不到位、河湖突出问题整治不彻底、跨界河流联防联控联治流于形式等，严重制约了河湖长制和河湖管理保护工作的持续提升。为着力解决上述问题，四川省河长制办公室采取"以市为切入点、县为落脚点"的方式，开展了全国首创河湖长制进驻式督查试点工作。

一、基本情况

全面推行河湖长制以来，四川省围绕河湖长制六大任务，持续深入

---

* 四川省河湖保护和监管事务中心供稿。

开展"清河护岸净水保水禁渔"五项行动，推动解决了一大批突出问题，全省河湖面貌显著改善、水质持续提升、水生态不断巩固。但与党中央、国务院和四川省委、省政府的要求以及人民对美好水生态需求相比还有较大差距，如部分河湖长履职尽责不到位、河湖突出问题整治不彻底、联防联控联治流于形式、基层河湖管护力量不足等。为全面创新河湖长制工作、强化监督管理深度广度，倒逼各级河湖长及责任单位高效履职尽责，找准影响河湖健康的关键症结，着力解决水生态、水环境长期性累积性问题，持续推动河湖长制走深走实，四川在全国首次开展了河湖长制进驻式督查工作试点。

省委、省政府高度重视河湖长制工作，始终把全面推行河湖长制作为生态文明建设的重要内容。省委书记、省总河长王晓晖在2022年省总河长全体会议上强调要持续抓好督查暗访及发现问题整改，做好进驻式督查试点，强化督查考核及成果运用。省长、省总河长黄强在2022年全省河湖长制工作推进会强调要做好进驻式督查，抓好激励考核、督查暗访、问题移交等工作，压紧压实责任。省总河长办公室主任第15次会议对河湖长制进驻式督查等工作进行全面的安排和部署。

按照省委、省政府和省总河长办公室的要求，四川省河长制办公室采取以市为切入点、县为落脚点的方式，于2022年10月在广安市武胜县、乐山市夹江县、自贡市大安区3个县（区）全面完成了全国首创河湖长制进驻式督查试点。通过暗访督查、个别谈话、查阅资料、现场核查、举报受理等方式全面了解3个县（区）河湖长制工作开展情况，公布3个典型案例，向地方移交问题121个和突出问题责任追究线索4条。本轮进驻式督查查处了一批河湖管护突出问题，破解了河湖长制"上热中温下冷"难题，得到了水利部的高度认可和肯定，推动了河湖长制深化实化，促进了地方经济社会高质量发展。

二、主要做法

（一）胸怀"国之大者"，坚持依法依例依规开展督查

认真贯彻落实习近平新时代中国特色社会主义思想，以筑牢长江黄河长游生态屏障为责任担当，牢牢抓住河湖长制的核心是责任制这一区

别与生态环保督察的显著标志，在前期问题摸排、后期集中进驻、反馈督查意见中全过程贯彻习近平生态文明思想。严格按照《四川省河湖长制条例》、《2022年四川省全面强化河湖长制工作要点》（省总河长令第2号）和《2022年度省级督查检查考核计划》依法依规开展督查工作，督查贯彻党中央国务院和省委省政府关于河湖长制和河湖管理保护的决策部署是否有力，各级河湖长及责任单位等履职尽责是否落实，彰显河湖长制进驻式督查的政治属性。

（二）突出工作特色，坚持聚焦河湖管护重点开展督查

围绕河湖长制"六大任务"和"清河护岸净水保水禁渔"五项行动，重点督查水资源保护、河道采砂管理、河湖"清四乱"、十年禁渔等"5＋9"重点领域任务。紧扣"五大体系"，重点督查各县区河湖名录体系、河湖长责任体系、政策制度体系、河湖治理体系、技术支撑体系建立落实情况。聚焦河湖治理基础，重点督查"一河（湖）一策""一河（湖）一档""年度四张清单""河湖健康评价"规范编制情况及其对照落实情况。

（三）规范督查程序，坚持精准发力开展督查

坚持以市为切入点、县为落脚点的原则，以"解剖麻雀"精神查找问题根源，重点督查县级河湖长制工作落实情况，减少社会参与面。建强督查队伍，进驻前从省总河长办成员单位抽调专业人员组建督查队伍，组织演练和专题培训。将减轻基层负担贯穿督查全过程，进驻前采取"四不两直"多次赴有关流域暗访摸排线索，固定问题证据，不与被督查对象见面接触；进驻后精准调阅佐证资料，核实问题线索，切实提升工作的针对性和时效性。

（四）强化成果运用，坚持点线面结合开展督查

充分发挥好警示辐射作用，将点线面有效结合，促进全省河湖管护整体水平提升。做实县级这个"点"，公布典型案例3个，移交突出问题121条，责任追究线索4条，依法党纪政纪处理26人，依规追责问责。拽住市级这根"线"，召开市级见面会、市级意见反馈会，对进驻市（州）传导责任和压力。扩大省级这个"面"，强化问题整改调度，向省级河长联络员单位和行业主管部门移交问题，在全省通报进驻式督查情况，督促地方举一反三开展大排查大整治。

三、工作成效

（一）政治地位显著提高、河湖长制焕发新活力

一是河湖长制成为市（州）发力的主战场。广安、乐山、自贡三地把河湖长制工作作为全市生态文明建设上台阶的重要抓手，党政主要领导高度重视，立即行动，多次部署，亲自安排并参加省市沟通会、河湖长制专题会、问题整改推进会，对全面推行河湖长制工作前所未有的重视。二是河湖长制成为治县理政的主阵地。武胜、夹江、大安三县（区）将河湖长制作为常态化研究的重点工作之一，河湖长制工作以独立的姿态正式进入治县理政的舞台中央，县总河长挂帅出征，相关河长和职能部门履职尽责，严格落实总河长制运行规则，进一步健全河湖长制体制机制，责任更加明确、运行更加高效。三是河湖长制成为镇村两级的主职责。镇村两级合理安排公益性岗位，对村级河长按工作成效进行补助补贴，切实解决基层河湖管护"最后一公里"，河湖长制在基层焕发新活力、新生机、新气象。

（二）工作执行力明显增强，河湖管护质量大提升

一是重点任务落实更加高效。全省上下围绕"5＋9"重点工作任务，全面开展排查整治，系统梳理涉水事项落实不到位等问题，对推动质量的提升、基层工作的运行管理以及建章立制奠定了坚实的基础。二是突出问题整改更加有力。广安、乐山、自贡三地（市）迅速在全市范围内开展"大排查、大整治"行动，全面梳理摸排"5＋9"重点工作落实不到位的问题，三地（市）整治问题500余个。武胜、夹江、大安三县（区）对照移交的问题清单，制定整改方案，主动整改，确保取得阶段性工作实效；严肃追责问责，党纪政纪处理26人。三是行业管理更加有序。在督查过程中，既查找各级党委政府在履职尽责中存在的问题，也要发挥河湖长制省级行业主管部门对下级部门的业务指导作用，帮助制定整改方案，明确整改标准和要求，切实提升行业监管质量。

(三) 社会影响力明显提升，辐射引领作用更加长效

一是省内辐射效应明显增强。省内市（州）持续关注首次河湖长制进驻式督查，跟踪和学习工作流程、方式方法及成果运用，不断完善监管机制，促进本市（州）河湖管护质量提升。二是全国、省外影响力不断扩大。水利部对此项工作高度肯定和认可，水利部官网、中国水利报对四川省首次开展河湖长制进驻式督查进行全文转载。重庆、河北等省（直辖市）到四川考察学习进驻式督查，进驻式督查工作的影响力正从西南地区向全国辐射。三是媒体关注度持续提升。人民日报、人民网、四川发布等中省主流媒体报道和转载河湖长制进驻式督查新闻60余篇，累计辐射覆盖超过1000万人，河湖长制社会影响力更加广泛。

四、经验启示

(一) 始终坚持高位推动，把全面践行习近平生态文明思想作为最大的政治责任

全面推行河长制，是以习近平同志为核心的党中央从人与自然和谐共生、加快推进生态文明建设的战略高度作出的重大决策部署。省委、省政府始终把全面推行河湖长制作为生态文明建设的重要内容，两位省总河长分别在省总河长全体会议、全省河湖长制工作推进会议上强调做好进驻式督查，持续提升河湖管护成效。将开展河湖长制进驻式督查作为四川省委、省政府践行习近平生态文明思想的一次重大实践，作为强化河湖长制的一项重大举措，持续完善河湖监管机制，下大力气解决水生态、水环境长期积累性问题，让江河湖泊更好地造福人民。

(二) 始终坚持人民至上，把人民对美好河湖生态的需要作为最普惠的民生

良好生态环境是最公平的公共产品、最普惠的民生福祉。坚持一切为了人民，一切依靠人民，把人民群众对美好生态需要作为河湖长制工作的落脚点和出发点。把群众反映强烈的河湖问题作为督查工作重点，用心用情用力解决群众关心的河湖问题，以实实在在的整改成效取信于民。本次进驻式督查，积极引导人民群众参与河湖长制工作，不断激发广大群众的主人翁意识，推动解决了一个个水资源、水环境、水生态问

题，持续提升了群众幸福感、获得感和安全感。

（三）始终坚持问题导向，把敢于向河湖顽疾作斗争作为最重要的任务

始终坚持问题导向，通过网络舆情和信访举报收集问题、暗访摸排发现问题；进驻期间敢于面对问题、敢于亮剑，严格实行问题销号，闭环管理。对违规采砂、侵占岸线、河流污染、水土保持、禁渔等突出问题，切实做到问题不查清不放过，问题整改不彻底不放过，责任追究不到位不放过。对中小河流、农村河湖脏乱差长期存在，群众河湖保护意识淡薄的问题，加大对各级河湖长、责任部门工作人员和基层群众的培训力度，调动一切力量向河湖顽疾作最坚决的斗争。

（四）始终坚持系统观念，把建立河湖长效监督机制作为最牢固的基础

从谋划河湖长制进驻式督查开始，就把建立进驻式督查长效机制作为首要任务，长期和短期相结合建立监管机制。结合近期需要，将河湖长制进驻式督查列入全省河湖长制年度工作要点和省级年度督查检查考核计划，制定工作手册，完善工作流程，先行先试，积极推动建立长效机制。立足长远发展，积极出台《四川省河湖长制进驻式督查工作办法》，每年选择5～6个县开展进驻式督查，持续推动河湖长制走深走实，全力助推长江黄河流域高质量发展。

（执笔人：寇汉平　王刚）

灌区河长护航　重塑千年水网

——四川省彭州市灌区河长统筹联动助力更高水平天府粮仓建设[*]

【摘　要】 自全面推行河长制以来，彭州市矢志践行"两山理论"，持续推进河长制工作重心"关口下移"。2022年，结合区域自然禀赋，创新设立灌区河长，作为行政河长的有益补充，在共同发挥河长制牵头抓总、组织协调、督促落实作用基础上，聚焦灌区河渠治理盲区，延伸监督触角，拓宽管护范围，以构建灌区安全韧性的水安全保障、纵横连通的水资源支撑、蓝绿交织的水生态修复、美丽宜居的水净化治理、现代精细的水管理提升、繁荣多样的水文化传播"六水"体系为目标，强化区域统筹联动，优化提升水网功能，为建设新时代更高水平"天府粮仓"提供强有力的水利支撑。

【关键词】 灌区河长　统筹联动　天府粮仓

【引　言】 2022年6月8日，习近平总书记在川视察强调，四川要在新时代打造更高水平的"天府粮仓"。彭州市自然禀赋良好，域内湔江堰、人民渠两大灌区壤沃宜粟，彭州市委、市政府坚定扛起建设更高水平"天府粮仓"的时代使命和责任担当，以河长制为抓手，注入灌区河长新活力，充分发挥其专业、技能、岗位优势，着重围绕灌区末端河渠等行政河长日常无法全面顾及的治理盲区，差异化扮好"六种"角色，共同促进以更优质的水资源、更优美的水环境保障农业发展，助力乡村振兴。

一、背景情况

彭州市位于成都北郊，面积1421平方公里，地处成都平原与龙门山过渡地带，辖区内山、丘、坝俱全，形成了"五山、一水、四分坝"的自然格局。域内水网交错，有大小河渠60余条，沱江三大支流之一的湔

---

[*] 四川省彭州市河长办公室供稿。

江贯穿全境。

西汉景帝末年，时任蜀郡太守文翁穿湔江疏九河，灌溉繁田1700顷。天彭门下，湔水九分，使金彭大地成为水旱从人、不知饥馑、时无荒年的天府之国一隅沃土两千余年。中华人民共和国成立后，针对农业缺水问题，彭州市积极响应四川都江堰扩灌工程，组织本地群众投工投劳，完成了有"巴蜀新春第一渠"之称的人民渠彭州段建设。至此，以人民渠为界，分为湔江堰、人民渠两大灌区，灌区内山水相连的地形，富庶高产的风土，悠久多元的人文，促使彭州真正成为"蜀中膏腴"。

二、主要做法和取得成效

彭州市河长制办公室与四川省都江堰水利发展中心人民渠第一管理处、彭州市水利工程和水资源服务中心以"联合"为着力点，树立"统筹、融合、协调"合作思维，开展全方位、多层次、宽领域深度合作，组织地方水行政主管部门、水利工程管理单位、流域片站负责人、镇（街道）灌溉委员会业务骨干等担任灌区河长，以河长制推动"六水"体系建设为主战场，全面助力灌区"三农"高质量发展，为打造更高水平"天府粮仓"成都片区建设提供引领示范。

（一）不折不扣把好"安全关"，当好水安全保障"排头兵"

彭州市根据湔江堰、人民渠灌区支渠实际数量，设立灌区河长56名，将两条相邻支渠之间的区域视灌区河长专业技能、工作经历等实际情况逐一划分为其"责任田"，形成上下游互通、左右岸互联的灌区河长全覆盖协调联动监管体系，助力打通灌区河渠管护的"最后一米"。为确保灌区"渠相通、沟相连、河畅通、旱能灌、涝能排"的农田灌排体系在汛期发挥实效，灌区河长在行政河长巡河间隙期间，通过打好汛前排查、汛中巡查、汛后复查三套"组合拳"，直面挑战、直击问题、直破风险。2022年汛前开展全面排查，疏浚涵洞、沟渠120.6公里，维修、加固分水闸（洞）49个。汛中根据区域内渠道不同等级，由镇村河长统筹协调，灌区河长具体负责，加密巡查频次，对区域内易涝点位进行重点盯防，确保渠系排水通畅。汛后由灌区河长牵头，组织协调市级行业主管部门对区域内受灾情况开展全面复查，争取资金予以治理、修复。借助灌区河长的时间优势，与镇村行政河长在河渠管护上形成错位互补，与行业部门之间形成统筹联动的良性机制，切实保障了汛期灌区农业生产安全。

（二）尽职尽责练好"基本功"，当好水资源支撑"大管家"

为实现湔江堰灌区农业用水集约、高效使用，助力农业增产增收，2022年彭州市完成了湔江堰灌区现代化建设项目，新增自动化闸门12个、流量监测点281处，配套建设有智能感知和远程控制系统。湔江堰灌区因地制宜，组织部分水利工程管理单位技术人员担任灌区河长，充分发挥其专业知识与技能，高效保障灌区农业用水。在春灌、冬灌等集中用水期，灌区河长每天通过微信群收集区域内各村、组次日用水计划，汇总研判会商后，科学调节闸门，精细分配水量，满足灌区群众用水需求，一改往年大开大合粗放的灌溉方式。在夏季干旱期间，灌区河长根据视频监控系统和流量监测站反馈数据，精打细算当好"水管家"，利用手机App远程、实时调节闸门开度、控制水量，实现水资源的精准调度、调配，高效推动灌区水资源供给由粗放型管理向精细化、智能化管理转变。2022年湔江堰灌区农业用水量为2979.58万立方米，较2021年的4823.82万立方米减少38.2%，农业节水成效显著。

（三）稳扎稳打耕好"责任田"，当好水生态修复"勤务员"

农村区域水环境管护长期以来是基层河湖的治理"难点"，两大灌区河长因势利导，延伸监督触角，将行政河长"河段"管理提标为"区域"管理，有效破解了末端河渠、跨界河渠管护"真空"问题。以人民渠灌区为例，聘任的灌区河长多数为流域片站工作人员，开展用水协调、设施检修是其每天的"必修课"。借助岗位优势，该区域灌区河长可每天深入管辖区域田间地头、沟渠塘堰一线开展巡查，发现水环境问题，督促属地村（社区）保洁员立即打捞、清理，实现垃圾源头控制、日产日销；将现场发现的乱丢、乱扔典型纳入"黑榜"管理，每月由上"黑榜"次数最多的村（社区）负责，在支渠尾端对堆积的垃圾、漂浮物进行集中打捞、转运，实现垃圾区域控制、自产自销。此外，为提高灌区河长长期参与河湖管护的积极性，彭州市于2022年初修订了《彭州市河渠环卫一体化保洁考核制度》，将灌区河长巡查发现问题情况纳入考核范围，并匹配较高权重，让其在河湖管护工作中拥有更多"话语权"。自2018年以来，两大灌区村容村貌稳步提升，农民生产生活环境逐步改善，先后有 7 个村（社区）成功创建成都市水美乡村，全市 4 个国家级、省级、成都市级出境断面水质考核达标率均为 100%。

（四）用情用力架好"连心桥"，当好水净化治理"监督者"

彭州市是全国五大商品蔬菜生产地、中国西部蔬菜之乡，濛阳河流域更是其核心生产区。该流域灌区河长秉承"好水才能出好菜"的理念，组织当地村社网格员、驻村干部等成立"护河游击队"，利用调查走访、安全巡查等时机，重点对区域内生产企业、污水处理厂等"点源"，集中安置小区、场镇集居区等"内源"，规模养殖场、垃圾中转站等"面源"排污情况进行监督，为区域行政河长护水、治水提供有力支撑，形成了行政河长主管"大动脉"、灌区河长主管"毛细血管"的生态耦合机制。2022 年，濛阳河流域灌区河长共提供违法排污线索 29 个，其中涉及的 9 家企业被关停、2 个污水处理厂被取缔，濛阳河水质首次达到Ⅲ类。

（五）群策群力做好"智囊团"，当好水管理提升"设计师"

位于湔江河谷出山口的丹景山镇紧邻湔江堰闸坝首部枢纽工程，是湔江堰灌区的"龙头"，新润河、青白江支渠等多条支渠贯穿其全境。该区域灌区河长与行政河长通力合作、精心思考，创新水管理模式，因地制宜提出"引水上街"改造思路，打造"有颜值""有活力""有乡愁"的乡村"水街＋民宿"示范样板。一是将青白江支渠水引入花村街，引导沿街住户种植牡丹、绿萝等喜水绿植，让昔日平淡无奇的"雨水沟"变成花团锦簇的"景观沟"，引来众多游客驻足"打卡"。二是将西河干渠水引入社区广场，配套建设戏水区、茶歇区、景观区等功能区，同时配套无障碍通道、休闲长椅、与景观融为一体的全玻璃封闭式围栏等设施，形成了"远眺牛心山、近看湔江水"的活力休憩场景。三是筹集社会资本，将新润河水沿线闲置房屋打造成民宿集群，引入渠水实现滨水空间再造，聚力打造高品质民宿，唤醒乡愁记忆，有效促进和推动了生态价值向经济价值转换。

（六）同心同德掌好"方向舵"，当好水文化传播"领头雁"

灌区河长作为行政河长的有益补充，不断探索实现本区域乡村振兴的时代路径，共同赋予文翁文化新的时代内涵。一是推动"水＋农业产品"产业价值输出。创新举办"好水产好物，河长推好物"线下活动，以优质水资源为核心，重点推介灌区内特色农产品，如天彭肥酒、九尺板鸭、敖平川芎等，以推促销提升本地特色农产品知晓度、美誉度，激发本地农业发展活力。二是推动"水＋农村旅游"生态价值转化。协调、组织灌区内渔业公司、渔场主举办"钓鱼节"，引导滨水消费和亲水文旅产业发展，促进区域农民增收。三是推动"水＋农灌遗产"文化价值跃升。两大灌区内有水文化遗产17处，如文翁祠、镇江塔、湔江堰等，选聘熟悉本地水文化遗产的灌区河长担任解说员，在中国水周、全民科普日、环境日等向市民游客进行科普宣传，引导社会各界共同守护和传承好这份滋润"天府粮仓"的文化瑰宝。

三、经验启示

灌区是农业发展的载体、农村资源的核心、农民致富的保障。彭州市整合水管理机构和水行政单位力量，聚焦农村河湖管护"真空带"，注入灌区河长新活力，充分发挥其专业、技能、岗位优势，形成了行政河长为主、灌区河长为辅双向发力、双轮驱动的共治格局，取得了值得推广的经验。

（一）因地制宜创新举措，是河长制推动农业变强的发力点

彭州市结合本地实际，创新工作举措，将河长制与天府粮仓建设紧密结合，设立灌区河长作协同行政河长统筹推动区域水安全保障、水资源支撑、水生态修复、水净化治理、水管理提升、水文化传播"六项"工作，通过在筑牢防汛减灾底板、精细保障农灌用水、深化农村环境治理、动态清零多源污染、优化提升水网功能、传承历史文化脉络中差异化扮演好"六种"角色，为彭州建设高质量西部菜都、打造高标准川芎基地、推动高品质农业品牌注入强劲动能，让优质的水资源成为建设更高水平天府粮仓的要素保障。

（二）因水制宜生态优先，是河长制助力农村变美的落脚点

灌区发展的第一要务是保证国家粮食安全，但同时保障好水安全和生态安全，才是灌区永续发展之路。彭州市深入贯彻习近平总书记"节水优先、空间均衡、系统治理、两手发力"治水思路，将灌区河长作为行政河长的有益补充，以智慧化灌区建设为契机，提高水资源集约利用水平，以划区域管理为抓手，促进水环境质量持续改善，以链条式监督为牵引，破解水生态治理顽瘴痼疾，重塑"节水高效、防灾有力、生态良好"的现代化灌区水网体系，着力推动水环境改善引领农村美丽嬗变。

（三）因人制宜转变思维，是河长制实现农民变富的关键点

促进农民富裕富足，不仅要做好灌区用水保障的"硬件"提升，还要做好拓宽农民收益链条的"软件"提质。彭州市秉承先贤治水兴农优良传统，切实转变工作思维，让灌区河长从参与护水治水的幕后走向农业产品、农村旅游、农灌文化宣传推广的前台，积极推动"水＋农业产品"产业价值输出、"水＋农村旅游"生态价值转化、"水＋农灌遗产"文化价值跃升，走出了一条"以水兴业""以水富民"的水经济发展新路径。

（执笔人：罗先伟）

以考核为抓手　促河长履职

——陕西省商洛市抓实河长制考核工作纪实[*]

【摘　要】 在推行河长制工作过程中，基层不同程度地存在河长"挂名制"等问题，导致河长制责任落的不实，措施落的不细。商洛市不断细化、实化、量化河长制考核工作，通过河流暗访到基层察实情、走访群众到基层察民意、年度考核到基层察实绩等措施，倒逼责任落实、河长履职。

【关键词】 考核　民意走访　述职　"三到三察"

【引　言】 习近平总书记2020在商洛市牛背梁考察时指出，要当好秦岭生态卫士，守护好中央水塔。商洛市河长办扎实贯彻总书记指示精神，持续推动河长制工作从"有名有实"的责任向"有能有效"的成效转变，开展了以河流暗访到基层察实情、走访群众到基层察民意、年度考核到基层察实绩为主要内容的"三到三察"考核工作，持续下沉河长制考核重心，压紧各级党委、政府管河护河责任，倒逼各级河长到一线履职尽责。

一、背景情况

陕西省商洛市是全国唯一全域处于秦岭腹地的山区城市，地跨长江、黄河两大流域，是国家南水北调中线工程重要水源涵养区，肩负着"一泓清水永续北上"和"秦岭生态保护"两项重大政治责任。为了让责任落地、工作落实、效能提升，商洛市改变了以往考核查资料、听汇报的固有方式，更多地通过让基层群众发声、拿工作实绩说话，把考核重心进一步压到基层，形成鲜明的考核导向，促使各级河长一线巡河履职。

二、主要做法

商洛市实行到群众中听呼声、到现场看成效、听述职传压力的考核

---

[*] 陕西省商洛市河道水库管理中心供稿。

办法，晒出成绩与揭短亮丑并重，实打实掌握各县区河长制工作开展情况。

（一）群众打分，为考核工作聚人气

总书记经强调："江山就是人民，人民就是江山。中国共产党领导人民打江山、守江山，守的是人民的心。"良好的水生态环境是最普惠的民生福祉，把群众对河长制工作的满意程度，作为评判河长制工作的首要标准，顺应了人民群众对美好生态环境的新期待。

商洛市委、市政府全面贯彻习近平生态文明思想，将河长制工作纳入到全市目标责任考核，作为领导干部选拔任用的重要参考。市河长办按照市第一总河长、总河长的要求，制定考核办法，推行"季度考核＋年度考核"考核方式，前三季度考核结果各占总分20%，第四季度考核（年度考核）结果占总分40%。季度考核坚持问题导向，对每季度部、省、市反馈河流"四乱"问题和群众信访举报等问题进行扣分。年度考核侧重群众满意度、知晓率和"四乱"问题整改实效，对群众满意率低、"四乱"问题销号率低的县区一票否决。

为增加考核的科学性，商洛市河长办在认真总结历年考核经验的基础上，配套建立了季度暗访、群众走访、畅通信访三项机制，进一步丰富考核方式，增加了民意走访调查环节，让群众既当"出卷人"又当"阅卷人"。2022年，商洛市在开展河长制考核工作时，每个县安排2名干部，通过拉家常、座谈会、发问卷等形式，重点对31名县区级河长领责河流沿线群众满意度进行走访，收集群众对河流管护的意见、建议，调查群众对河流管护工作的满意率。满意率纳入河长制考核打分体系，群众满意度低于80%的，县区河长制工作和县区河长不能评优。

（二）实绩说话，让考核工作接地气

2022年初，商洛市河长制办公室对标《陕西省总河湖长令》工作任务，细化实化量化河长制工作考核指标，对县区级河长提出了4大类10项考核指标，对县区河长办提出了4大类7小类57个分项考核指标，对18个市级成员单位依据工作分工提出3项共性和若干针对性的考核指标。

为确保河长制各项工作指标全面落地达标，商洛市河长办在走访群众的基础上，还通过实地检查成效、突击暗访河流等方式，点对点到现场看实绩、查问题，用最接地气、最贴近现场的方法，实打实掌握各县区、各部门、各河长落实河长制工作第一手情况。

为了解决分组考核标准不一的问题，成立了以河长办主任为组长，河长办副主任为副组长，市委督查办、市财政局、市资源局、市环境局、市交通局五部门为成员的考核工作组，实现了一套班子抓到底、一把尺子量到底，共历时7天，加班加点，一口气完成了七县区河长制考核工作。参与考核工作的市财政局农财科科长吴磊说："能参与到河长制考核工作中，了解到基层干部的付出、了解到群众的呼声，今后将更加高效的推动河长制工作"。

2022年市河长办暗访组在暗访过程中发现洛南县三要镇因污水处理厂处理能力有限，存在污水直排问题，严重污染河流水质。随后市河长办将该问题反馈给洛南县河长办，并抄送市第一总河长、总河长和洛南县第一总河长、总河长。

洛南县委、县政府高度重视，立即制定了整改方案，一方面通过PPP模式加快污水处理厂提标改造工作进度；另一方面安排污水收集车定时收集污水，避免污水直排。

全市类似三要镇污水直排的问题共30余个，考核组一一现场核实，查看问题整改措施是否到位，整改效果是否反弹。对整治效果不明显、不到位的县区按照考核赋分办法进行扣分，真正以实绩为导向，倒逼各级河长把工作精力和执法力量向基层一线倾斜。

（三）河长述职，为一线履职添底气

2021年以来，商洛市按照省河长办工作要求，在山阳县探索开展镇办河长向县区河长述职，由时任县委书记、第一总河长张国瑜和时任县长、总河长袁良善听取各镇办级河长大会述职并签订镇办河长制工作目标责任书。

"台上一分钟、台下十年功"。想在述职时"出彩"，必须在日常工作中"出力"。通过述职的工作形式，让履职不到位的河长"红脸、出汗"，履职尽责的河长"露脸、出彩"，从而形成各级河长争做河流管护的"领头雁"，用一线履职的生动实践，满足群众日益增长的优美水环境需要。

2022年市河长办总结镇办河长述职工作经验，11月30日，组织召开

了商洛市2022年度河长制工作会议，会上7名县区级第一总河长和3家市级河长联系督办单位向市第一总河长述职。

一石激起千层浪，商南县、山阳县、镇安县、柞水县等县区迅速行动，县级第一总河长和总河长通过会议汇报和书面述职等形式，听取镇级河长述职，并对镇办级河长履职情况进行了考核、打分、定级，将工作压力层层传导，形成了一级抓一级、层层抓落实的工作格局，激发了基层河长履职动力。

三、经验启示

（一）全面推行河长制必须依靠群众

水生态是最普惠的民生，全面推行河长制就是为了解决复杂水问题，就是为了满足群众日益增长的优美水环境需要。在河长制工作中，河长是"答卷人"，群众是"考官"，河长制工作做得好不好，河长说了不算、河长办说了不算，必须由群众说了算。群众对河长制工作知晓、满意，就说明基层河长履职到位，宣传到位，也从侧面体现基层党委、政府重视河长制工作。商洛市通过民意走访，既掌握了基层河长制工作第一手资料，同时也是对河长制工作的宣传，让更多社会力量参与到河长制工作中来，让更多河长俯下身子，走到群众中去，听民意、解民忧。

（二）全面推行河长制必须务求实效

河湖"四乱"问题是水生态环境的伤疤，持续开展河湖"清四乱"，是实现"河常治"的必然要求。商洛市地处山区，河流"四乱"客观上存在"死灰复燃"的问题，要看"四乱"伤疤是否治理到位，不能听汇报、不能看资料，必须迈开步子到现场看一看。商洛市坚持问题导向，实行县级干部包干的河长制季度暗访工作模式，推行"一县一单"通报、"一事一单"销号的问题整改办法，滚动、压茬到一线找问题、看成效，实现"四乱"问题控增量、减存量、动态清零。

（三）全面推行河长制必须落实责任

全面推行河长制，关键在河长。各级河长是河湖管护的领队，必须让河长牵头抓总、一线履职。商洛市推行河长制述职工作制度，要求各级河长年度逐级述职，倒逼责任落实。同时严格落实"双查"机制，发挥党委、纪委监委、公安、检察的职能。2023年以来，市、县按照"查事先查人，查人深挖事"的要求，在涉水领域共查办刑事案件10起，处理13人；查办行政案件53起，处理55人；纪委监委累计立案9起，处理14人；检察机关累计下发检察建议书6份，用责任严查实现河流严管。

（执笔人：何平谦）

推进统筹协调

着力构建"三大工作体系"
筑牢一湖碧水生态屏障

——河北省承德市宽城满族自治县全力打造潘家口水库库区及周边区域联防联治联建工作体系实践经验[*]

【摘　要】　宽城满族自治县紧紧围绕建设"京津冀水源涵养功能区",立足新发展阶段,贯彻新发展理念,适应新发展格局,着眼于构建流域区域高质量发展的生态环境,本着"职责明确、协调有力、弥合界限,形成合力"的原则,坚持问题导向、任务导向和目标导向,建立和完善的"联防""联治""联建"三大工作体系九项长效机制,为进一步提升潘家口水库库区及周边区域生态环境联合管理保护能力,持续深化共防共治共建共享成果提供了强有力保障,为持续提升"水源涵养、生态支撑"能力、保障津唐地区水源安全、促进区域经济社会协调健康发展提供了强有力支撑。

【关键词】　河湖长制　区域联防联治　水源涵养　生态支撑

【引　言】　流域管理机构和地方政府联防联治联建是河湖管理的重点和难点,结合河湖长制,加强流域统筹,是河湖治理体系和治理能力现代化的发展方向。宽城满族自治县依托潘家口水库上游地理优势,牢固树立"绿水青山就是金山银山"生态发展理念,认真践行习近平总书记"节水优先,空间均衡,系统治理,两手发力"治水思路,以节约水资源、防治水污染、改善水环境、修复水生态为主要任务,全面落实河湖长制,构建责任明确,协调有序,监管严格,建立有力的河湖管理保护长效机制,切实维护河湖健康生命,实现河湖资源永续利用,让潘家口水库这颗塞外明珠在宽城大地上熠熠生辉。

一、背景情况

宽城位于河北省东北部、承德市东南部,与秦皇岛市青龙县、唐山

---

[*]　河北省承德市河湖长制办公室供稿。

市迁西县、辽宁省凌源市接壤，属于山区县，因"元设宽河驿、明筑宽河城"而得名。宽城于1963年建县，1989年成立满族自治县，本文简称为宽城县，总面积1952平方公里，辖1个省级经济开发区、10镇、8乡、205个行政村和5个社区，全县总人口26万，满族人口占75.56%，县城人口11万。宽城满族自治县地处燕山山脉东段，属海河流域，其境内滦河、瀑河、长河及青龙河四条主要河流蜿蜒期间。华北最大的水利枢纽、引滦入津工程——潘家口水库位于宽城县和唐山市迁西县交界处，总容量29.3亿立方米，其中70%的水域面积约50平方公里在宽城县境内，有"京郊漓江"的美誉。

2022年，宽城被确定为省级强化河湖长制典型示范建设试点，宽城县以此为契机，突出以强化潘家口水库管理保护为重点，以提升流域区域水环境质量为核心，以全面落实河湖长制为抓手，与水利部海委引滦工程管理局（以下简称引滦局）深化合作、深入探索，积极创新工作路径和方法，协同构建了"联防""联治""联建"三大工作体系，建立和完善了九项长效合作机制，持续深化了共防共治共建共享成果，为加强上下游、左右岸生态环境管理和保护提供了制度保障，为地方政府与流域管理机构合作提供了首创经验。

二、主要做法和取得成效

潘家口水库为津唐重要水源地，承德市坚持以给津唐输送优质水源为出发点，立足于"大格局、大保护"，着眼于县域内潘家口水库管理保护的特殊性，组织力量在广泛调研的基础上，本着"强合作、重长远、求实效"的原则，紧密结合近年来与引滦局联防联控的实践经验，深入分析面临的形势，精准查找双方协作的短板弱项，认真研究破解问题的新路径和新方法，从强化河长制合作长效机制入手，全方位、全过程、深层次研究探索，建立和完善联防联治联建工作体系，有力地推动了以潘家口水库为中心的流域区域生态环境管理和保护工作。

（一）协同构建"联防"工作体系，助推河湖长制工作开展

一是建立联合巡查机制。构建水库及周边县乡两级河长分级包片包段管护、保障所管区域水环境质量网格化包保责任体系，流域管理机构

负责技术指导，县政府负责划定水库及周边淹没区乡（镇）管护范围。引滦局选派4名"督查专员"包保县和乡（镇），配合县级河长每两月开展不少于1次调研巡查、乡（镇）级河长每月开展不少于2次巡查，确保了问题早发现、早处理。2022年，先后开展专项联合巡查1次，常规巡查7次，发现问题3个，全部得到有效解决。二是建立技防合作机制。整合流域管理机构卫星遥感和当地政府智能视频监控、无人机巡查等技术手段，建立健全信息共享机制，有效提升了全天候、全方位实时发现处置问题能力。双方先后交换监控数据问题3次，通过引滦局督查专员、县河长办负责人和相关乡镇河长现场联合核查，对认定的2个问题联动处置到位。三是建立联合问题认定机制。通过政策讲解、现场剖析、案例比对等方式，组织技术专家集中授课，对各级河长、县直部门有关人员、包保"督查专员"等进行专题培训，通过培训提升人员能力素质，统一问题认定标准、程序和处置方式，进一步提高了巡查发现和解决问题时效。2022年9月27日，宽城县与引滦局联合举办了"潘家口水库库区及周边区域联合执法培训会议"，双方共培训46人，为发现和解决问题提供了技术支撑。

（二）协同构建"联治"工作体系，深入探索高质量治水管水模式

一是建立问题处置协作机制。流域管理机构认定的水库管理范围内"四乱"重难点问题后，主动与当地政府对接，通过联合办公会商，制定整改方案，落实整改责任。问题整改由当地政府协调解决，流域管理机构给予政策、技术、资金上支持，联动推进工作落实。2022年，引滦局对宽城县孟子岭乡大桑园晾晒场新建项目提出指导意见后，经双方联合会商，只建垃圾晾晒平台，取消设备管理房建设，确保了项目符合环保要求、发挥生态效益。同时，引滦局支持专项资金20万元用于县辖区内水库水面的日常巡查和管护，进一步推动了双方合作。二是建立联合监管执法机制。实行"流域监管执法机构＋县行政监管执法部门"联合监管执法，组织成立由流域监管执法机构与县公安、生态环境等部门人员组成11人的联合监管执法队伍，签订联合执法巡查与处置方案，开展常态化联合巡查和联合执法，与检察公益诉讼相衔接，协调处理跨界违法案件。先后开展常态化联合巡查和联合执法4次，扣押非法渔船1

艘，对9起涉嫌驾驶摩托艇超出划定区域问题进行了处罚，收缴锚鱼用具5套，清除燕子网8个、灯罩网2个、地笼26个。三是建立联席会议和联合办公机制。流域管理机构分管负责同志、县河长办主任担任总召集人，组织召开联席会议，协调解决有关事项。引滦局选派两名"督查专员"进驻县河长办联合办公，负责跨界上下游具体事项联络工作，随同县级河长开展巡河调研，通知水库下游地市参加联席会议并督导会议议定事项落实。县河长办负责县域内部门协调联动和下级河长履职情况的监督、指导、检查和考核。2022年，先后召开联席会议2次，分别研究了库区内非法捕捞整治和孟子岭大桑园晾晒场新建项目规划建设以及库区环境保护及周边环境治理等事项，确保了相关工作有序开展、有力推进。

（三）协同构建"联建"工作体系，开创区域联防联治新局面

一是建立项目建设会审机制。当地政府谋划实施水库周边区域开发建设，以绿色、清洁、安全项目为重点，注重民生领域开发建设，流域管理机构给予鼓励和支持。对重大建设项目实行联合会审机制，流域管理机构选派技术专家全程参与，在政策、业务方面提供技术支撑，确保了重大开发建设项目依法合规、服务社会。2022年，引滦局选派技术专家共同参与了蟠龙湖小镇水景可研报告的制定，联合参与了鑫鹏矿业取水论证评审，对潘家口水库周边实施的环境治理工程给予了政策上的支持。二是建立流域治理协作机制。流域管理机构结合实际，对流域治理及时提出意见和建议，合理确定治理区域和实施项目，协助跑办审批手续，提供支持和帮助。当地政府谋划实施流域治理项目时，对流域管理机构提出的意见建议，在充分论证的基础上，协商处理有关事项，以满足水库水生态需求和水安全保障。宽城县先后实施的潘家口水库桲罗台镇环境综合整治、孟子岭乡水体水质提升及生态保护综合治理等项目，以及在潘家口水库上游开展的河流漂浮垃圾清理、库区环卫一体化、第三方巡查管护等工作，引滦局在政策、业务等方面提供了有力支持，确保了项目建设依法合规、环境管护有效落实。三是建立流域建设项目联查机制。流域管理机构与当地政府对水库周边区域开发建设的重大项目实行联查，做到事前有告知、事中有监管、事后有验收，共同签字背书，形成监督检查合力。2022年，宽城县实施的孟子岭大桑园晾晒场项目、蟠龙湖小镇水景建设项目，引滦局全程参与，在项目前期、实施、验收与宽城县相关部门联合开展了会审、联查等事宜，形成了发现问题联合督办、整改、复核全流程闭环管理。

三、经验启示

（一）要实现优势互补，必须构建流域管理机构与地方政府齐抓共管新格局

潘家口水库库区及周边区域生态环境管理保护、水域岸线管控、周边区域开发利用等工作，既是流域管理机构的责任，也是当地政府的责任，双方你中有我、我中有你，只有相互支持、形成合力，才能达到事半功倍的效果。通过探索实践，建立和完善联防联治联建长效机制，共同商议、互通有无，为充分发挥各自优势、权责补位、齐抓共管，实现优势互补、共同担责提供了制度保障。

（二）要实现保护合力，必须构建流域管理机构与地方政府联合监管执法新局面

整合流域管理机构与地方政府监管执法力量，发挥联合监管执法效能，有效处置违法违规问题，是维护水事安全秩序的有效手段。通过探索实践，建立联合监管执法机制，开展常态化监管执法，有力地促进了流域区域违法违规问题及时有效处理，形成了打击违法犯罪"高压"态势。潘家口水库非法挤占、非法排污、非法采砂、非法捕捞、非法取水等违法违规行为得到了有效遏制，实现了潘家口水库库区及周边区域生态环境保护合力。

（三）要实现过程合作，必须构建流域管理机构与地方政府共享会商新平台

通过成立联合办公室、流域管理机构选派督查专员，深化技防合作，综合利用引滦局卫星遥感、视频监控系统、无人机巡查和宽城县河湖长制信息管理平台、河湖智能视频监控系统、无人机巡查等技术手段，实时对潘家口水库库区及周边区域进行监控，及时组织监控结果数据交换，提升了全天候、全方位实时发现处置问题能力。通过构建职能上互补、信息上互通、监管上互助的多边合作共享机制，充分发挥了流域管理机构监管职能和地方政府主体职能，实现了全过程协作配合，有效提升了共防共治共建共享成果。

（执笔人：王仲国　周继业　程欢）

以"全域治理"探索超大城市治理"新路子"

——上海市浦东新区张江镇以小流域为抓手，促人与自然和谐共生*

【摘　要】　张江镇深入贯彻习近平生态文明思想，以国家战略需求为导向，以科技创新实践为支撑，以生态资源禀赋为基础，坚持山水林田湖草沙系统治理，结合"美丽乡村、现代城镇、精品城区"等不同区域形态特征，绘成"双轴、三片、五线、六园、多点"全域治理"一张图"，充分发挥河湖长制平台作用，实施生态修复、水土流失治理、面源污染防治、河湖水系建设、人居环境改善五个方面13类整治工程，推动全域治理，打造水环境治理升级版全域生态，促进人水和谐，努力建设产城融合下的绿色活力创新张江。

【关键词】　全域治理　生态清洁小流域　河长制

【引　言】　党的二十大报告强调，"中国式现代化是人与自然和谐共生的现代化。""共生"不仅要"共存"，更要"共荣"。尤其在人口规模巨大、产业集聚发展的超大城市，如何运用好专业资源和社会资源，进一步探索群众生活、企业生产和生态建设之间的紧密联系，让科技企业和科创人才不仅是生态建设的获益者，也是全程参与者。对此，张江镇以分三期全域推进生态清洁小流域为抓手，从"高站位、优管理、强效能、惠民生"四个维度，充分整合区域优势和资源力量，为超大城市的水土保持蹚出了一条"新路子"。

一、背景情况

上海市浦东新区张江镇地处张江科学城核心区，镇域面积42.96平方公里，实有人口26.5万，现有河道（水体）313条，总长度177.3千米，

---

* 上海市张江镇河长制办公室供稿。

总水面积407万平方米。建成区绿化覆盖率44.08%，全域总绿化覆盖率35.24%，森林覆盖率21.31%，人均公园绿地面积19.1平方米，有非常好的生态基底。同时，作为中国硅谷、药谷和智谷，张江镇域内有上海光源、硬X射线等一批国家级大科学设施，有高新技术企业1800余家、高层次人才近20万，代表着世界先进的创新力量，也是国家创新发展战略的重要承载地。因此，做好水土保持和生态建设，全力打造产城融合下的绿色活力创新张江，是张江镇服务国家战略的时代担当。

多年的河道治理实践证明，不少河湖问题的病根在岸上，如果只注重治水，那么仅是治标，不能治本；如果开展单条河段整治，只能维持短时的好状态；如果只注重面洁岸青的水环境，水中的生态就不能得到很好的修复。要突破、要升级，只有跳出单项功能治理、单条河段治理的狭隘视角，运用山水林田湖草沙一体化保护和系统治理、集中连片治理、生态综合治理的思维来推动生态清洁小流域建设，形成水土流失治理、水环境治理和水生态治理三位一体的生态清洁小流域治理体系，才能真正拔除污染水体的病根。

2021年，张江镇成为上海市首批生态清洁小流域先行建设镇，率先在环东村、长元村（南片）、新丰村启动生态清洁小流域一期建设。目前已完成劳动村、中心村、沔北村和长元村（北片）二期建设，正在推进建成区、科学城和总部园三期建设，预计年内全面完成，实现生态清洁小流域全域全覆盖。

二、主要做法和取得成效

（一）坚持高站位，全域治理实现一体化推进

一是党建引领，上下"一条心"。以创建国家水土保持示范县为契机，建立由镇党委书记、区水务局分管领导任双组长的常态化工作机制，全盘调配区镇两级业务部门的专业力量和村居网格的专职力量。同时与太湖局水土保持处党支部、市水务局水利管理处党支部、区水务局水利处党支部签订四级党建联建协议，组建青年党员突击队，共同破解治理中的难点堵点，让上下"一条心"聚成工作"一股劲"，联袂成为绿水青山就是金山银山理念的模范践行者。

二是规划先行，全域"一张图"。以全域治理统筹联动科室职能，尤其是依托张江科学城和"金色中环发展带"建设，整合产业发展、乡村振兴、河道治理和环境提升等目标任务，编制印发《张江镇生态清洁小流域建设实施方案》。同时结合"美丽乡村、现代城镇、精品城区"等不同区域形态特征，以纵向马家浜和横向川杨河为十字轴，建立起"双轴、三片、五线、六园、多点"的全域治理"一张图"，为各单位（部门）倾斜资源、导入项目找到"最大公约数"，发挥叠加效应。

三是绿色发展，统筹"一盘棋"。对标11项市级考核指标以及4项区级幸福指标、6项区级特色指标，以发展绿色产业为重点，制订三年全域生态清洁小流域系统治理计划，2022年、2023年连续两年入选张江镇十大民生实事工程。在"硬核工程"基础上，结合本土文化和乡情特质，以"科学城后花园"为主线探索"水上经济""林下经济"试点，着力打造人才公寓、现代农业、水上竞技、林下露营等交相辉映的生态产业，努力实现"产业生态化"和"生态产业化"协同发展的"一盘棋"。

（二）坚持优管理，全域治理凸显综合施策

一是涵盖"全要素"治理。充分贯彻"山水林田湖草沙是生命共同体"的理念，实施5个方面13类整治工程。在生态修复方面，完成145亩鱼塘尾水达标治理。在面源污染防治方面，每年控制化肥施用量在243公斤/公顷。在人居环境改善方面，全覆盖完成农村生活污水达标治理，76个小区正在实施雨污混接改造。在水土流失治理方面，综合治理程度达到95%。在河湖水系建设方面，累计整治河道107.334千米，实现水质稳定在Ⅲ~Ⅳ类，河道水体透明度最高可达1米（汇智湖水体透明度最高可达3.5米），让群众在家门口感受到生态廊道的"林水复合""蓝绿交融"。

二是激发"多社群"参与。依托区域化党建，探索建立"河长＋检察长＋警长"三长联动机制，并广泛动员全社会参与生态建设，现有241名民间河（林）长实现园区、社区、校区和商区全覆盖。其中，来自上海通信中心的青年河长潘小英，带领40名单位志愿者加入张江镇"青护母亲河"志愿服务队，得到时任上海市委书记李强同志两次点赞。另有"I for外籍志愿服务队"是浦东新区首支外籍护林志愿服务队，曾获评2021年度上海市志愿服务先进集体，进一步扩增多元社群的力量。

以"全域治理"探索超大城市治理"新路子"

汇智湖：为环湖1600余家企业及创新创意人才和周边10余个小区提供滨水文化空间

三是构建"全闭环"管理。在建立河（林）长带头巡、牵头管的河（林）治理"一张网"的基础上，进一步深化全域网格化管理，严格落实"五员治水""六管齐下"养护机制，坚持"月有巡查、季有反馈、年有提升"，充分发挥"河湖监管"应用场景的实战实用，确保河湖管理的各类动态问题能够主动发现、及时响应、闭环处置。近三年，张江镇河长制办公室累计接到并处置"12345"市民服务热线反映问题7556个，及时处置率和市民满意率均达到100%，久久为功为打造幸福河湖和保护水土资源做出实实在在的成果。

（三）坚持强效能，全域治理融入数字赋能

一是"数字手段"提升专业性。依托张江人工智能集聚区600余家创新企业和高新技术优势，率先与域内创新企业合作建成"水、陆、空"立体式水环境综合监管体系，并在此基础上与上海船舶研究设计院、张江集团协同打造上海人工智能水域，为无人驾驶清洁船提供应用场景，从"自动监管""自动巡查"加速向"自动整改"迈进。在新丰村中日友好林建立人工智能识别的观测点，探索引入无人机、AI、云计算等技术，打造"智慧林业"综合管护平台，让"科技赋能""创新驱动"成为全域水土保持综合防治的重要举措。

二是"数字平台"扩大服务面。以数字化转型为契机，打造上海市

张江智慧水质监测站：和域内创新企业共同开发全时段水质智慧监测平台

第一个生态清洁小流域智慧管控平台，从"规-建-管-养"构建生态清洁小流域全生命周期精细化信息管理体系。同时，在新媒体浪潮下顺势而为，竖起浦东首个"互联网+"信息化河（林）长公示牌，进一步拓展河湖保护理念的宣传渠道。还建有"亲水张江里"微信平台，设河道查询、监督投诉等六大版块，广泛征集群众的意见建议，进一步形成生态清洁小流域建设"公开—参与—反馈"的良性格局。

三是"数字产业"释放磁引力。以科农路为主轴，建立"一个产研结合基地＋四个方位"农业布局，推动集体企业与现代农业龙头企业、域内创新企业联合打造张江镇农业机器人示范基地建设项目，引入科技设备服务果蔬采摘、温室巡检等精细作业，同时基于云平台、物联网技术，进一步实现农作物的生长预估和病虫害预警等功能。在此基础上，与"叮咚买菜"签署乡村振兴战略合作协议，推动建成上海市第一个数字农业和热带花卉基地，实现网红款番茄销量增长10倍，让农村地区的生态发展真正搭上在线新经济快车。

（四）坚持惠民生，全域治理体现共享共荣

一是开放最好的资源。在完成48条幸福河湖创建的基础上，初步建成"车行、骑行、慢行"总计146.2公里的三大环线，串联起张家浜楔形绿地、智汇亲水平台、AI未来街区、蘑力森林等自然和人文地标，让美好的自然生态承载起居民群众的运动、社交、文化功能。在此基础上，结合海绵城市的理念，打造百业园、顺和路口袋公园等互动空间，进一步推动城水相融、人绿相亲，打造优质的生态宜居环境和生活品质，不断提升在张江的幸福感和归属感。

张江结字盘港：生态清洁小流域一期建设工程，目前正在探索"水上经济"

二是融入最美的文化。联合上海中医药大学，在吕家浜河畔打造集"景观、科普、科研、教学"于一体的中医药百草园，在14个"园中园"汇聚起400多种药用植物，全天候免费开放。与张江集团协同打造占地20万平方米的川杨河滨水文化公园，作为张江科学城核心区的高品质文化空间。还结合浦东山歌、海派皮影戏等非物质文化遗产，焕新重塑占地6万平方米、有水有林的环东生态园，推动美好的自然景观加速向公众开放，在张江进一步绽放"活力四射"的魅力。

三是畅享最"绿"的生活。作为上海市首批社区园艺师制度试点镇，以"I绿沙龙"参与式工作坊为平台，鼓励居民群众就近认养社区绿化和公共绿地。同时积极探索以足迹遍布全域的快递、外卖小哥等新就业群体为主力军，以"Red，Ride，Run"为主旨推动"R先锋志愿服务队"在日常巡河护绿、保水护土中发挥出作用，进一步积蓄"共创共治"的后劲，实现"人人参与、人人尽力、人人享有"的共享"绿"生活。

三、经验启示

张江镇坚持贯彻习近平生态文明思想，在水利部太湖局、市区水务局的指导下，以建设产城融合下的绿色活力创新张江为发展目标，以全域推进生态清洁小流域为重要抓手，积极探索超大城市的水土保持工作，取得一定成效。

（一）高位推动，坚持系统治理

站在人与自然和谐共生的高度谋划发展，把"构建和谐优美生态环境"理念贯穿于城市规划、建设、管理的全过程，为浦东加快打造与引领区相适应的水生态系统贡献"张江样板"。

（二）多元联动，夯实机制保障

在建立健全河（林）长工作制的基础上，依托区域化党建联建，协调资源力量，形成党委领导、政府负责、部门协同、全社会共同参与的水土保持工作新格局。

（三）创新驱动，引入科技赋能

充分发挥域内1800余家高新技术企业、近20万创新创业创意人才的区位优势，进一步开发"全域治理"相关应用场景，加快形成具有科学城特色的治理品牌。

（四）全面行动，加强大众参与

要为群众发现、享受生态清洁小流域建设成果之美创造便利条件，更要推动群众成为建设者，为交出全方位、全地域的"张江答卷"，让更多人共同成为"执笔人"。

（执笔人：蔡娱乐　马晓俊）

"把支部建在河上"引领河道联防联治

——河南省南阳市积极探索"河长＋全域党建"新模式*

【摘　要】 南阳市高度重视生态文明建设，全面贯彻落实习近平生态文明思想，坚持以党建为引领，聚焦河湖治理和沿线发展，统筹相关职能部门和基层组织力量，打破原有的层级、区划、部门和体制限制，开创运用"全域党建"新理念，把党组织"建"在河上，凝聚各方治河力量，助力河长制深入落实，实现了联防联治的治理长效机制。

【关键词】 河长制　党员　全域党建　联防联治

【引　言】 南阳市深入把握河长制与全域党建的结合点、支撑点，创新建立"河长＋全域党建"模式，严格履行"一岗双责"，发挥基层党组织和广大党员的战斗堡垒作用和先锋模范作用，形成组织引领、党员带动、群众参与的护河合力，努力打造美丽、和谐、幸福的人民宜居地。

一、背景情况

南阳独特的自然地貌孕育了丰富的水资源，地跨长江、淮河、黄河三大流域，境内有白河、唐河、淮河、丹江四大水系，流域面积30平方公里以上河道266条、水库517座，是南水北调中线工程渠首所在地、京津冀豫地区后方"大水缸"，也是千里淮河发源地。长期以来，南阳市的经济和社会发展迅速，但忽视了生态环境保护，群众环保意识较为淡薄，乱堆、乱占、乱建、乱采等河湖"四乱"问题频发，同时由于各地区、各部门党委、党支部长期"划区而治"、各自为政，存在整体性不

---

* 河南省南阳市水利局供稿。

够、协同性不高、互动性不强等问题，河湖突出问题难以得到及时有效的推动。

为解决以上问题，2020年5月，湍河市级河长牵头成立湍河治理联合党委，沿河3个县级河长牵头成立党总支，乡村建立党支部和党小组，形成上下贯通、严密高效的组织体系，通过发挥联合党组织优势，凝聚各方力量，握指成拳，系统推进治理工作的整体性、协同性和互动性。湍河流域73处"四乱"问题全面清零，初步打造幸福河湖样板。市河长办复制湍河经验，"河长＋全域党建"在全市遍地开花，成效显著。

二、主要做法

南阳市积极探索运用"全域党建"模式，创新党的基层组织设置和活动方式，围绕构建两个高质量工作体系，紧扣全市中心工作和重点任务，以党建强引领、以制度筑保障、以督导促落实，建立统领统筹的联合党组织和规范有序的工作机制，为探索全域党建及优化河湖治理提供了南阳方案。

（一）突出党政负责制，建立工作体系

在白河、唐河、淮河、丹江水系成立4个市级河湖管护联合党委、8个县区河流管护联合党总支，6000多名党员按要求开展巡河护河工作，带动广大群众护河的积极性，做到了全覆盖、无盲区，形成全域治水、全民护水、齐抓共管的河湖治理保护新格局。积极引导各采砂区建立联合党支部，吸收采砂管理"四个责任人"、属地乡镇村组干部、农民党员加入，宣传采砂管理政策、化解群众矛盾纠纷、监督实施生态修复，取得了干部支持、群众满意的良好效果，涉砂举报舆情同比下降92.5%。

（二）加强制度建设，促进有效运行

一是建立定期巡河制度。明确各级联合党组织定期巡河频次，落实巡河责任，开展常态化巡河护河工作。二是建立衔接配合机制。各级联合党组织定期召开碰头会议，研究解决具体问题，上下游、左右岸联合党组织不定期会商，共管共治。三是建立述职考核机制。把河湖治理工作纳入年度党建述职和村支部书记大比武内容，激励大家担当作为、履

中共南阳市淮河治理联合党委成立现场

中共南阳市湍河治理联合委员会工作制度

职尽责。四是建立投入保障机制。各级财政投入专项经费用于联合党组织工作和河道治理保护。全市共投入资金1420万元，为开展公益讲堂、志愿服务、巡回宣讲、发放宣传册等活动提供坚实的资金保障。

（三）注重宣传发动，凝聚工作合力

一是市联合党委牵头编印宣传彩页、《全域党建应知应会工作手册》，分发群众，做好宣传。各联合党支部在重点河段、重点部位悬挂宣传横幅、制作"党员责任岗"宣传牌，营造工作氛围。二是各联合党支部、

65

党小组发挥就近就地优势，利用主题党日活动、乡村大舞台等，动员群众，共治共享。三是各联合党组织按照"乡每月、县每季、市半年"的频次，利用《南阳日报》、广播电视台和网站、微信、微博等媒介，及时宣传工作动态、经验做法。

（四）注重督导指导，督促提高提升

一是各级联合党组织定期开展巡河督导，发现问题及时下发交办单，建立台账，压实责任，挂牌督办。二是市联合党委多次组织对"清四乱"工作开展专项督导。汛期到来前夕，发出专项通知，对联合党组织工作提出明确要求，督促做好日常管护和防汛度汛工作。三是组织各级联合党组织人员，就全域党建助力河湖治理工作情况进行现场观摩，相互学习，相互借鉴，交流经验，取长补短。

三、取得成效

南阳市结合实际，创新方法，通过打好全域党建"组合拳"，发挥了党的组织优势、思想政治优势和群众工作优势，凝聚了各方面的有效资源和治理合力，"守好一库碧水"专项整治行动497处问题完成整改任务，累计拆除各类违建15.3万平方米，完成471处"四乱"问题和290处妨碍河道行洪突出问题整治工作，累计清理河道220余千米、各类垃圾96余万吨，整治非法林地超过8.6万平方米，取得显著成效。

（一）凝聚合力有效"扩链"

在联合党组织框架下，实现了横向的有效"扩链"，各级河长办、水利、自然资源、公安、检察等相关部门共同参与、通力合作，变"单兵作战"为"统一领导"，开展河长制成员单位联席会议，共同商讨解决涉河行政审批、河湖"清四乱"和打击非法采砂等重点工作。新野县上港乡河道内长期停靠一艘大型废弃游船，县水行政主管部门多次督办未果，县级联合党组织成立后，召开联席会议，协调县直部门、当地政府形成合力，最终仅用2天时间全部清理完毕。

（二）联防联治有效"补链"

通过联合党组织建立的跨流域、跨区域联合会商机制，与洛阳市、湖北省郧阳区、陕西省商南县等地协调联动，建立联合党支部，开展跨区域联防联控联治工作，实现了交叉交接交汇处的"补链"，实现治理全域推进、问题全域解决、社会全域参与。新野县一座危桥涉及上下游、左右岸3个行政村，相互推诿难以拆除，经联合党总支交办、联合党支部书记督办，汛期来临之前成功拆除清理。

（三）河湖问题有效"拓链"

在河湖治理工作中，始终坚持问题导向、目标导向和效果导向，在联合党组织的引领下，联合各成员单位开展专项整治行动，联防联治，全面排查，建立台账，切实做到"有一销一"。同时，坚持综合大治理、生态大保护、沿岸大发展，湍河治理市级联合党委制定了《全域党建助力湍河治理规划方案》，提出了近期治理和长远发展的指导性意见，推进流域综合治理，实现了由河湖问题单项整治到综合治理、系统发展的有效"拓链"。

（四）群防群治有效"延链"

通过全域党建，实现了由河长"单兵作战"到沿岸党员群众共同参与、群防群治的有效"延链"。市县乡村四级联动，党建带群建、党员带群众，形成全方位战斗集体。湍河流域由原来不足500人的巡河队伍，通过全域党建发展到2500多名党员群众共同参与。邓州市蓝天救援队是一支民间公益组织，由社会各界爱心人士100余人组成，积极主动参与各项应急救援活动，协助政府开展防灾、减灾工作和义务巡河护河，目前已成为全域党建助力湍河管护的中坚力量。

四、经验启示

全域党建助力河道治理是改善人居环境、造福群众的民生工程，为保障"河畅、水清、岸绿"，南阳市结合河长制工作，与时俱进，在探索河道综合治理新模式的过程中，不断总结归纳经验教训，在挫折中找方法，在未知中找出路，保持稳中求进总基调，谱写人水和谐的新篇章。

（一）党建引领、科学发展

全面加强党对"河长＋全域党建"工作的领导，持续发挥党组织战斗堡垒作用和党员先锋模范作用，带动基干群众和社会力量共同参与河湖治理发展，确保各项工作始终坚持正确的方向前进。进一步发挥全域党建作用，坚持既抓治理又抓发展，统筹各方资源力量，向河湖治理和沿岸经济社会发展倾斜，综合推进河湖治理，建设造福人民的幸福河湖。

（二）效果导向，因需而联

解决河湖突出问题，是当前河长制工作的重中之重，但各地基础条件各不相同，因此不能照搬照抄，要严防出现同质化，紧紧围绕河湖治理发展中心任务，结合工作实际，把有利于治理发展的力量和资源整合起来，按照管理权限，科学设置联合党组织，形成齐抓共管的工作格局，实现河湖治理和组织设置深度融合、相互促进。

（三）围绕重点，精准发力

河湖综合治理是一个长期性工作，不同时期有不同的任务重点。在日常工作中应把联合党组织工作重点放到打击河湖非法采砂、"清四乱"、水质监测保护等工作上，组织开展专项整治行动，推动问题消存量、遏增量；在采砂作业区建立61个联合党组织，开展"河长＋警长"常态化联合执法，坚持"露头就打"，全面遏制非法采砂行为；同步抓好水环境保护、沿岸经济社会发展等工作。在汛期来临时，把工作重心放在防汛度汛上，把党旗插在防汛第一线，切实做到风险排查、预案制定、联动预警、物资储备、快速反应、组织保障"六个到位"，确保人民生命财产安全。

（四）广泛宣传，凝聚力量

河湖治理贯彻的是创新、协调、绿色、开放、共享的发展理念，考验的是党的执政能力，连着的是群众利益。要利用召开政策培训会、编发宣传手册、设置信息公示牌等方式，营造起全社会关心、支持、参与的舆论氛围。同时，通过搭建"全域党建"工作平台，广泛吸纳建制内外、企事业单位及社会团体党员，充分发挥党员先锋模范带头作用，汇聚各方力量参与治河护河，全力打造造福人民的幸福河。

在"全域党建"理念的引领下，南阳市持续深化完善河长制工作，立足"一心两山环众湖、三渠九水润京宛"水系总体布局，通过河道治理、联合执法、全民护河等一系列措施推动河长制从"有实"向"有为"转变，助推生态文明建设，在现有的良好基础上紧跟时代步伐，一幅河畅、水清、岸绿、景美的新画卷正在南阳徐徐铺展开来。

（执笔人：闫道畅　李大伟　孙嘉成）

强化流域综合治理
推进河湖生态价值实现

——湖北省宜昌市探索"流域综合治理＋
生态价值转换"统筹发展新模式[*]

【摘　要】　建立健全河湖生态产品价值实现机制，提升水安全、水资源、水生态、水环境、水文化等领域公共产品的供给质量，对推动经济社会发展全面绿色转型具有重要意义。当前，河湖水资源空间分布与经济社会发展不匹配，部分河流水资源开发利用程度超过红线，防洪排涝体系存在短板，河湖生态空间破碎，生态需水不足，自净能力差，水质超标风险大等问题不容忽视。为守牢水安全、水环境安全、生态安全底线，维护河湖健康生命，实现河湖功能永续利用，宜昌市在纵深推进河湖长制，建设幸福河湖的工作中，加强顶层制度设计，以建立完善流域生态补偿机制为突破口，不断强化流域综合治理，改善河湖水环境，扮靓河湖水生态，盘活河湖水资源，为推动建立健全河湖生态产品价值实现机制，走出一条生态优先、绿色发展的新路子，开辟了可示范、可复制、可推广的实现路径。

【关键词】　河湖长制　流域　综合治理　生态补偿　生态价值

【引　言】　习近平总书记强调，要从生态系统整体性和流域系统性出发，追根溯源、系统治疗，上下游、干支流、左右岸统筹谋划，共同抓好大保护，协同推进大治理。湖北省提出治荆楚必先治水，以流域综合治理明确并守住安全底线，统筹四化同步发展，出台了《湖北省流域综合治理和统筹发展规划纲要》，把"流域综合治理"作为经济社会高质量发展的重大战略举措。宜昌基于自身河湖流域要素禀赋特征，持续深化体制机制改革创新，积极探索"流域综合治理＋生态价值转换"新机制，通过流域统筹和系统治理严守水安全、水环境安

---

[*] 湖北省宜昌市河湖长制办公室供稿。

全、生态安全和粮食安全底线，通过优化水土资源配置，改善流域生态环境质量，增强经济社会发展潜力，加快建设"山水辉映、蓝绿交织、人城相融"的长江大保护典范城市。

一、背景情况

山至此而陵，水至此而夷。宜昌地处长江中上游结合部，位于我国第二阶梯向第三阶梯的过渡地带，"上控巴蜀，下引荆襄"，是重要的生态屏障和生态涵养区，江河纵横，水系发达。两库战略水源地对水质要求高，需要稳定达到Ⅱ类及以上水质标准，但受宜昌市地形地貌以及产业结构和产业类型影响，全市水安全、水环境安全面临的风险依然存在。长江干流和主要支流堤防建设存在短板，多条中小河流治理防洪标准偏低，部分水库除险加固不彻底。水资源开发利用与配置体系不完备，宜昌东部区域人口密集、经济社会发展程度较高（分别占全市的65%、85%），但水资源占有量仅35%左右，西部山区骨干水源工程缺乏，城乡供水水源保障能力不足。河流生态空间破碎，河道水利设施开发过渡，河湖生态需水不足，水污染防治任务较重。工业园区沿沿江沿河分布，磷化工企业及磷石膏堆场对长江水环境安全影响较大。

近年来，宜昌坚持系统观念，突出流域统筹的治理模式，遵循自然规律的治理手段，以流域为单元，通过多元主体协同治理，合理保护、修复、开发、利用河湖资源，探索流域生态价值实现新路径，促进流域经济、社会、生态效益相统一，积累了不少经验，取得了一定成效。

二、主要做法和成效

（一）高位统筹，强化顶层设计

宜昌制定出台《关于建设长江大保护典范城市的意见》，提出"做优主城、做美滨江、做绿产业"，打造长江生态保护修复新样板，明确了实施流域综合治理、加强滨江风貌管控、提升滨水空间亲水性、推动生态产品价值转换等重点工作任务。

坚持统筹规划、规划统筹的工作理念和方法路径，从全市一盘棋的角度出发，以流域为单元，一体化谋划流域保护治理全局。在《湖北省流域综合治理和统筹发展规划纲要》的基础上，编制《宜昌市流域综合治理和统筹发展规划》。在全省划分的长江流域、清江流域2个一级流域，三峡库区、黄柏河片区、沮漳河片区、荆南四河片区和清江片区5个二级流域片区基础上，宜昌进一步将全市细分为12个三级流域单元和27个四级流域水体。依据地方发展特点，因地制宜制定发展策略，从底线管控、发展指引、支撑体系、规划实施四个方面，构建"一张蓝图"。将流域综合治理和统筹发展规划作为"多规合一"的"一"，有效解决"规"出多门、各自为政、各类规划之间衔接不够、内容重叠冲突等问题。建立"流域片区河湖长＋水体单元河湖长"相结合的河湖长设置模式，将河湖长职责扩展到流域的系统治理和统筹发展上，市级领导领衔12个流域片区河湖长，形成"三级流域强管控、四级流域重实施"的传导机制和工作体系。

从流域水安全、水环境安全、粮食安全和生态安全四个方面，明确流域治理单元底线管控清单。以二级流域片区为例，三峡库区、黄柏河片区单元管控重点为林地保护和生态保护红线，重点保障三峡大坝发挥调蓄等功能；清江片区单元管控重点为林地保护和生态保护红线，兼顾清江流域水质和水土保持。统筹流域空间格局，构建长江城镇聚合发展带，清江、香溪河、沮漳河、渔洋河城镇发展廊道"一带四廊"。落实"四水四定"，制定县（市、区）发展指引，西部山区县市，以生态修复为主，逐步实现零散工业用地腾退，发展清洁能源产业和特色农产业，中东部丘陵平原，强化二、三产业联动发展。通过构建"安全的负面清单"和"发展的正面清单"，促进高质量发展。

（二）生态补偿，示范突破带动

以建立完善流域生态补偿机制为突破口，助推流域综合治理。按照"先行试点、重点突破、逐步推广"工作思路，制定《宜昌市关于建立健全生态保护补偿机制实施方案》《宜昌市建立全流域生态补偿机制总体实施方案》，先后在黄柏河、玛瑙河、柏临河探索建立了生态保护补偿机制，逐步推进长江干流及其主要支流生态保护补偿机制全覆盖。市、县两级财政每年列支7200万元作为生态补偿引导资金，市政府每半年就流域生态补偿进行会商，每月通报流域水质情况，实施每月考核和半年结算，提高资金使用绩效。

2018年，宜昌出台《黄柏河东支流域生态补偿方案》，实行水质达标、水质改善与生态补偿资金、磷矿开采计划分配"双挂钩"的补偿机制。市政府每年安排1000万元经费、100万吨磷矿开采指标用于生态补偿奖励，以流域水质改善指标倒逼企业控污、减污、排放提标升级，流域内Ⅱ类及以上水质达标率从2017年的82.41%提升到2022年的98.21%。黄柏河生态补偿创新模式获评第二届湖北改革奖。

在推广黄柏河流域生态补偿经验中，先后在玛瑙河流域实行水质与生态补偿资金和生产性涉水污染物排放量"双挂钩"补偿机制，在柏临河流域实行流域水质改善状况与生态保护补偿资金、区级河长履职尽责成效"双挂钩"的生态补偿机制，充分调动了流域地方政府开展综合治理的积极性。沿河相关县市区因地制宜，精准实施"一河一策"，累计投入4.2亿余元用于流域水环境综合治理，流域水环境质量稳步提升。

2022年，宜昌市积极对接恩施自治州，共同建立了长江（恩施-宜昌段）、清江跨市州河流横向生态补偿机制，以干流水质作为补偿依据，采用水质保证金、水质基本补偿金和水质变化补偿金三部分进行考核补偿，协同推进长江、清江流域综合治理，被评为"2022年基层治水十大经验"。2022年，长江干流宜昌段总磷浓度较2016年下降66.7%，长江干流宜昌段水质稳定达到地表水环境质量Ⅱ类标准，清江获评水利部第二届"最美家乡河"。

（三）纵深拓展，实现生态价值

宜昌积极拓展思路，推动水资源向水资产、水资本转化，推进生态产品价值实现。一是摸清家底，实现绿水青山"有价"。为摸清生态产品家底，量化生态产品价值，宜昌积极开展生态系统生态总值（GEP）核算，以香溪河单元、九畹溪单元、隔河岩水库单元、渔洋河单元等为重点，对山区县试行GEP考核。先期完成长阳自治县GEP核算试点，实现了绿水青山"有价"。借助专业力量编制《宜昌市山区县生态产品总值（GEP）核算技术规范》，让GEP核算工作能够常态化开展下去，为生态产品价值转换工作奠定基础。

二是水权交易，探路绿水青山"变现"。开展宜昌市水权交易实施路

清江——最美家乡河

径研究，印发《关于加快推进宜昌市用水权市场化交易的工作方案》，以市场化手段规范、优化配置水资源。开展全省首例水权交易，水权出让方宜昌东风发电有限责任公司调整水资源用途，将用于电站发电的部分水量出让给枝江市石鲁灌区管护中心，用于枝江市城区生活供水，交易量为1000万立方米，交易单价为0.10元每立方米，总价额100万元。

三是治理修复，提升绿水青山"颜值"。宜昌坚持以项目建设为载体，依托河湖资源禀赋，因地制宜打造滨水绿色生态廊道，创建幸福河湖。积极争取部省项目资金，通过PPP、EOD、银行贷款、政府专项债券等方式，大力实施山水林田湖草试点、长江岸线生态修复、水系连通、中小河流治理、清洁生态小流域建设、湖泊生态治理、小水电绿色转型等项目，打造了远安沮河与回龙湾漂流景区、夷陵柏临河与官庄村生态景区、兴山高岚河与朝天吼漂流景区、长阳沿头溪与方山景区、点军卷桥河生态湿地公园等一批中小河流治理与乡村生态休闲旅游紧密结合的成功典范。

四是产业发展，释放绿水青山"产值"。聚焦水资源要素高效开发利用，促进"水+"产业发展。围绕着河湖、水利工程不断发展4处5A级景区，23处4A级景区山水旅游产业发展。2023年上半年实现旅游收入521.36亿元，同比增长22.39%。对水、电资源进行再开发、再利用，开工建设长阳清江、远安宝华寺抽水蓄能项目，总投资170余亿元，项目建成后，预计年产值可达 18 亿元。对接三峡集团清洁能源和长江大保护"两翼齐飞"战略，推进基于长江生态修复的综合开发，将生态环境保护修复与生态产品经营开发权相挂钩，推动生态产品市场化经营开发。

宜昌长江岸线"一带串十景"

三、经验启示

（一）实现河湖生态价值需要强化流域统一规划

宜昌市坚持整体统筹，探索以流域为单元的治理方式，强化流域统一规划，落实流域单元底线管控要求，并依据地方发展特点，因地制宜制定"四化同步"发展策略，不仅仅强调对江河湖库本身的管理，更加突出对流域资源、环境与经济发展的综合协调与管理，并明晰责任主体和事权范围，明确重点任务和实施机制，量化考核目标和指标，形成了一盘棋的流域发展战略，通过流域统一规划，把"多张蓝图"变为"一张蓝图"，有效统筹了流域保护与发展的关系。

（二）实现河湖生态价值需要强化流域综合治理

宜昌市打破传统治理中条块分割、多头治理、分段管理、属地管理的单要素单目标治理模式，推进多主体、多要素协同，强化流域综合治理。在严控生态保护红线的目标下，加强对山水林田湖草沙一体化保护和修复，打造骨干河流生态廊道，提升流域生态系统功能，助推流域生态产品价值实现。在流域底线控制的基础上，统筹流域水土资源，推动经济社会发展战略与流域空间发展布局相适应、相统一。

（三）实现河湖生态价值需要优化生态补偿机制

宜昌改变过去单一的水质考核指标，将易量化的污染物排放通量、生态流量、土壤质量、自然岸线保有率等指标纳入生态补偿考核内容，有效体现流域生态环境的整体性、系统性。组织编制自然资源资产负债表，启动GEP核算，将为流域生态补偿提供更加科学的依据。从流域生态补偿方式来看，坚持因河施策，解决突出问题。在黄柏河流域，改变单一的货币补偿方式，将磷矿开采指标用于生态补偿奖励，实现实物补偿，形成持续性激励。

（四）实现河湖生态价值需要深化价值转换路径

宜昌依托自身资源优势，搭建河湖生态价值实现载体，完善水利基础设施，因地制宜植入文化景观基因，发展特色优势绿色产业（如生态旅游等），着力推进产业绿色转型升级（如小水电等），形成绿色经济增长点。

（执笔人：余建国　傅银波　周璇）

强化资金统筹　幸福河湖合力建

——湖南省娄底市娄星区推进高灯河综合治理[*]

【摘　要】 2019年11月开始，娄底市娄星区以实施水系连通及水美乡村建设试点县项目为契机，围绕高灯河生态带、原生态绿城区、休闲农业体验区、生态水网、亲水路网、文化旅游网"一带两区三网"建设整体布局，全力推进河道清障工程、岸坡整治工程、水系连通工程、景观人文建设工程等八项工程，构建以水系美为基础、以生态美为保障、以产业美为支撑、以乡村美为目标的区域生态经济发展带，治理后的高灯河实现从单一的防洪灌溉向水美乡村的综合功能转变，从"一处美"迈向"一片美"，集聚乡村振兴新动能。

【关键词】 河湖　生态　水利　治水　景观

【引　言】 党的二十大报告指出，推进美丽中国建设，坚持山水林田湖草沙一体化保护和系统治理。娄星区被水利部、财政部列入中央2020—2021年水系连通及农村水系综合整治的试点县（市）以来，深入贯彻习近平总书记"节水优先、空间均衡、系统治理、两手发力"治水思路，统筹资金，大力推动水系连通综合整治，做到了防洪保安全、优质水资源、先进水文化，使高灯河沿线成为娄星区的一道靓丽的乡村风景。

一、背景情况

高灯河发源于娄星区北部山区双江乡境内羊毛坡，控制流域面积207.7平方千米，区内流长30.3千米，流经娄星区北部双江乡、杉山镇，沿线村庄较多，农村人口6.62万。河流上游段河道顺直狭窄，中游段弯道较多，下游段河道顺直宽敞淤塞。

2009—2014年，在水利部门支持下，流域内分堤防和农田水利设施得到集中修缮，但由于地区资金的限制，农村水系建设还存在诸多不足，

---

[*] 湖南省娄底市娄星区河长办供稿。

尤其是2017年洪水后堤防等水利设施损毁破坏严重，流域内水环境问题突出，群众对治水的呼声持续高涨。

经调查，高灯河流域存在的主要问题是水源地水土流失加剧，水源涵养功能弱；高灯河上游重金属污染严重，中下游及支流河道水库淤积，河堤防洪标准低、损毁严重，沿线防洪压力大。这些问题制约了高灯河流域乡镇的可持续发展。

2019年，娄星区政府组织水利、农业等部门，以"将高灯河流域打造成娄底市的城市后花园，成为娄底对外开放的北大门"为主题，聚焦河库水系综合治理、清洁小流域建设，通过高灯河流域的水系连通、河道清障、清淤疏浚、岸坡整治、沿岸环境治理、源头防污控污等综合措施，打造出一条集山水田园风光、旅游休闲娱乐、历史文化传承、健身运动于一体的高灯河生态带，治水治污同步推进，河流各水质监测点目前保持在Ⅲ类及以上水质标准，被水利部、财政部列入中央2020—2021年水系连通及农村水系综合整治的试点县（市）。

二、主要做法和取得成效

（一）聚焦乡村振兴，精心谋篇布局

一是河长挂帅，高位策划项目落地。区委、区政府坚持"项目为王争要素，谋大招强做文章"，区总河长主动挂帅，亲自谋划、高位推动项目的实施，深入开展项目分析调研和科学论证；在前期规划设计中，区总河长以"水美高灯河，娄底后花园"的定位，坚持在规划布局中贯彻水安全、水生态、水文化、水资源的理念，高起点高标准确定建设目标。各部门精细对接，抢抓中央和省财政、水利部门产业政策，把准投资导向，确保项目资金报得上、拿得到、落得地。

二是着眼全域，高标谋划项目布局。娄星区组织相关部门多次赴浙江、福建、江西等地学习考察，深入调研区情，广泛开展讨论，充分征求群众意见，以提升人民群众获得感、幸福感、安全感为出发点和落脚点，确定了以推进高灯河流域综合治理带动生态宜居乡村建设、助力乡村振兴的实施路径。选取高灯河流域纳入水系连通和水美乡村建设范围，全力推进"河道清障工程、河道清淤疏浚工程、岸坡整治工程、水系连

通工程、水源涵养与水土保持工程、防污控污工程、景观人文建设工程、特色产业及旅游基地建设工程"八项工程，使项目在保障行洪安全的同时，有效辐射周边产业振兴。

三是全力攻坚，高速推动项目实施。成立娄星区水系连通及水美乡村建设试点县工作指挥部，区委书记、区长、区总河长联合挂帅，区水利局、区自然资源局等成员单位建立协同机制；通过实施每周调度督查、月度调度考评、全年绩效考核等措施，形成职责清晰、各负其责、合力推进责任体系，压实"责任链"。充分发挥乡村两级河长作用，组织一线干部逐门逐户深入高灯河沿线群众家中宣讲政策、听取意见、解决问题、争取支持；组织工作专班实时跟进项目实施，重点关注农田灌溉、青苗补偿、施工作业临时占地等情况，现场进行调度解决。充分发挥群众主体作用，聘请社会质量监督员对项目进行全程监督，全面推行"干部带头干、群众自愿干、干群一起干，工程建设零利润、占用土地零补偿、出工出力零报酬、优化环境零阻工、群众满意零上访"的"三干五零"模式，全力保障安全稳定和项目进度。

（二）聚集资金资源，精准投入实施

一是高效整合项目资金。以中央、省项目资金为引领，建立政府投资、市场融资、社会筹资的多元化资金筹措模式，切实保障支流治理工程、清淤疏浚、岸坡整治、河坝治理、滨岸治理，以及污水治理、厕所改造、智慧农业园等20项配套工程项目顺利实施。根据专项资金管理办法，加大力度整合区本级各类资金21005万元。积极引入社会投资，引导流域内企业等社会资本投入高灯河流域生态环境治理和新型农业产业，引入社会投资3400万元。

二是有效整合配置资源。利用农村产权制度改革成果集中流转4000余亩土地；实施以奖代投，区财政对山塘清淤按照5000元/口进行奖励，配合群众筹资投劳形式，完成72口大山塘及配套沟渠清淤疏浚整修。

三是确保资金使用效益。强化专款专用、资金监管和绩效评价，通过资金专户管理、严把审核支付流程、国库集中支付，按工期和项目实施进度及时足额拨付建设资金。强化项目跟踪评审、资金跟踪监管，从机制上杜绝弄虚作假、虚报工程量、挤占挪用等情况，构建多环节全过程监管格局，确保资金使用安全。实行全过程预算绩效管理，依托本级预算绩效管理系统，加强绩效运行监控和考核，全面提高项目建设管理效率和资金使用效能。

（三）聚合治水兴农，精雕生态河湖

一是坚持"因水施治"，改善水环境。疏浚河道"治淤"。统筹连片规划、水岸并治，将高灯河与沿线村庄连点成线，开展河道清淤疏浚16.7万立方米，治理河坝21座，治理支流8条，整修加固山塘91口，整修、新建渠道38条，有效恢复河流行洪、泄洪作用。补齐短板"治灾"。在高灯河两岸全线修建机耕道、排水沟，补齐农田水利基础设施短板，防洪除涝受益面积达6.04万亩，受益19个村庄、10万群众，改善灌溉面积3万多亩，确保5.3万亩耕地旱涝保收，沿线集镇防洪标准全部达到"10年一遇"标准。在应对2022年7月中旬以来罕见连续性高温干旱天气过程中，杉山、双江境内高灯河沿线农田基本实现自流灌溉，治水成效有效凸显。

创新堤防工艺　页岩挡墙坚固且生态

涵养水源"治污"。下大力从源头治理，关闭钒矿、锰矿，转运深埋矿渣，处置污染废水，实施矿区复绿、涵养水源，将污染的源头变成了景区。推进双江水库滑坡治理、杉山村退耕还林还湿区建设、新庄泥石流治理等水土保持项目，推进植物保护带和湿地建设。通过多措并举，高灯河水质由Ⅳ类达到Ⅲ类水质，流域水功能区水质达标率92%，双江水库饮用水水源地水质达标率100%，高灯河流域森林覆盖率增长至66.2%。

二是坚持"以水为美",做美水生态,打造美丽岸线。在河岸全线实行生态连锁砖护坡、生态挡墙、生态驳岸等生态化设计,新建15处景观节点,把沿线河坝打造为一座座生态景观坝。梯次建设集防洪抢险道路、生态步道、自行车道等综合功能为一体的道路和交通网络,建设沿河生态旅游慢行道24公里,改造护岸16公里,新建机耕游步道20公里。

打造美丽屋场。结合美丽乡村建设,完善沿线19个村(社区)的居民休闲空间,高标打造美丽屋场30余个,系统打造特色文化墙,屋场周围栽植柑橘、果桃等各类果树、果苗,创新推行"屋场单元"基层治理,打造屋场治理共同体和屋场新型经济体,让乡村更美、民风更纯、村民更幸福,打造美丽风景。充分利用高灯河河道"穿针引线",深挖沿河自然美景和人文内涵,讲好"水文化"故事,保护修复流域内古桥5座,将沿线的神童文化园、小水电博物馆、双江水库、洪家山森林公园、贺国中故居等精品旅游区串点成线,推动"一处美"迈向"一片美",成为春观花、夏戏水、秋摘果、冬赏雪的水美高灯河和娄底生态"后花园"。

项目沿线景观节点之荷花园

坚持"依水兴业",培育水经济。"长藤结瓜"添活力。以高灯河流域为主线脉络,以点带面,整合串联沿途乡村产业,着力推动"一镇一业""一村一品",促进一、二、三产业融合发展。40多个产业基地、合作社在高灯河沿线齐头并进，农业产值增加 5000 万元以上，利润增加上千万元。"产业融合"促发展。推进文化、生态、旅游等产业深度融合发展，沿线打造红军虎将贺国中故居、花溪谷玫瑰基地、智慧农业产业园、紫云轩度假村等一系列文旅景点及休闲农庄，打造高标准设施蔬菜示范基地，形成生产、加工、销售、观光的产业集聚区域，2022年增加产值 1000 万元。"联农富民"见实效。按照"农户＋合作社＋基地＋企业"的产业化模式，创新推行土地租金、劳务薪金、分红股金等措施，建立起"联农带农、富民增收"有效机制，拓宽农民增收渠道，直接实现了当地几百名群众的稳定就业。

杉山镇智慧农业产业园

三、经验启示

（一）组织到位是前提

通过高位谋划、强化组织，高规格成立项目工作指挥部，主要领导挂帅、健全工作机制，厘清了自然资源、水利、住建、农业农村等多部门职责任务，实行"挂图作战"，有效打通了资源配置和协同调度痛点堵点，为项目顺利实施奠定了坚强组织基础。

（二）系统综治是关键

树立生态理念和系统观念推进"八项工程"，将河流治理与乡村振兴综合考虑、统筹推进，在恢复河流行洪、泄洪作用同时，提高水利设施惠农作用，同步带动沿线生态带、特色产业带建设，实现了幸福河湖建设与实施乡村振兴同向发力、同频共振。

（三）资金整合是保障

政府投资、市场融资、社会筹资的多元化资金筹措模式有效解决了资金不足难题，尤其是在社会筹资方面，积极引导流域内企业共同参与河流域生态环境治理和新型农业产业项目,生态品牌效应和产业带动作用有效凸显。

(执笔人:王宇青)

铸执法监管利剑　保江河清波流远

——广东省清远市创建河长制联合执法点强化执法监管[*]

【摘　要】 全面推行河湖长制是新时期国家推进河湖系统保护和水生态环境整体改善的一项制度创新。"严格水域岸线等水生态空间管控""对岸线乱占滥用、多占少用、占而不用等突出问题开展清理整治"是河湖长制的主要任务之一。为进一步强化水行政执法监管，清远市发挥河湖长制平台统筹作用，认真贯彻落实水利部《水行政执法效能提升行动方案》精神，通过创建清远市河长制水上联合执法点，统筹水上执法力量，着力扭转水利部门在水行政执法工作中单打独斗的局面，推动部门之间的联合执法、线索摸排、信息共享常态化，形成强大执法合力，强化河湖执法监管，精准打击违法采运河砂等水事违法行为，确保河湖安澜，为水利高质量发展提供有力保障。

【关键词】 河湖长制　联合执法　科技赋能　精准打击

【引　言】 历史浮沉，江水滔滔，北江干流穿城而过，造就了今日以"清波流远、山水名城、岭南绿都"闻名遐迩的清远。为守护好这片青山绿水，清远市以维护河湖安全为宗旨，纵深推进河湖长制，创建河长制水上联合执法点，实现多部门资源共享、协同执法，凝聚联防联治强大合力，推动河湖长制从"有名有实"向"有能有效"转变。

一、背景情况

清远，北江明珠，清波流远，位于珠江三角洲北缘，是一个美丽的江滨城市，被称为"山水清远，岭南绿都"。清远市境内共有1139条河流，其中流域面积50平方千米以上河流有116条，水库数量536个，湖泊数量4个，山塘数量651个。

---

[*] 广东省清远市水利局供稿。

由于清远市河流水库众多，水域岸线长、面广，河砂资源丰富、分布广、质量优，随着社会经济的高速发展，河湖执法监管压力不断增大，也暴露出不少薄弱环节。

一是职能部门互动性不强，协作联动较弱，长效机制有待完善。河湖管理涉及多个部门，以河道采砂管理中的可采区实施为例，就涉及生态环境、河道管理、矿产资源、海事安全、交通航道等多个方面，具体管理中存在部门责任边界交织、协作联动较弱的现象。需要水利部门积极与相关职能部门对接，建立和完善长效常治机制。

二是智慧执法手段少，简单的人巡物防手段难以达到理想效果。河湖管理线长、面广，涉及事项多，且水事违法行为多发生在偏远地区，单靠以往人巡物防手段难以对违法行为及时发现、及时取证、及时处理，执法效能无法得到保障。

三是水行政执法办案场所有待规范，条件急需改善。受到办公场所条件限制，大多水行政执法部门无法单独设立办案场所，导致日常办公和调查询问场所共用，影响办案人员的专注性和被调查人员对水法律法规的敬畏，难以保证办案质量，降低办案效率。

四是普法宣传力度有待加强，群众守法意识有待提高。水利领域法制宣传工作的方式方法不多，形式相对单一，宣传力度、深度和广度还有待加强；一些群众对水资源保护、河湖保护等认识不足，导致河湖"四乱"问题和"蚂蚁搬家"式偷砂行为屡禁不止。加大对水法律法规的宣传和教育力度，有利于提高全社会的依法治水意识，从源头上避免错误行为，显得非常迫切和必要。

五是涉水执法部门多，信息共享存在壁垒。河湖管理部门多，各县（市、区）及各部门根据各自职责和关注重点均有单独的信息平台系统。由于各部门信息平台相对封闭，实现资源互通、信息共享仍然存在共享成本高昂、部门保护主义导致出现信息孤岛现象、数据质量与数据安全难落实等现实难题。

2022年，清远市充分发挥河湖长制制度优势，创建了市河长制水上联合执法点。该执法点建立以来，有效统筹水上执法力量，推动列入省台账的18个妨碍河道行洪突出问题全面清理整治，妨碍河道行洪突出问题案件和防汛保安案件全部依法办结，水事违法行为投诉率和案发率实现了"双减"，在强化河湖执法监管、推动河湖问题解决、确保河湖安澜健康等方面起到了明显作用。

清远市河长制水上联合执法点

清远市河长制水上联合执法点

二、主要做法

（一）领导重视，全力推进筹备建设工作

清远市高度重视河湖长制工作，市级河长统筹推动建立市河长制水上联合执法点。市水利局主要领导亲自抓，分管领导具体抓，通过专题

向市领导汇报、党组会议研究部署、积极与财政、公安、海事等部门协调，落实了专项建设资金、日常运行经费和执法趸船及办公场所，全力推进清远市河长制水上联合执法点建设。

（二）建章立制，实现河湖长制效能新跃升

为推动市河湖长制从"有名有实"向"有能有效"转变，清远市印发了《清远市河长制水上联合执法点工作机制》，明确市公安局、市财政局、市交通运输局、市水利局、清远海事局等9个参与单位的工作职责，常态化部门之间的信息共享、联防联治、线索摸排，通过视频监控及开展水上联合执法行动等方式，重点排查、打击非法采运河砂等各类水事违法行为，为执法点提供机制保障，有效提高执法效能。

（三）资源共享，凝聚联防联治强大合力

河长制水上联合执法点共享水利、交通、海事、枢纽船闸视频监控等相关信息，统筹优化执法资源，在敏感河段实施无人机自动巡航巡检，实现了对过往船只和敏感河段动态情况的及时精准掌握。通过充分发挥信息共享优势，部门积极协同研判，主动出击，清远市依法查处利用机制砂单为"掩护"实际是机制砂、河砂混装的违法运输案，并以此案溯源，依法拆除违法装卸机制砂码头。

（四）两法衔接，加大违法行为震慑力度

清远市充分发挥河湖长制平台优势，选调公安系统优秀干警充实一线执法力量。市水利局积极主动对接，协调检察和公安机关等单位分管领导带队分别到水上联合执法点实地调研、研判案件、联合执法。印发了《清远市人民检察院 清远市水利局关于水行政执法与检察公益诉讼协作机制的实施细则》《清远市公安局 清远市水利局打击非法采运河砂联合执法工作机制》等文件，建立长效机制。参照公安机关的办案场所，设置了2间调查室，进一步规范水行政执法队伍的办案场所。2022年，公安机关打击涉水事违法行为刑事案件破案4宗、刑事拘留34人，通过强化两法衔接，加大震慑力度。

（五）党建引领，打造河湖长制宣传阵地

清远市河长制水上联合执法点充分利用地处清远市北江江滨公园下

游的位置优势，坚持以党建为引领，通过宣传栏、LED电子屏、宣传标语和室内展架等形式，打造集党建、河湖长制、法律法规、扫黑除恶和行业治理等内容于一体的宣传阵地，营造良好的舆论宣传氛围，有效提升群众对河湖长制、水行政执法等工作的知晓度、参与度和满意度。

清远市河长制水上联合执法点信息平台

三、经验启示

回顾河湖长制水上联合执法点的建设历程，我们认为有几点经验值得总结，并在今后继续坚持。

（一）协作联动，发挥制度优势

把机制优势转化为治理成效，是深入践行河湖长制的体现。水上执法涉及的部门多，要常态化多个部门之间的信息共享、联防联治、线索摸排，信息化建设工作内容多、难度大。因此要充分发挥河湖长制制度优势，通过河湖长制平台，积极协调财政、公安、海事、航道、水利枢纽等单位，大胆尝试多部门协作联动，积极落实水上联合执法点规章制度和建设经费、日常运行经费等工作，严厉查处各类水事违法案件和有效解决河湖"四乱"等问题。

（二）科技赋能，提升执法效能

践行"科技就是第一生产力"，想方设法通过科技手段，提升执法效能。以"智慧水利"为基础，以"开源开放、共建共享"的思路，落实网络安全等级保护工作，统筹协调公安、交通运输、海事等各单位的技术优势，实现资源互通、信息共享。同时，积极争取省水利厅支持，在敏感水域实现无人机自动巡航巡检，依托全省违法采运河砂"黑名单"，对"黑名单"船只高度关注和重点检查。通过接入交通运输、海事的信息平台，筛查"黑名单"等多种信息手段，对过往船只装载货物进行数据、图像分析，有效提高执法效能。

（三）行刑衔接，强化行业治理

清远市以《清远市河长制水上联合执法点工作机制》《"河长湖长＋检察长"公益诉讼工作协作配合机制》《清远市公安局 清远市水利局打击非法采运河砂联合执法工作机制》为基础，召开联席会议，切实加强水利部门与公检法机关的沟通协调，提高"两法衔接"平台使用效率，实现行政处罚和刑事处罚、公益诉讼无缝对接，争取法院、检察、公安、司法机关支持配合、同向发力，大大提高成案率和破案率，有效震慑违法犯罪份子。

下一步，清远市将一如既往强化河湖执法监管，细化水上联合执法点工作，建立健全长效常治机制，坚持科技赋能，"织密"水上"执法网"，持续加强河道执法监管力度，不断深化水行政综合执法，提高执法效能，保持高压严打态势，推动新阶段水利高质量发展，确保河湖安澜，秀水长清。

（执笔人：魏艺）

流域一盘棋　共护一江水

——四川省宜宾市南广河流域"九县联盟"的实践探索*

【摘　要】　位于四川宜宾市境内的南广河是万里长江的第一条一级支流，发源于云南省威信县高田乡打铁岩村，岸坡陡峻，河身狭窄且平面形态复杂，迂回曲折，全长约350千米，流域面积约为4600平方千米，涉及川、滇两省两市九个县（区）。由于诸多原因，主要存在流域法制保障不全、流域联防机制不深、流域联控行动单一、流域联治建设同步不强，导致防汛预警信息不及时，水环境持续恶化，河流秩序难以保障。为深入贯彻落实习近平生态文明思想，筑牢长江上游重要生态屏障，近年来，宜宾市深入践行绿水青山就是金山银山和构建绿色低碳生产体系，以河湖长制为抓手，坚持南广河流域一体化理念，携手上下游在流域立法、联动会商、预警监管、双向补偿、绿色低碳发展等方面深化合作，在全国首创南广河流域"川滇九县（区）联盟"，形成跨界河流多方联治一盘棋工作格局，走出了山区河流"守护好一江清水"全流域管理的新路子。

【关键词】　流域一体化　联防联控　九县联盟

【引　言】　2020年11月14日，习近平总书记在全面推动长江经济带发展座谈会上的强调，"要从生态系统整体性和流域系统性出发，追根溯源、系统治疗""上下游、干支流、左右岸统筹谋划，共同抓好大保护，协同推进大治理"。2022年6月8日，习近平总书记视察宜宾三江口时强调，"要筑牢长江上游生态屏障，守护好这一江清水"。近年来，宜宾市主动作为，牵头积极探索南广河流域立法、联动会商、预警监管、双向补偿、绿色低碳发展，在南广河流域率先实现全流域、跨区域联防联治，一系列顽固问题得到有效解决，南广河水环境得到极大改善，水生态得到良好修复，南广河管理保护水平全面提升，为推进全流域管理保护治理一体化提供了先行示范。

---

* 四川省宜宾市河长办供稿。

一、背景情况

南广河古称符黑水,养育了川滇两省九县境内沿岸约 420 万的人口,自古以来,就是两省南部山区县名副其实的"母亲河"。在过去几十年快速、粗放的经济发展模式下,南广河受水域污染、水电开发、过度捕捞、开山采石、网箱养鱼等活动影响,生态环境破坏加剧,流域保护问题日益突出。由于地处川滇两省九县,南广河保护涉及地域广、主体多、层级多,加之流域保护具有综合性、复杂性和长期性的特点,南广河流域存在生态环境硬约束机制不健全、流域生态环境治理执法尺度不一,法治化程度不高。流域上下游、左右岸多为各自为战,孤军作战,保护行动不同步、治理措施不协同,管理混淆、治理缺失、应急迟缓等问题,工作开展只治上游不治下游、只治局部不治整体,治水效率低。工业污染水体、沿河乡镇生活污水处理设施标准低、处理能力不足,农业面源污染等问题长期存在。据 2017 年监测数据显示,干流监测断面水质主要为IV类,个别时段个别点位为III类,流域保护治理不到位,多年积累的跨界流域存量问题和突出、顽固问题未得到有效根本解决。

二、主要做法及成效

为解决以上问题,2018 年,宜宾市率先提出"南广河县级河长联盟宣言",共建两省九县(区)"南广河流域五级河长联盟",携手建立完善南广河保护合作机制,着力发挥流域联盟统筹作用,推进流域环境保护"五个统一"(统一规划、标准、环评、监测、执法),深化流域立法、双向补偿、联合监管、联合治理,南广河流域乱象得到有效遏制,水生态环境明显改善,人民群众获得感、安全感、幸福感切实增强。

(一)着力加强流域法制保障

昭通、宜宾两市将推进南广河流域生态保护治理放在重要位置,坚持"建成人民群众满意的幸福河湖"目标引领,按照"上游重在水源涵养、中游重在保土治沙、下游重在截污治水"的总体思路安排部署流域治理工作,通过召开河长联席会、签发总河长令、印发年度工作要点等形式明确流域重点工作。通过颁布实施《宜宾市南广河流域生态环境保护条例》，全面强化水行政执法，为保障南广河流域水安全提供有力的法治支撑。各区县分别出台配套规章体系，形成了南广河流域上下游、左右岸、干支流一体的协保护治理法规体系。在专属法保障下，据2022年监测显示：流域年内达到或好于Ⅲ类水质的天数达到352天，沿线镇乡饮用水水源地水质全面达标，县城集中式饮用水水源水质稳定达到或优于Ⅲ类；重要支流水功能区水质达标率达97％以上。流域沿线县城及乡镇均建设污水处理设备，县城污水处理率达95％以上，乡镇达85％以上；南广河干流沿线工业园区污水排放达一级A标。

（二）全面建立流域联防机制

四川省宜宾市高县、叙州区、珙县、筠连县、兴文县、长宁县与云南省威信县、彝良县、盐津县打破行政区域界限，联合组建联盟办公室，共同签订了《南广河流域联防联控合作备忘录》，共同制定《南广河五级河长联盟章程》，明确了联盟的"三权两义"，即知情权、议事权、处置权及主动告之义务、主动配合处置义务。建立流域联席调度机制。为联合治水搭建了平台，流域各地每年轮流组织召开联席会议。一是建立流域双向补偿机制。流域上下游之间断面以Ⅲ类水质考核标准，上下游严格划分责任，实施双向补偿。二是建立流域信息共享机制。实时共享南广河流域监测数据信息等基础信息和工作动态信息，实现联盟成员之间信息共享。三是建立流域预警处置机制。以自动监测、精准研判、及时预警、联动处置努力实现"防患于未然"，形成联防联控联治格局，共护水畅河清。联盟运行以来，各地互通的水情、雨情、汛情信息多达50万条，南广河流域无一人因水旱灾害死亡，也未出现大的财产损失和决堤垮坝等事故。

（三）深化落实流域联控行动

两省九县围绕"四张清单"，筑牢区域协同的共治格局。聚焦"分类＋问题"巡河清单，共同印发《九县联盟河湖长联合巡河工作制度》，从联合巡河频次、内容、方式等方面进一步明确职责。聚焦"一支流＋一策"管护清单，将支流联动管护措施纳入规范。在守好辖区干流"责任田"同时，对跨界支流区域开展联合管护，切实解决跨界支流问题都不管、责任难界定、标准不统一等问题。聚焦"上下游＋左右岸"监测清单,按照"统一指标、统一频次、统一标准"的原则,以县为单位,对纳入河长制管理的干支流,坚持"一季一监测一交办一通报",对3条重点支流加密监测、动态管理,促进水质只能变好、不能变差。聚焦"河长＋执法"整改清单,除加强日常联合巡查外,对不易区分的重点、顽固问题,运用"河长＋"模式开展联合执法,流域内统一监管标准、处罚尺度,实现上下游,左右岸交叉执法、联合执法,通过一系列"组合拳"直击问题,2018年以来,流域内累计巡河达10万人次,共出动执法人员1200余人次,解决长期难以解决的河湖问题96项,化解水事纠纷63项,清退河道违建12000余平方米,打击违法捕捞700余次,销毁涉渔"三无"船筏310余艘(条)。

联防联治后的南广河流域

(四) 深入推进流域联治建设

启动南广河流域幸福河湖示范试点建设,制定《南广河流域幸福河湖建设三年行动方案》,强化上下游联防联控,统筹全流域污染综合整治,创新和效管护机制,努力把南广河流域打造成为"河畅、水清、岸绿、景美"的幸福示范河湖。两省九县主动沟通,共商共议流域发展规划、保护目标和重点任务,深入查找河流保护存在问题,完成9条重点跨界支流"一河(段)一策"保护方案,进一步开展河流健康评价,协同落实跨界河流统一规划、统一治理,形成行动同步、措施协同的工作格局。流域内设立涉水公益河湖管护岗位1500余个,综合治理河道126.16

公里，治理水土流失面积 120 平方公里。各地加大流域治理投入力度，高县投入 2 亿元，沿南广河建设 3 公里多的滨江公园；筠连县在支流定水河投入近 7 亿元，打造 10 公里多功能综合型生态廊道；兴文县在支流古宋河投入近 5 亿元实施综合治理、建设河湖公园，实现了上下游、左右岸、干支流协同尊重自然、保护自然、利用自然的良好态势。

三、经验启示

（一）出台"专属法"是保障，让流域筑牢新屏障

只有实行最严格的制度、最严密的法治，才能为生态文明建设提供可靠保障。《宜宾市南广河流域生态环境保护条例》的推出，在法治层面有效增强南广河流域保护的系统性、整体性、协同性，有效推进南广河上中下游、江河湖库、左右岸、干支流协同治理，将南广河流域生态环境保护纳入了法治化轨道，使流域保护由"有章可循"升华为"有法可依"。

（二）摒弃"小算盘"是关键，让流域焕发新生机

"一根筷子易折、一把筷子难断"，流域是一个相对独立的自然地理系统，它以水系为纽带，是一个不可分割的整体。宜宾坚决贯彻习近平生态文明思想、习近平法治思想和习近平总书记关于治水重要讲话指示批示精神，依托南广河联盟协议，陆续推进邻县跨界河流联防联控合作协议，只有坚持"一盘棋"思维，摒弃本位主义思想，把上下游一体投入到全域治理中，才能形成流域内积极构建起"流域统筹、区域落实、协同共治"的良好格局。

（三）搭建"大平台"是基础，让流域构建新格局

上下游、干支流、左右岸统筹谋划，共同抓好大保护，协同推进大治理。行政区域有界，生态环境无界。以全面推行河长制为重要抓手，通过统一搭建联防联控平台，加强流域上下游、左右岸各级政府、各部门之间协调，使"治河不分家"成为共识，有力推动跨界河流从"没人管"到"有人管"、从"不愿管"到"主动管"、从"不好管"到"管得好"，促使南广河流域保护由"各自为政"向"协同作战"转变。

（四）长效"建机制"是根本，让流域迸发新动能

守护一江清水，是一项长期而艰巨的工作，需要横向到边、纵向到底的工作机制。通过九县联盟联建办公室、召开联席会议、制定章程、签订备忘录、明确"三权两义",打破行政区域壁垒,解决机制不顺,不同步的问题,实现跨区融合、系统治理、多主体协同、多要素发力,共享水质、水情信息,共同实施双向生态补偿,共设水质监测点位,互通有无、相互借鉴,实现流域共治共建共享新格局。

(五)打好"歼灭战"是重点,让流域展现新作为

要筑牢长江上游生态屏障,守护好这一江清水。通过树牢上游意识、扛牢上游担当,以破解流域各类涉水问题为导向,以目标为引领,对流域存在的存量问题和突出、顽固问题,精准发力,集中力量打好"歼灭战",以集中打击、专项整治、重点突破、限期整改等手段为抓手,使得一些多年积累的顽疾和陈年积案、困扰当地的老大难问题在短期内得到整治和清零,用实实在在的成效,守护好一江清水,打造出造福人民的幸福河湖。

(执笔人:秦孟刚 朱鸿)

"一台两圈"聚合力　共建幸福黄河口

——黄河河口管理局构建水行政联合执法协作平台助力建设幸福黄河口[*]

【摘　要】 自河湖长制实施以来，黄河河口管理局全力推进河湖问题清理整治工作，有效维护了东营黄河的健康生命，但仍有部分问题因涉及多方利益、成因复杂、情况特殊、整治难度极大。2022年黄河河口管理局着力开展水行政联合执法协作平台的建设工作，与公检法部门建立"司法协作圈"，加强水行政执法与刑事司法的紧密衔接；与地方各涉河部门建立"行政执法圈"，强化协调联动执法，提升东营黄河监督管理能力，同时建立"共宣共学共建"互助协作新模式，促进各方融合发展。黄河河口管理局汇聚多方保护合力，强力推动河湖问题清理整治工作，维护了东营黄河生态环境持续稳定向好，奋力建设造福沿黄百姓的幸福黄河口。

【关键词】 司法协作　联合执法　体制机制

【引　言】 2021年，习近平总书记实地考察东营黄河，并在山东发出了"为黄河永远造福中华民族而不懈奋斗"的伟大号召。黄河河口管理局贯彻落实习近平总书记重要讲话指示批示精神，积极践行"节水优先、空间均衡、系统治理、两手发力"治水思路，坚定不移推动黄河流域生态保护和高质量发展，着力推动水行政联合执法协作平台建设工作，不断提升河湖监督管理效能，以务实举措维护东营黄河健康生命。

一、背景情况

东营市黄河位于尾闾河段，上界左岸自利津县董王村南、右岸自东营区老于村西入境，流经利津县、东营区、河口区、垦利区注入渤海。境内河道全长138公里，河道管理范围包括黄河现行清水沟流路、刁口河

---

[*] 黄河水利委员会山东黄河河务局供稿。

备用流路以及入海口容沙区。

自河湖长制实施以来，黄河河口管理局高度重视河湖问题清理整治工作，统筹协调多方部门单位，努力推动河湖问题清理整治，有效维护了东营黄河的健康生命。但仍有部分问题成因复杂、情况特殊，整治难度极大。特别是刁口河备用流路，建设在飞地、插花地的违建项目，涉及多方利益，权属复杂、责任不明，责任主体各自为政，难以形成整治合力。

习近平总书记提出要"共同抓好大保护、协同推进大治理"，2023年4月1日起施行的《中华人民共和国黄河保护法》第一百零五条也明确规定了要"建立执法协调机制""依法开展联合执法"。黄河河口管理局为有效破解河湖难题，于2022年开始探索水行政联合执法协作平台的建设工作，密切联系公检法司及地方各涉河部门，搭建了"司法协作圈"和"联合执法圈"，以联合执法推动河湖问题清理整治工作，保障东营黄河堤固河畅、岸绿景美。

二、主要做法和取得成效

黄河河口管理局全面贯彻落实黄河重大国家战略，积极宣贯《中华人民共和国黄河保护法》，全力推进水行政联合执法协作平台建设，各项违规违法行为逐步得到遏制，河道开发建设活动更加规范有序，生态环境持续稳定向好。

（一）构建"司法协作圈"，三个全省"率先"筑牢生态保护坚固屏障

黄河河口管理局赓续深化与公检法的合作配合，联合市检察院、市法院、市司法局印发了《山东东营黄河水行政执法与刑事司法衔接实施意见》，打通了行刑衔接机制的"最后一公里"。

率先创新联勤联动机制。联合市公安局建立联勤联动工作机制，2022年率先在全省推行生态警长制，建成3处生态警务室。利津集贤管理段建成山东省首个生态警务室，打造"生态110"机制；东营麻湾管理段设立生态警长联合办公室，推行"三联四长五员"工作模式；河口水政监察大队与黄河派出所探索建立了"1+3+5+N"生态保护特色工作

体系。一年来，共召开联席会议13次，开展联合执法巡查179次，现场制止水事违法行为52起，查处水事违法案件13件。

率先强化公益诉讼监督。联合市人民检察院印发《关于加强协作配合共同推动黄河流域生态保护和高质量发展的意见》，率先在沿黄九市建立首个市级巡回检察工作室，设计"法护黄河"工作室标志，并向社会发布。垦利河务局、东营河务局、利津河务局先后联合地方检察院成立检察工作室，并联合印发协作机制。垦利河务局两名专业技术人员被聘任为特邀检察官助理。积极配合检察院开展各类行政督察工作，推进落实3起案件的监督检察。

率先做实司法服务保障。利津张滩水行政执法基地建设黄河生态保护巡回法庭暨环境资源审判庭，率先建成山东黄河首个达到中等法庭标准的巡回法庭，截至目前，共开庭审理案件4起。借力司法审判"直通车"机制，申请法院强制执行案件3起。联合法院、生态环境局在利津黄河口湿地生态环境修复基地开展复绿种植活动。

（二）构建"联合执法圈"，汇聚多方合力开辟岸线治理新路径

黄河河口管理局坚持立足流域，强化协同联动，联合地方十二个涉河部门印发了《关于建立东营黄河联合执法协作机制的指导意见》，形成了各部门共同参与、整体协调、系统治理的联合执法大格局，助力东营黄河治理保护工作逐步规范化、制度化、常态化。

河湖监管重拳出击见真功。黄河河口管理局依托河长办平台，会同水务局、公安局、自然资源和规划局、生态环境局、住房和城乡建设管理局、交通运输局、农业农村局、自然保护区管委会等部门扎实开展黄河河湖问题整改40天攻坚行动工作，山东河湖长制管理信息系统内的问题全部完成整改并销号，共集中清理整治问题105个，其中黄河现行河道58个，刁口河备用流路主河槽47个，实现了河湖问题动态清零。东营河段、利津河段、垦利河段，成功创建省级美丽示范河湖。一年来，共参与联席会议6次，巡河活动49次。

联动执法常抓不懈显担当。严格涉河项目审批监管工作，联合地方各涉河部门对13处建设项目进行申建指导和行政许可服务工作；联合交通运输局强化对津潍高铁、东津大桥等在建涉河项目的监管；联合河口区河长办、行政审批服务局印发了《河口区黄河流域涉河建设项目事前监管机制实施方案》。加强河道执法监管，联合东营市生态环境局利津县分局、利津县水利局开展滩区问题整改督导行动，整改问题5个；联合利津县综合行政执法局、利津街道、黄河派出所开展违法种植专项清理行动，清理作物50余亩；联合利津县交警大队事故中队成功破获一起损坏工程设施案件；联合河口区11个部门印发《河口区生态资源执法领域行刑衔接工作机制》，利津县7个部门印发《生态资源与环境执法领域行刑衔接工作机制》，构建了"生态大联盟"。

黄河河口管理局对泽普黑猪场拆除

（三）坚持融合共进，"共宣共学共建"建立互助协作新模式

法治宣传润民心。依托水行政联合执法协作平台，密切联系公检法司、地方政府，开展"法律十进"活动37次，设立法律咨询站21处，发放宣传彩页4.2万余张、法治宣传品5210个，组织法律知识讲座23次，开展"直播带法"3次，创作"一路生花"原创法治宣传海报，推出"'黄牌对王牌'PK擂台赛"；充分发挥法治文化阵地的辐射带动作用，在东营黄河文化浚源广场挂牌成立青少年法治教育实践基地；联合司法局共建垦利法治文化阵地，并挂牌成立垦利区少先队校外实践教育营地，组织开展游园、趣味答题、宪法宣誓、法律咨询等普法宣传活动35次。

强基固本促发展。黄河河口管理局坚持融合共谋促发展，开展主题党日活动9次，创建"携手共建文武双联"党建品牌标识，组织各涉河部门开展专题座谈会15次，开展互访互学活动8次，为各方工作创新创优发展提供新动能、注入新活力。

三、经验启示

（一）创建"一台两圈"，联合执法破难题

黄河河口管理局搭建了"司法协作圈"，促成行政执法与刑事司法无缝衔接，提高了案件查办质量和办结效率；搭建"联合执法圈"，在流域内形成多方联动共同执法的新格局，成功解决一个案件多个部门管理、难立案、难查处的困局，强化了水行政执法打击震慑力度，推动水行政联合执法协作平台见实见效。流域内多方联动、齐抓共管的新格局，有效维护了河道管理范围内开发建设活动健康有序，河湖"四乱"问题动态清零。

（二）创优体制机制，精准施策强发力

结合实际工作情况及各县（区）局特点，在试点平台的大机制下，制定出符合自身发展的工作机制，推动工作更有效的落实。"生态110"机制、"三联四长五员"工作模式、"1+3+5+N"生态保护特色工作体系、各县（区）河务局对接地方各部门制定行刑衔接机制……使联动执法工作更规范化、制度化，打击破坏生态环境的违法行为更有力、更有为。

（三）创新协作模式，互助共赢促发展

在常规的联合执法工作基础上，黄河河口管理局建立"共宣共学共建"互助协作新模式，巩固双方合作基石。两名专业技术人员被聘任为特邀检察官助理，开展互访互学活动，增加相互之间的业务了解，打破行业壁垒，更有效地推动联合执法工作的开展。共建法治文化阵地，共同开展各类普法宣传活动，构建了普法大格局，以共同普法推动联合执法。

（四）创立品牌标识，凝心聚力汇共识

检察官工作室设计"法护黄河"标志，河口区生态警务室创建"携手共建文武双联"党建品牌标识，更形象、更生动地展示了双方强化协

作配合、共护黄河安澜的工作面貌，让双方更有认同感、责任感，带动联合执法工作更有活力、更有效力。同时，品牌标识的创立，促使工作经验的宣传推广更有代表性、特指性，有效提升了宣传实效。

（执笔人：李祯）

流域区域联防联治
维护河湖健康生命

——沂沭泗水利管理局依托河湖长制平台推动直管大运河问题清理整治[*]

【摘　要】　淮委沂沭泗直管大运河长257.1千米，位于山东、江苏两省交界，存在省际插花地段16处，涉河湖事务复杂，多地域、多行业交叉管理，对湖泊的功能需求目标、管控要求目标存在一些交织和冲突。随着社会经济的发展，向河湖进军相应带来了侵占河湖、破坏生态等一系列问题。淮委沂沭泗水利管理局（以下简称沂沭泗局）扛牢河湖问题整治使命，紧紧依托河湖长制，建立"沂沭泗河1+7市级河长办"联席会议机制、"南四湖县（市、区）级河长办"联席会议机制，与地方河长办形成了河湖问题"联合认定、联合督导、联合验收、联合销号"的四联工作推进机制，联合苏鲁两省边界市县建立了"水事纠纷联协、防汛安全联保、湖水资源联调、非法采砂联打、整治违建联动"的五联机制，不断强化流域区域联防联治，加强执法与管理，落实问题分类整治，维护河湖生命健康。

【关键词】　大运河　河湖长制　联席会议　联防联治

【引　言】　全面推行河湖长制，是以习近平同志为核心的党中央立足解决我国复杂水问题、保障国家水安全，从生态文明建设和经济社会发展全局出发作出的重大决策。习近平总书记指出，保护大运河是运河沿线所有地区的共同责任。沂沭泗局坚决贯彻落实习近平总书记指示精神，严格落实全面推行河湖长制各项工作要求，坚持以人民为中心，以推动沂沭泗直管大运河问题清理整治为第一抓手，在属地政府、河长以及河长办统筹下，不断发挥以"沂沭泗河1+7市级河长办"联席会议、四联、五联等为代表的流域区域协作工作机制作用，推

---

[*] 淮河水利委员会沂沭泗水利管理局供稿。

动大运河管理保护高质量发展。

一、背景情况

沂沭泗流域位于淮河流域东北部，北起沂蒙山，东临黄海，西至黄河右堤，南以废黄河与淮河水系为界，面积约8万平方公里。沂沭泗流域内大运河是泗运河水系的一段，主要包括南四湖湖内航道、韩庄运河、中运河，具有防洪保安、南水北调调水、饮用水源地、航运、水产和旅游等综合功能，对流域洪水调度安排、水资源调配、生态环境改善等具有十分重要的作用，发挥着巨大的经济、生态和社会效益。

随着经济社会的发展，大规模向河湖进军的现象日趋增多，给大运河管理和生态环境带来不利影响，河道管理保护面临严峻挑战。一方面，河湖问题多元复杂，因历史原因，南四湖湖内生活着十余万湖民，湖内四乱问题繁多；为追求经济利益，韩庄运河、中运河内存在违法建设项目，影响河道管理秩序。另一方面，沂沭泗流域内大运河流经苏鲁2省4市，上下游、左右岸、干支流涉及不同行政区域，特别是南四湖涉湖事务烦冗复杂，行业部门间权责交叉，省际、市际矛盾较为突出。

2020年11月13日，习近平总书记视察大运河时指出："千百年来，运河滋养两岸城市和人民，是运河两岸人民的致富河、幸福河。希望大家共同保护好大运河，使运河永远造福人民。"沂沭泗局深入贯彻落实习近平总书记视察大运河时指示批示精神，以全面推行河湖长制为抓手，以河湖问题导向，以建立大运河长效管护机制为目标，不断创新大运河管理保护方式方法。2022年11月，沂沭泗河市级河长办联席会议机制成功建立，实现了河湖管理保护流域区域协同联动，大力整治河湖问题，河湖管理保护形势持续向好。

二、主要做法及取得成效

2022年，沂沭泗局充分发挥河湖长制平台作用，全面落实河湖问题清理整治主体责任，强化流域区域联防联治，积极配合地方河长办协同推进问题清理整治，取得了显著成效，为河湖管理保护提供了良好实践经验。

（一）依托河湖长制平台为河湖问题清理整治提供保障

河长制推行伊始，在淮委的指导下，沂沭泗局各级单位积极融入省、市、县河长制组织体系，迅速推动沂沭泗直管河湖河湖长制体系全面建立。2022年，沂沭泗局在河湖长制组织框架下扎实开展河湖管理与保护等各项工作，发挥流域区域协作优势，配合地方滚动修编南四湖、韩庄运河等"一河一策"，主动将沂沭泗直管大运河问题向河长、河长办汇报清楚，在河长、河长办的组织领导和关心下，协同配合属地政府以及相关单位，高效推进河湖问题清理整治。

（二）建立联席会议机制为河湖问题清理整治提质增效

2022年11月，为贯彻落实党中央、国务院关于强化河湖长制的重大决策部署以及水利部、淮委关于加强沂沭泗河河湖长制的工作要求，深入推进河湖长制流域统筹与区域协作机制，协调推动解决沂沭泗河管理治理保护重大问题，进一步凝聚沂沭泗河保护治理合力。沂沭泗局组织召开了首届沂沭泗河市级河长办联席会议，与枣庄市、济宁市、徐州市、宿迁市等7市河长办建立了流域区域市级河长办联席会议机制，搭建了沂沭泗河流域区域间协作交流平台，为协调推动解决沂沭泗河管理治理保护重大问题提供机制保障。该次会议形成纪要，明确了问题整改计划或方案编制、清理整治、水行政执法和管理等相关事宜，为河湖问题清理整治提供指引。同时，为进一步加强南四湖流域区域联防联治，还建立了南四湖县（市、区）级河长办联席会议机制，聚焦存量问题清理整治，协调推动解决南四湖管理保护重大问题。

（三）开展专项行动为河湖问题清理整治注入强大动能

2021年11月，水利部在全国范围内部署开展妨碍河道行洪突出问题清理整治专项行动，按照《淮委重点核查妨碍河道行洪突出问题工作方案》和动员部署会要求，沂沭泗局在认真落实妨碍河道行洪突出问题核查工作的基础上，深化组织开展了"清理整治涉河建设项目遗留问题""直管河湖存量问题清理整治"专项行动，将大运河问题纳入三项行动一体推进。全面、扎实开展了第7轮河湖问题排查，动态管理大运河问题一本账，与各地方河长办协同配合，共同推动261处问题完成清理整治。行动期间，深化延续了一系列行之有效地流域区域协作模式，沂沭泗局、山东省河长办建立了"联合认定、联合督导、联合验收、联合销号"的四联工作推进机制，形成了流域区域协同推动问题清理整治的典型经验范例；南四湖局联合苏鲁两省边界市县建立了"水事纠纷联协、防汛安全联保、湖水资源联调、非法采砂联打、整治违建联动"的五联机制，为南四湖管理保护保驾护航；骆马湖局积极协助徐州市、宿迁市河长办，联合推进问题清理整治。2022年汛期中运河每秒3100立方米洪水的安全下泄，较好检验了专项行动效果。

（四）问题分类整治化解河湖问题清理整治困局

按照河湖长制以及水利部"清四乱"、河湖空间管控等有关要求，根据历史、存量、增量问题属性，遵循依法依规、实事求是、分类整治原则，提出分类整治方案，不搞一刀切，是破解河湖问题清理整治困局的有效方法路径。在问题整治工作过程中，南四湖局与济宁、枣庄市河长办共同提出河湖碍洪问题整治方案；沂沭泗局重点攻坚推动南四湖问题落实清理整治，创新举措，联合济宁市河长办共同推动督促微山县制定了微山县南四湖问题分类整改方案，流域区域联合审查了通过了微山县南四湖民房、连片村庄，32项违建厂房企业码头、厂房类设施、电力通信类设施3个整改实施方案，为全面完成南四湖剩余问题清理整治打下了基础，也为其他河湖问题整改的推进起到了示范引领作用。

（五）强力执法与监督管理为河湖问题清理整治保驾

沂沭泗局不断强化河湖管理保护执法工作，一是与流域地方共同建立了"水行政执法＋检察公益诉讼"协作机制、骆马湖地区涉水联合执法机制以及南四湖苏鲁两省边界市县非法采砂联打机制、整治违建联动机制，严厉打击侵占河湖、妨碍行洪安全、非法采砂等违法犯罪行为，直管的大运河沿线河湖管理秩序稳定向好，非法采砂行为全面遏制，河湖水生态环境有效改善；二是印发《沂沭泗局关于进一步加强直管河湖管理保护的意见》《沂沭泗局关于强化水行政执法力度坚决打击新增水事违法行为的工作意见》等文件，进一步强化了对涉河湖违法行为的水行政执法力度。按照"有案必立、立案必查"原则，严格履行水行政执法程序，2022年3月，在淮委指导下，开展了流域区域联合执法行动，强力拆除了中运河邳州水上服务区3000平方米综合办公楼违建，解决了法院判决强拆8年未果的河湖难题，树立流域机构执法权威。

三、经验启示

（一）大运河问题清理整治，必须坚持以人民为中心的发展思想

习近平总书记指出，保护江河湖泊，事关人民群众福祉，事关中华民族长远发展。沂沭泗直管大运河河湖问题部分涉及人民群众切身利益的村庄、民房、跨河线路等，清理整治群众阻力较大，地方行动难点重重，管理单位工作推动困难。沂沭泗局坚持以人民中心，落实河湖问题分类清理整治，保障不影响河道行洪安全，着力解决人民群众切身关切，破解河湖问题清理整治的关键点。

（二）大运河问题清理整治，必须依靠流域区域协同发力

沂沭泗直管大运河河湖长制工作涉及苏鲁2省4市，彼此间既相互独立，又相互影响。河湖问题清理整治多涉及上下游、左右岸、干支流，实际工作经验证明，流域统筹，省、市、各部门单位联合协作，方能取得较好实效。沂沭泗局响应各地诉求，汇聚流域各方合力，召开沂沭泗市级河长办联席会议、南四湖县（市、区）级河长办联席会议，建立联席会议机制，统筹流域区域河湖管理保护合力，扎实推进河湖长制工作。

（三）大运河问题清理整治，必须树立水行政执法权威

水行政执法是保障沂沭泗直管大运河问题清理整治的最有力武器，沂沭泗局切实履行管理职责、严格落实河湖执法工作，对中运河邳州水上服务区办公楼违建、南四湖二级坝违建码头等实施强制拆除。在河长办的统筹下，管理单位落实执法，属地相关政府、单位落实清理整治，是消除强拆后诉讼风险、依法依规落实河湖管护的良好途径。

（四）大运河问题清理整治，必须发挥智慧监管作用

沂沭泗局持续探索建立河湖智慧监管体系，强化河湖巡查监管，采

用卫星遥感影像比对解译、无人机巡河等智慧化监管手段，不断提升监管效能，做到河湖问题第一时间发现、第一时间制止、第一时间处置、第一时间报告，为维护良好河湖环境生态秩序保驾护航。

（执笔人：胡涛）

以案促改　技术支撑
河长发力　流域统筹

——海委漳卫南局科学稳妥整治漳卫新河河口妨碍河道行洪突出问题*

【摘　要】 漳卫新河河口无堤段妨碍河道行洪突出问题历史成因复杂，体量巨大，涉及群众人数众多，清理整治难度较大。清理整治过程中，漳卫南局以2021年漳卫河系夏秋连汛各地行洪情况为典型，以案促改，运用智慧化技术手段进行问题排查和认定，积极发挥河长主帅和流域机构协调、指导作用，推动解决漳卫新河河口无堤段妨碍河道行洪突出问题。

【关键词】 漳卫新河　河口　妨碍河道行洪

【引　言】 为深入贯彻习近平总书记关于防汛救灾工作的重要指示批示精神，针对2021年汛期我国部分河道行洪反映出的突出问题，水利部2022年在全国范围内对妨碍河道行洪突出问题进行排查整治。本文重点介绍漳卫南局以案促改，科技赋能，发挥河长核心作用，强化流域统筹，清理整治漳卫新河河口无堤段妨碍河道行洪突出问题。

一、背景情况

漳卫新河自四女寺枢纽至大口河入渤海，全长255公里，是漳卫河系洪水、涝水的主要入海通道。漳卫新河河口段为辛集拦潮闸至入海口，全长37公里，其中海兴县海丰村、无棣县孟家庄村以下河段无堤防工程设施，长12公里。自20世纪80年代起，随着黄骅港的规划建设，漳卫新河河口区域优势日渐凸显，环河口区域经济快速发展，山东、河北两省对河口区域开发利用的需求不断增加，河道主槽两岸原可行洪的滩涂

---

* 海河水利委员会供稿。

被无序开发利用，侵占河道行洪空间。

2008年12月，水利部批复《漳卫新河河口治理规划报告》（以下简称《规划》），同意《规划》确定的规划范围和河口治导线布置方案，对漳卫新河河口无堤段按照左右治导线以内进行清障、治导线外侧筑堤。按照水利部和海河水利委员会安排部署，漳卫南运河管理局（以下简称漳卫南局）深入贯彻落实习近平生态文明思想，紧紧依托河长制工作平台，充分发挥协调、指导、监督、监测作用，按照党政领导、部门联动的原则，积极开展河湖"清四乱"专项行动，深入推进河湖"清四乱"常态化规范化，集中清理整治一大批"硬骨头""老大难"的"四乱"问题，漳卫新河河口有堤段"四乱"问题基本得到有效解决。由于历史原因，漳卫新河河口无堤段滩涂无序开发利用问题迟迟得不到有效清理整治。

2021年11月，水利部以《水利部办公厅关于开展妨碍河道行洪突出问题排查整治工作的通知》（办河湖〔2021〕352号）要求各地要深入贯彻习近平总书记关于防汛救灾工作的重要指示批示精神，针对2021年汛期我国部分河道行洪反映出的突出问题，在全国范围内对妨碍河道行洪突出问题进行排查整治，保障河道行洪通畅，守住防洪安全底线。漳卫南局把握契机，积极推动漳卫新河河口无堤段妨碍河道行洪突出问题的清理整治，共清理围堤围埝75万平方米，房屋建筑1万平方米，光伏5.8万平方米，驱离坐滩船只13艘，河道防洪安全隐患基本消除，河道行洪条件得到有效改善。

二、主要做法及取得成效

（一）以案为鉴，强化认识

2021年，漳卫河系遭遇了1963年以来最严重的夏汛和新中国成立以来罕见的秋汛，海委建委以来首次启动Ⅰ级应急响应，先后启用国家蓄滞洪区11个，岳城水库拦蓄洪水至历史峰值水位152.30米，两次紧急转移安置受灾群众近8万人。

在2022年水利部妨碍河道行洪突出问题排查整治工作中，漳卫南局以案为鉴、以案促改，以2021年漳卫河系夏秋连汛各地行洪情况为典型对沿河地方政府进行现身说法，重点收集不同时段河道水文数据，对比分析碍洪问题清理整治前后相近流量下河道水位变化情况，用事实说话、用数据说话、用案例说话，让沿河干部群众特别是地方党政领导真正从政治、思想、情感上认同漳卫新河河口无堤段碍洪问题清理整治工作的重要性和紧迫性，齐心协力，上下一致，为漳卫新河河口无堤段妨碍河道行洪突出问题排查整治工作夯实了地方党政领导核心保障，奠定了群众基础。

（二）技术支撑，科学排查

漳卫新河河口无堤段没有规划治导线实物界桩界线，各类盐田、虾池的围堤围埝高程不一、数量众多，且河北山东两县行政区划在河道两岸存在交叉，常规徒步排查、人工测量不仅工作效率低，而且难以准确划定清理范围、定性防洪影响程度、确定清理整治标准，一旦处置不当极易造成涉事群众不满，引发社会不稳定。

漳卫南局对此高度重视，总结汲取沿河各地开展河湖"清四乱"的经验教训，未雨绸缪，预字当先，成立了分管局长为组长的漳卫新河河口碍洪突出问题排查整治工作专班，借助中水北方勘测设计有限责任公司的技术优势，首先利用3S技术（遥感RS、全球定位系统GPS和地理信息系统GIS）、无人机航测技术等手段对漳卫新河河口区域碍洪问题进行排查，搜集汇总问题线索，然后利用ArcGIS处理软件、历史卫星遥感影像等对问题进行定位、定性、定量分析，为保证问题排查的更高准确性，专班人员联合技术人员对问题逐一进行研判和认定并提出清理整治意见，运用720云VR全景形成准确、直观、可视化的问题排查成果。

3S技术、无人机航测等现代化技术手段在漳卫新河河口碍洪突出问题排查整治中的应用，很好地解决了人工排查可能产生的清理整治范围难以准确划定、认定和清理标准不好准确把握、工作效率低下等问题。大大提升问题排查的信息化、科学化水平，提高了工作效率，降低了行政成本。

（三）河长发力，属地联动

漳卫南局在工作初期就秉持党政负责、部门联动的原则，牢牢扭住河长负责制这个"牛鼻子"，积极发挥河长制"首长负责、部门协作、社会参与"的优势,通过河长制明确各级河长职责,强化工作措施,协调各方力量,形成一级抓一级、层层抓落实的工作格局。

山东省总河长多次调研检查漳卫新河河口碍洪问题清理整治工作,2022年4月25日在检查漳卫新河清障清淤现场时强调,各级要有清醒认识,各项工作也要"立足于有",做好充分的思想准备和工作准备,要舍得投入,保质保量完成河道清淤清障工程,确保今年汛期前完工。山东省滨州市坚持进度在一线掌握、措施在一线制定、隐患在一线排查、问题在一线解决的"四个一线法",实行"日调度、周通报"制度,克服新冠肺炎疫情影响,集中一个月的时间,全部完成漳卫新河口碍洪问题的清理整治,山东省河长办发文全省通报表扬。河北省沧州市成立工作专班,集中力量清理整治了河口范围内的虾池盐田、废弃船厂、码头等历史遗留问题。

各级河长加强对漳卫新河河口碍洪问题清理整治工作的组织领导和安排部署,将清理整治任务压实到每一位河长、落实到每一级河长制办公室和水行政主管部门,形成了层层抓落实的责任体系。

(四)流域统筹,区域协作

由于历史原因,左岸海兴县、右岸无棣县行政区划线在漳卫新河左右岸均有交叉,导致存在大量的"插花地"问题,另外,两县经济发展差距较大,党政领导在清理整治工作上的落实力度和人财投入也不均衡。

漳卫南局充分发挥协调、指导作用。一是初期全面梳理碍洪问题清理整治中的难点问题、共性问题、深层次问题,积极收集需要研究相关政策法规,密切关注社会和群众反映强烈的突出问题。二是统筹两地经济发展因素、碍洪问题对两地社会发展和群众生计的影响程度,在处置历史遗留等情况复杂问题时,注重方式方法,分类制定清理整治意见,避免简单化、一刀切和层层加码,在保障防洪安全前提下,分类科学处置,稳步妥善解决。

漳卫南局在处置省际"插花地"问题时,充分发挥漳卫南运河河长制协作机制的作用,与两岸省市县建立沟通协商机制,搭建跨区域协作平台,协调推进清理整治。漳卫南局坚持问题导向、因地制宜,立足不同地区不同实际,统筹上下游、左右岸,制定统一的清理整治标准,协同推进；同时要求局属各级相关单位，充分依托河长制平台，加强与各级河长和河长制办公室的协调配合，主动加强联络和请示汇报，凝集多方共识，形成漳卫新河河口碍洪问题攻坚合力，解决难点、消除痛点、打通堵点。

三、经验启示

（一）抓牢治水"牛鼻子"，用"责任担当"护"防洪安全"

要坚持党政领导、河长负责制，突出河长在治河工作中的主帅作用。核心是建立健全以党政领导负责制为核心的责任体系，明确各级河长职责，协调各方力量，形成一级抓一级、层层抓落实的工作格局。要抓牢河长制这个治水"牛鼻子"。党政"一把手"作为河长来协调、调度和监督解决河湖管理问题，是从国情水情出发实行的管理改革，也是经实践检验切实可行的制度创新。各级党政主要负责人成为河湖管护第一责任人，可以最大程度整合党委政府的行政资源，提高解决问题的执行力，有效破除以往多部门分管的弊端。

（二）运用科学技术手段，享"科技红利"降"行政成本"

科学技术是第一生产力。水利部多次强调要大力推进智慧水利建设，抓好智慧水利顶层设计，加快信息化基础设施升级改造，强化行业监管信息支撑。要将信息化建设纳入河长制、河湖管理的重要任务，充分利用卫星遥感、视频监控、无人机、App等技术手段加强河湖管护，提高河湖监管的信息化、现代化水平。要利用"水利一张图"及河湖遥感本底数据库，及时将河湖管理范围划定成果、岸线规划分区成果、涉河建设项目位置信息上图，实现动态监管。

（三）加强流域协调指导，以"联防联治"促"区域协同"

流域管理机构要充分发挥协调、指导、监督、监测作用，强化流域管理与行政区域管理有机结合，畅通部门及区域间的沟通协作渠道，通过加强漳卫河系河务管理部门、沿河地区间及河湖长间的协调联动，突破体制和区域的束缚，协调解决跨区域、跨部门的河湖管理问题，促进上下游、左右岸密切配合，协调联动，共同推进河湖管理保护工作，真正实现联防联控联治。要发挥流域联席会议和协作机制的作用，积极畅通多方参与、共同议事、协商解决的渠道，进一步提升对跨区域河道共治、共管、共建的重视程度及治理能力和水平。

（执笔人：刘凌志）

清理整治碍洪重大问题
坚守流域防洪安全底线

——珠江水利委员会以河湖长制为抓手强力督导西江干流梧州段网箱养殖清理整治[*]

【摘　要】　西江干流梧州段存在46.31万平方米集中连片网箱养殖，严重影响西江防洪、供水、生态安全及长洲水利枢纽运行安全，属重大风险隐患。水利部高度重视，对问题进行挂牌督办，要求广西在2022年主汛期前完成全面清理整治。珠江委坚决贯彻落实水利部决策部署，按照强化流域统一治理管理要求，依托河湖长制平台，指导督促广西扎实推进清理整治工作。2022年主汛期前，西江干流梧州段网箱养殖全部清除，保障了西江干流河道行洪通畅，守住了流域防洪安全底线。

【关键词】　河湖长制　碍洪重大问题　西江干流梧州段　网箱养殖　清理整治

【引　言】　习近平总书记亲自谋划、亲自部署、亲自推动河湖长制工作，旨在解决人民群众最关心、最直接、最现实的水灾害、水资源、水生态、水环境问题，满足人民群众对绿水青山的热切期盼。珠江流域河流多、岸线长，上下游、左右岸、干支流水系复杂，强化流域统一治理管理需立足河流的整体性和流域的系统性，统筹好水安全、水资源、水环境、水生态各要素，协调好上下游、左右岸、干支流、流域区域间关系，一体化推进流域系统治理、综合治理。西江干流梧州段存在大量集中连片网箱养殖，严重阻碍河道行洪，不仅影响梧州市防洪安全，而且是整个西江干流和粤港澳大湾区防洪安全的重大隐患。珠江委立足流域防洪大局，按照水利部要求，以河湖长制为抓手，积极协调推动相关工作，强力推动西江干流梧州段网箱养殖全面清理整治。

---

[*] 珠江水利委员会供稿。

一、背景情况

西江为珠江流域的主流，发源于云南省曲靖市乌蒙山余脉的马雄山东麓，自西向东流经云南、贵州、广西和广东4省（自治区），至广东省佛山市三水区的思贤滘与北江汇合后流入珠江三角洲网河区，全长2075公里，流域集水面积35.31万平方公里，占珠江流域面积的77.8%。梧州市是广西重要的商埠和全国重要的内河港口，地处"三圈一带"（珠三角经济圈、北部湾经济圈、大西南经济圈和西江经济带）交汇节点，是中国西部地区12省（自治区、直辖市）中最靠近珠三角地区和粤港澳的城市，也是连接珠三角与北部湾的主要通道城市。位于西江及其支流桂江的交汇口，城区被桂江分隔为河东、河西两部分，历史上洪涝灾害频繁，被列为全国首批25个重点防洪城市之一，防洪形势严峻复杂。西江干流梧州段（以下简称梧州段）是西江干流洪水的重要泄洪通道和行洪区，是宣泄西江洪水的重点区域，通道和行洪区是否顺畅直接关系到梧州乃至整个粤港澳大湾区防洪安全，通道和行洪区受阻将危及3500万人民群众的生命财产安全。

2020年12月，在接到群众反映西江梧州段存在大量疑似非法网箱养殖问题后，珠江委迅速部署非法网箱养殖专项督查行动，经多次明察暗访，查明梧州段网箱养殖占用水域总面积46.31万平方米，全部位于长洲水利枢纽库区，且多为浮动式钢结构，点多量大面广、成片连排，明显阻碍行洪。网箱一旦脱锚，有可能堵塞长洲水利枢纽泄洪闸，严重威胁西江干流和两岸城镇防洪安全以及长洲水利枢纽的工程安全，依法依规开展梧州段网箱养殖清理整治工作迫在眉睫。

二、主要做法

2021年1月，珠江委将问题上报河湖管理督查系统，依托河湖长制平台，督促广西对养殖网箱进行清理整治。截至2021年9月，广西有关方面清拆网箱5.65万平方米，剩余40.66万平方米拆除进展缓慢，推进难度大。珠江委积极向水利部河长办汇报，请求水利部对该问题予以挂牌督办。水利部高度重视，要求坚持依法依规，坚决督促彻底整改。

2021年9月以《水利部办公厅关于抓紧对西江干流梧州段网箱养殖进行全面清理整治的函》（办河湖函〔2021〕866号）发文广西壮族自治区河长办，要求2022年主汛期前完成梧州段非法网箱养殖全面清理整治；2022年2月，针对清理整治缓慢的问题，全面推行河湖长制工作部际联席会议办公室向广西壮族自治区河长办下发督办通知单，督促加快清理整治进度，进一步压实责任，倒排工期，确保按时限清理整治到位。珠江委坚决贯彻落实水利部决策部署，按照强化流域统一治理管理要求，举全委之力推进梧州段网箱养殖清理整治工作。

（一）坚持高位推动，强化组织保障

珠江委王宝恩主任6次专题研究部署，统筹推进相关事宜，要求全委高度重视非法网箱养殖对防洪安全、工程安全的严重威胁，立足防洪大局，切实增强清理整治非法网箱的责任感、紧迫感，将督促完成梧州段养殖网箱全面清拆作为重点督办事项予以立项督办。多次以专题报告的形式向水利部汇报梧州段网箱养殖问题详细情况，请求水利部对网箱养殖清理整治工作予以挂牌督办。胥加仕副主任紧盯目标任务，深入一线核查，多次与广西壮族自治区河长办沟通，协调推动相关工作。广西党政主要领导、总河长多次就问题整治提出明确要求，分管领导、河长多次召开专题会议、作出批示指示、开展巡河调研，协调推进问题清理整治工作；成立梧州段网箱养殖清理整治工作专班，司法厅、生态环境厅、水利厅、农业农村厅等部门形成合力，强化组织保障、统筹推进养殖网箱清拆工作。梧州市统筹协调相关部门和县区成立16个工作专班、60多个清理整治工作组，挂图作战、倒排工期，确保如期完成网箱清拆工作。

（二）加强督导核查，定期开展复核

珠江委河湖处会同政法处等相关部门组成联合督查组开展西江干流梧州段非法网箱养殖专项督查行动，16次分别赴梧州市苍梧县、藤县、长洲区现场明察暗访，同时利用大型固定翼无人机全覆盖飞行采集数据、卫星遥感核查等手段，摸排网箱面积数量、探究网箱全拆依据、发文严促网箱全拆、跟踪督促清拆进度，压茬推进梧州段网箱养殖按时完成全面清理整治。根据清拆进展情况，每10天赴现场摸排问题情况，对清拆成果进行复核，严查虚假整改问题，发现重大问题线索及时上报水利部，确保梧州段网箱养殖按时全面清拆。广西壮族自治区相关部门坚决采取强有力措施，科学制定整治方案、积极化解清拆矛盾、稳妥有序推进问题整治，多次派出工作组现场督导核查养殖网箱清拆进度，提前完成清理整治任务。

（三）强化履职尽责，持续督促整改

珠江委先后 4 次发文广西壮族自治区河长办，依托河湖长制平台，要求督促相关河长及部门履职尽责，明确清理整治时间表、进度图，切实推动养殖网箱全面清拆；指导督促梧州市有关地方印发市、县（区）级养殖网箱清拆方案，明确责任人及清拆时间节点，确保按时完成全面清拆；按照"日报告、周调度、旬核查"工作机制，珠江委建立以养殖户为单位的详细问题台账、清拆进度台账以及督促清拆台账，每日与广西河长办沟通联系，时刻掌握网箱清拆最新进展，持续跟踪网箱清拆进度，指导、督促地方按时保质保量完成清理整治任务。广西实行专项督办、全面跟踪督导，河长办、水利厅先后 7 次派出督导组跟进督办，强化履职尽责，推动问题清理整治，同时举一反三部署各地全面深入排查整治。

三、工作成效

2022 年 5 月 25 日，经珠江委、广西有关方面现场核实，梧州段共清理网箱 9717 个、总面积 40.66 万平方米，网箱养殖清理整治工作全面完成，有力保障了西江干流河道行洪畅通。

（一）保障了行洪畅通，消除了安全隐患

通过水利部挂牌督办、珠江委持续督促整改，有效压紧压实河长和属地责任，开展西江干流非法网箱养殖专项督查行动，持续跟踪、指导、督促地方完成梧州段 40.66 万平方米养殖网箱全面清拆，恢复了西江干流自然行洪通道，有效消除了西江防洪安全、供水安全、生态安全和长洲水利枢纽工程运行安全风险隐患，保障了梧州段上下游、左右岸 3500 万人民群众的生命财产安全，增强了人民群众的获得感、幸福感、安全感。

（二）履行了法定职责，打击了违法行为

《中华人民共和国水法》第三十七条、《中华人民共和国防洪法》第二十二条规定，禁止在河道管理范围内建设妨碍河道行洪的建筑物、构筑物以及从事影响河势稳定、危害河岸地方安全和其他妨碍河道行洪的活动，梧州段养殖网箱均为浮筒式钢结构，是妨碍西江干流行洪的构筑物，且全部位于农业农村部规定的禁止养殖区，属于非法网箱养殖。珠江委切实履行自身职责，开展西江干流非法网箱养殖专项督查行动，严厉打击网箱养殖违法违规行为，履行了流域管理机构法定职责，维护了水法律法规权威。

（三）发挥了河湖长制优势，提供了经验借鉴

在水利部的坚强领导下，珠江委以河湖长制为抓手，强力督导梧州段全面清理网箱养殖，形成了河长牵头负总责、河长办统筹协调分办督办、各相关部门各负其责的非法网箱养殖清理整治格局。通过加强督导核查、建立系列工作台账、完善沟通协调制度、紧盯清拆目标落实，梧州段网箱养殖于2022年主汛期前全面完成清理整治。河湖长制制度优势在梧州段网箱清理整治中得到充分体现，可为建立网箱养殖监管长效机制提供经验借鉴。

四、经验启示

梧州段网箱养殖点多量大面广、成片连排，防洪形势严峻，清理整治情况复杂。珠江委会同广西有关方面，依托河湖长制平台，有力协调、指导、督促地方推进养殖网箱清拆工作，工作成果显著，为全流域纵深推进河湖"清四乱"常态化规范化积累了丰富的宝贵经验。

（一）坚持以人民为中心，保障珠江流域防洪安全

习近平总书记高度重视防汛救灾工作，反复强调防汛救灾工作要坚持人民至上、生命至上，切实把确保人民生命安全放在第一位，要采取更加有力措施，切实做好防汛救灾各项工作。梧州段网箱养殖点多量大面广，成排连片，严重阻碍河道行洪。珠江委深入贯彻落实习近平总书记关于防汛救灾工作的重要指示批示精神，心怀"国之大者"、坚持以人民为中心，以确保西江干流防洪安全为要务，督促地方压紧压实主体责任，于2022年西江主汛期前全面完成梧州段网箱养殖清理整治，从源头上防范化解防洪重大安全风险，保障了广大人民群众的生命财产安全，增强了人民群众的获得感、幸福感、安全感。

（二）坚持履行法定职责，捍卫水法律法规权威

梧州段养殖网箱均为浮筒式钢结构，多个网箱焊接固定，下挂深网，上装棚房，严重妨碍河道行洪，违反了《中华人民共和国水法》《中华人民共和国防洪法》等法律法规的有关规定。珠江委作为水利部派出的流域管理机构，根据法定授权在珠江流域片依法行使水行政管理职责。针对梧州段网箱养殖严重违反水法律法规的问题，珠江委切实履行自身职责，立足流域防洪安全大局，摸排网箱养殖违法违规事实，探究网箱养殖违法违规依据，严厉打击网箱养殖违法违规行为。在珠江委的依法指导和强力督促下，地方按时完成梧州段非法网箱养殖的全面清理整治工作，珠江委法定职责得到了履行，西江干流防洪安全得到了保障，水法律法规权威得到了维护。

（三）持续强化河湖长制，发挥河湖长制制度优势

习近平总书记从维护最广大人民群众的根本利益出发，亲自谋划、亲自部署、亲自推动，作出全面推行河湖长制的重大战略部署。全面推行河湖长制6年多来，河湖保护治理管理责任体系全面建立，工作机制不断完善，河湖面貌持续改善，我国江河湖泊治理取得历史性成就。接群众反映梧州段存在非法网箱养殖情况后，珠江委依托河湖长制平台，将非法网箱养殖问题上报河湖管理督查系统，通过明察暗访、督查调研、发文督办等方式压紧压实地方党委政府河湖管理保护主体责任，督促指导地方按时完成全面清理整治。广西相关各地充分发挥河湖长制制度优势，形成了河长牵头负总责、河长办统筹协调分办督办、各相关部门各负其责的非法网箱养殖清理整治格局，梧州段网箱养殖顺利完成全面清理整治。河湖长制制度优势在梧州段网箱清理整治中得到了淋漓尽致的体现。

（执笔人：姜沛　韩亚鑫　张中元）

聚焦短板弱项 以强化河湖长制推动解决河湖管理重难点问题

——松辽水利委员会充分发挥河湖长制作用推动流域河湖管理重点工作纪实[*]

【摘　要】　松辽水利委员会（以下简称"松辽委"）深入贯彻落实习近平生态文明思想和关于防汛强险救灾工作的重要指示批示精神，坚持流域统一治理管理，强化河湖长制机制作用发挥，持续加强河湖水域岸线空间管控，推动河湖岸线利用违法违规问题清理整治，坚决守住防洪安全底线，助推流域经济社会高质量发展。本文以松辽流域河湖长制机制作用发挥，高位推动松辽流域河湖岸线利用建设项目和特定活动清理整治专项行动（以下简称专项行动）走深走实为例，分析总结工作经验，为强化河湖长制责任落实，推动解决河湖管理重点难点问题提供参考。

【关键词】　松辽流域　河湖长制机制　河湖管理重难点问题

【引　言】　近年来，在水利部坚强领导下，松辽委充分发挥流域机构协调、指导、监督作用，全面强化河湖长制工作落实，会同流域各省（自治区）持续推进流域河湖"清四乱"常态化、规范化，扎实开展妨碍河道行洪突出问题清理整治，推动解决了一大批河湖管理问题，流域河湖面貌得到有效改善。当前，河湖长制已经进入到3.0版本，松辽委紧盯河湖长制3.0目标任务，依托松花江、辽河流域省级河湖长联席会议机制和松辽委与流域省级河长制办公室协作机制平台，持续推进妨碍河道行洪突出问题排查整治，进一步摸清流域河湖管理利用底数，着力推动解决河湖管理重点难点问题，确保专项行动落实落地，为规范河湖岸线管理，保障河道行洪安全，支撑流域经济社会高质量发展作出积极贡献。

---

[*] 松辽水利委员会河湖管理处供稿。

聚焦短板弱项　以强化河湖长制推动解决河湖管理重难点问题

一、背景情况

松辽流域多以宽浅型河流为主，河道具有河滩地广阔、主槽相对狭窄的特点，部分河道两堤间距在 15 公里以上，河湖岸线资源丰富。由于历史原因和客观因素，河道内存在大量未经论证审批的非法生产经营项目和活动。随着近年来流域经济社会的快速发展，一些地区人为束窄、侵占河湖空间，过度开发河湖资源、与水争地等问题日趋严重。

全面推行河湖长制以来，流域各省（自治区）深入贯彻落实党中央、国务院对强化河湖长制作出重大决策部署，持续推进"清四乱"常态化、规范化，推动解决了一大批河湖"四乱"问题，流域河湖面貌得到有效改善。但从近几年流域防汛形势看，个别水库出现垮坝，部分河流相继出现防汛险情甚至是堤防溃口情况，防汛形势不容乐观。流域妨碍河道行洪突出问题、影响河道行洪安全的涉河建设项目和特定活动亟需尽快推动解决。这些问题涉及多行业、多部门，需要充分发挥河湖长制机制作用，统筹河湖长制成员单位聚焦主责主业、强化履职担当，深入开展妨碍河道行洪突出问题排查整治，抓紧排查影响河道行洪安全的涉河建设项目和特定活动，摸清河湖岸线利用底数，加强水域岸线空间管控，持续推动违法违规涉河建设项目和特定活动清理整治，保障河道行洪通畅，守住防洪安全底线。

二、主要做法及取得成效

（一）强化妨碍河道行洪突出问题排查整治，保障河道行洪通畅

为深入贯彻落实习近平总书记关于防汛救灾工作的重要指示批示精神，加强河道管理，保障河道行洪通畅，按照水利部统一部署，松辽委结合流域近年防汛形势，选取妨碍行洪问题突出、管理任务重的松花江干流（三岔河口—拉林河口）、嫩江（江桥水文站—三岔河口）为重点河段，开展妨碍河道行洪突出问题排查整治重点核查，充分运用"部遥感平台＋河湖巡查 App"对妨碍河道行洪突出问题进行了地毯式的系统全面排查，共发现问题 426 个，通过水利部碍洪排查系统全部下发有关省份整改。同时，组织专业技术人员对重点河段水面线进行了复核，深入分

析了重点河段典型断面的水位流量关系及过流能力变化趋势，发现2019—2021年断面过流能力有改善趋势，相同流量对应水位呈逐年降低趋势，河湖"清四乱"成效逐步显现。

在扎实做好重点核查工作的基础上，松辽委积极推动流域各省（自治区）开展妨碍河道行洪突出问题排查整治，召开流域排查整治推进会，督促各省（自治区）突出重点、狠抓落实，加快推进阻水严重的违法违规建筑物、构筑物等突出问题清理整治，确保汛前完成清理整治任务。

（二）充分发挥流域机构与省级河长办协作机制作用，研究推动解决重难点问题

2021年8月，为加强流域与区域、区域与区域之间的协作配合，有效破解跨界河湖管理保护难题，松辽委与流域四省（自治区）河长办联合签署了《松辽委与黑龙江省、吉林省、辽宁省、内蒙古自治区河长制办公室协作机制》，为流域省级河长办层面加强沟通协调、共享工作信息、推动解决问题提供了议事平台。

为充分发挥协作机制作用，推动解决典型妨碍河道行洪突出问题，2022年6月，松辽委会同黑龙江省、吉林省两省河长办及有关市级河长，组织对嫩江、松花江干流典型省界河段开展了联合巡查，现场检查了河滩地草场互换、浮桥、育秧大棚等典型妨碍河道行洪突出问题，并研究提出了解决措施建议，指导推动松辽委重点核查和流域各省（自治区）自查发现妨碍河道行洪突出问题基本完成整改，有力保障河道行洪安全。本次联合巡查组织有关市级、县级河长及有关河长办对典型省界河段妨碍河道行洪突出问题进行现场检查，对典型问题进行联合会商，充分征求了与会各方的意见建议，共同协商提出了切实可行的解决措施，对进一步压紧压实有关河长责任、统筹有关用河行业部门解决妨碍河道行洪突出问题进行了积极的探索，同时也是一次加强两省河湖长制及河湖管理工作的有益尝试，对推动形成流域统筹、区域协同、部门联动的河湖管理保护格局具有重要意义。

2022年7月，松辽委会同吉林省、辽宁省河长办对吉林省双辽市东明镇东胜村段河道内种植林木缩窄行洪断面情况进行了调研核实，对该河段内妨碍河道行洪突出问题进行了联合巡查，与有关河长办及相关行业主管部门进行了沟通协调，提出了阻水片林和桥梁问题整改措施并推动完成整改，是利用河湖长制平台推动解决防汛检查发现问题的一次成功探索。

2022年8月，在总结分析流域个别河流堤防溃口经验教训的基础上，在水利部大力支持下，松辽委提出要在全流域深入开展专项行动，摸清流域河湖岸线利用特别是对影响防洪工程安全的穿堤、爬堤涉河建设项目底数，并研究制定了《松辽流域河湖岸线利用建设项目及特定活动清理整治专项行动工作方案》（以下简称《工作方案》）。2022年9月组织召开松辽流域河湖长制协作机制联席会议暨松花江、辽河流域省级河湖长联席会议办公室会议，松辽委与流域四省（自治区）结合流域河湖管理实际，对《工作方案》进行深入研究讨论，进一步明确了清理整治专项行动的范围对象、工作目标、基本原则、工作安排和要求，并达成了一致意见，通过开展专项行动推动提升流域河湖岸线利用规范化水平，并决定作为议题提请省级河湖长联席会议审议。

（三）召开省级河湖长联席会议，高位推动开展专项行动

2022年3月，水利部建立松花江、辽河流域省级河湖长联席会议机制，联席会议实行召集人轮值制度，流域四省（自治区）省长轮流担任召集人，副省长担任副召集人，松辽委主要负责同志担任联席会议常务副召集人，是松辽流域全面强化河湖长制最高议事机构。为充分发挥省级河湖长联席会议机制作用，确保会议取得实效，2022年9月，召开松花江、辽河流域省级河湖长联席会议审议通过了《工作方案》，决定在松辽流域范围内安排部署专项行动，要求作为强化河湖长制的重要内容，下决心全面排查整治流域河湖岸线利用建设项目和特定活动，全面落实联席会议议定和决定的重大事项，合力推进河湖长制工作。

三、经验启示

（一）做好河湖管理重点工作需要充分发挥河湖长制机制作用

全面推行河湖长制以来，松辽流域河湖长制机制不断完善，在流域层面，建立了省级河湖长制联席会议机制和流域机构与省级河长办协作机制；在省际层面，流域四省（自治区）互相建立跨区域协作机制；在省内层面，流域四省（自治区）充分发挥"河长＋"平台作用，联合公安、检察、法院等部门建立协作机制。这些机制的建立和完善为全面强化河湖长制、协同推进河湖管理重点工作提供了重要议事办事平台，要充分发挥河湖长制机制作用，坚持同向发力，加强区域、部门与行业之间的协调配合，凝聚形成流域统筹、区域协同、部门联动的河湖管理保护格局，推动流域河湖管理工作高质量发展。

（二）加强统筹协调是做好流域河湖长制工作的基础

作为松花江、辽河流域省级河湖长联席会议办公室和松辽委与流域省级河长办协作机制会议办公室，松辽委积极与联席会议各成员单位沟通协调，采取联合巡查、联合会商等形式对流域典型河湖管理重点问题进行现场检查和研究讨论，通过协商共同达成一致意见，并组织提出联席会议议定事项，营造了良好的议事协作氛围，确保了联席会议机制作用的充分发挥和高效运行。

（三）推动解决河湖管理问题要坚持以人民为中心

妨碍河道行洪突出问题排查整治和专项行动事关防洪安全，要求我们必须强化责任担当，坚持以人民为中心的发展思想，充分发挥河湖长制作用，统筹相关部门力量，形成工作合力，着力解决当前人民群众反映强烈、直接威胁水安全、水资源、水环境、水生态的突出问题，切实增进人民福祉、改善人民生活品质，不断提高人民群众的获得感、幸福感、安全感。

（执笔人：贾长青　蔡永坤　刘彬）

统筹运作联席会议 强化流域治理管理

——太湖流域管理局探索省级河湖长联席会议运作实践*

【摘　要】2022年1月，水利部印发《关于强化流域治理管理的指导意见》，部署在重要江河湖泊流域率先建立完善省级河湖长联席会议制度。在长三角一体化高质量发展大背景下，水利部太湖流域管理局（以下简称太湖局）立足流域实际，牵头协调流域片苏、浙、沪、闽、皖五省（直辖市）人民政府建立太湖流域片省级河湖长联席会议机制，充分发挥联席会议办公室作用，全力协助轮值召集人做好召集工作，深入谋划推进幸福河湖样板建设、妨碍河道行洪突出问题排查整治、水库除险加固和运行管护、"一河（湖）一策"修编、跨界河湖联保共治等年度重点工作，创新联席会议统筹运作，加强跟踪督办，促进联席会议发挥实效。

【关键词】　河湖长制　流域统筹　省级河湖长联席会议　幸福河湖

【引　言】为深入落实党中央、国务院关于强化河湖长制的重大决策部署和水利部关于在重要江河湖泊流域率先建立完善省级河湖长联席会议制度的工作要求，2022年3月，太湖局协调太湖流域片江苏、浙江、上海、福建、安徽五省（直辖市）人民政府正式建立太湖流域片省级河湖长联席会议（以下简称联席会议）机制，进一步加强流域统筹协调，不断强化河湖长制，持续提升流域治理管理效能。

一、背景情况

太湖流域片地处我国东南部，包括太湖流域及东南诸河，行政区划

---

* 太湖流域管理局供稿。

涉及江苏、浙江、上海、福建、安徽等省（直辖市），是我国经济最具活力的地区之一，也是长三角一体化发展、长江经济带等国家战略的主战场。其中，太湖流域是典型的平原河网地区，河网如织、湖泊棋布；东南诸河区地形以山地丘陵为主，河流大多源短流急，独流入海。

党的二十大报告对"推动绿色发展，促进人与自然和谐共生"作出了具体部署，为新时代新征程进一步深化河湖长制指明了方向、提供了根本遵循。太湖流域片是河长制的发源地，中央全面推行河长制后，流域片各地各级党委政府高度重视、迅速行动，太湖局充分发挥协调、指导、监督、监测等作用，共推流域片率先全面建成河湖长制，并在此基础上进一步提档升级，成效显著。但流域片河湖治理保护仍面临着一些问题和难点，一是幸福河湖建设仍处于探索阶段，人民群众对幸福河湖的期盼越发热切；二是确保河道行洪安全、病险水库除险加固等任务有待进一步抓细抓实；三是太湖流域跨界河湖众多，联保共治还需加强。对照中国式现代化战略部署、长三角一体化发展国家战略等新形势新要求，需用好联席会议平台高位统筹推进河湖长制工作，为流域片经济社会高质量发展提供坚实的"四水"安全保障。

二、主要做法及取得成效

（一）深入谋划，明确年度重点任务

太湖局在协助轮值召集人做好召集工作的同时，加强对流域片河湖治理保护共性与特性问题的研究，谋划提出提请联席会议部署推进的5项年度重点工作，并迅速与流域片各省（直辖市）取得共识，为全体会议的顺利召开奠定良好基础。

2022年5月7日，联席会议第一次全体会议率先召开，深入总结近年来太湖流域片河湖长制工作，分析面临的新形势新要求，部署下阶段工作任务和5项年度重点工作。一是切实响应习近平总书记伟大号召，将建设幸福河湖作为河湖长制工作的主要目标和重要内容，各省（直辖市）2022年分别打造5条左右幸福河湖样板，以点带面不断探索幸福河湖内涵。二是深入贯彻水利部关于防汛查弱项补短板工作要求，将妨碍河道行洪突出问题排查整治纳入联席会议平台强化推进。三是落实加强水利

基础设施建设以扩大有效投资、稳定经济大盘工作要求，加快推进小型水库除险加固。四是按照水利部关于滚动编制"一河（湖）一策"的工作要求，加快推进"一河（湖）一策"修编，重点加强太湖、淀山湖、新安江水库、交溪等重要省际河湖"一河（湖）一策"联合修编。五是结合太湖流域片跨界河湖众多的实际情况，从跨界河湖协同治理、水生植物联合防控、生态流量联合管控、联合河湖长制深化创新等方面，进一步强化跨界河湖联保共治。

（二）多措并举，保障机制高效运作

太湖局充分结合流域片实际，灵活将已有的河湖长制工作机制融入联席会议运作，不断丰富联席会议运作模式与内容。一是举全局之力研究落实联席会议任务。迅速召开太湖局推进河湖长制工作领导小组全体会议，细化任务分工，凝聚内部合力。二是将太湖淀山湖湖长协作机制融入联席会议运作。自2018年起，太湖局主动探索与苏、浙、沪两省一市建立完善太湖、淀山湖湖长协作机制，重点聚焦流域第一、第二大跨省湖泊太湖、淀山湖及其主要出入湖河道的治理保护。联席会议建立后，太湖局将相关工作细化分解到太湖淀山湖湖长协作机制中，进一步压实责任，将其作为落实联席会议工作的重要支撑，同时深化完善年初制定计划、年中加强推进、年末开展总结的工作模式，跨界河湖联保共治等工作取得显著成效。三是发挥"太湖局＋省级河长办"协作机制作用，建立常态化沟通联络机制，深化信息共享与经验交流，总结形成了《河长制湖长制实务——太湖流域片河长制湖长制解析》《跨界河湖协同治理示范区河湖长制创新典型案例》《太湖流域片河湖长制基层探索实践调研报告》等大量工作成果，推广应用了联合河湖长制、河长＋检察长（法官、警长）、委员河长、乡愁河长、河流健康码、绿水币等一大批可复制、可推广的实践经验。

（三）加强督办，加快建设幸福河湖

太湖局认真履行联席会议办公室职责，加强对联席会议年度重点工作的跟踪督促。全体会议召开后，太湖局迅速印发会议纪要，明确联席会议年度重点工作内容和要求，引导带动部分省市将相关工作纳入省级人民政府督办事项。不定期抽查工作质量和进度，适时召开现场会议强化推进，2次行文向联席会议各召集人报告工作情况并提出意见和建议，进一步督促落实。针对跨界河湖"一河（湖）一策"联合修编工作中的难点，深入研究，制定印发《关于太湖流域片重要跨省河湖"一河（湖）一策"联合修编的指导意见》，有效指导地方破解难题、推进工作。在太湖局和五省（直辖市）的共同努力下，至2022年年底，5项年度重点工作全面完成。

特别是在幸福河湖建设方面，太湖局充分运用联席会议平台高位推动，取得了显著的工作成效。五省（直辖市）均高标准、超额完成了年度幸福河湖建设任务，建成了以新安江、木兰溪为代表的大江大河以及涵盖城市、农村等不同区域、不同规模、各具特色的幸福河湖，流域片人民群众的幸福感、获得感显著提升。太湖局加强总结提炼，组织编制完成《太湖流域片幸福河湖建设案例》，全面展示流域片幸福河湖建设成果与实践经验。同时，太湖局依托联席会议平台，首次通报22条主要入太湖河道月度污染物浓度和总量，为太湖上游地区河湖长履职、幸福河湖建设提供重要依据。各地也积极探索实践，涌现出全力建设幸福河湖总河长令、幸福河湖促进会、全域建设幸福河湖等一大批特色做法，流域片建设幸福河湖的氛围空前高涨。

三、经验启示

（一）建立完善联席会议是强化流域治理管理的有效途径

联席会议为太湖流域片河湖长制工作提供了最高规格、最广范围的协作平台，是水利部团结带领各地深入贯彻习近平生态文明思想的一次生动实践。太湖局充分认识联席会议加强流域地方联动、提升工作层级、强化任务落实的积极作用，全力将联席会议运作为强化流域治理管理的有力抓手，流域统筹、区域协作得到进一步强化。

（二）深入谋划重点工作是联席会议做深做实的核心动力

2022年是联席会议运作的第一年，太湖局结合实际，组织五省（直辖市）提前谋划、统一认识，明确的5项年度重点工作既与流域片经济社会高质量发展需求充分衔接，又突出河湖长制工作整体推进的重点难点，为联席会议做深做实提供了靶向发力点。同时将已有工作机制灵活融入联席会议，既丰富了联席会议运作模式，又减轻了各地的工作负担，得到普遍支持。

（三）加强跟踪督办是联席会议发挥实效的重要保障

水利部明确将联席会议办公室设在流域管理机构，并在"三定"职责中予以明确，进一步拓展了流域管理机构职能，必须切实履行职责。太湖局通过跟踪督促、靶向指导、加强向召集人汇报等具体措施，为联席会议有效运作提供了坚实保障。同时，将幸福河湖建设作为联席会议核心工作，充分激发各地加快建设幸福河湖、服务保障中国式现代化的动力。

（四）总结提炼并推广应用是强化河湖长制的长效手段

太湖流域片是我国经济发展最活跃、开放程度最高、创新能力最强的区域之一，有基础、有条件、有责任在全国河湖长制和河湖管理保护工作中打头阵、当先锋、作示范。太湖局通过搭建交流平台、深化信息共享、加强梳理研究，持续总结提炼不同阶段深化河湖长制、建设幸福河湖的典型经验做法，同时强化交流推广应用，不断为河湖长制工作注入新的活力，为流域片乃至全国提供更多经验和样板。

（执笔人：吴志飞　邓越　王逸行）

幸福河湖建设

书写幸福河湖新答卷
擦亮碧水润城新画卷

——北京市平谷区实施河道水系综合治理，洵河新城段实现华美蜕变[*]

【摘　要】 北京市平谷区深入贯彻习近平生态文明思想，坚持生态涵养区功能定位，牢固树立和践行山水林田湖草沙一体化保护、系统化治理的理念，将河长制作为河湖管护和水生态文明建设的重要抓手，统筹推进水资源保护、水环境治理、水生态修复，在实践中产生良好成效。洵河是平谷的母亲河，承担着防洪排水兼风景景观河道的重要职能。平谷区以河道综合治理为发展契机，以生态惠民为发展主题，根据河道特点合理规划，因地制宜实施洵河新城段治理，推动水系、廊道生态建设，全面提升河道防洪排水能力，复苏河道生态，实现风景景观河道功能，打造良好的区域环境，为建设高大上平谷提供有力的水安全、水生态保障。

【关键词】 河道治理　生态修复　人水相亲　城水相依　幸福河湖

【引　言】 平谷全区共有大小河流32条，总长405公里，大小水库9座。纵横交错，遍布平谷大地。近年来，平谷区立足新发展阶段、贯彻新发展理念、坚持"生态立区、绿色发展"不动摇，围绕"一湖两河一带多沟多点"发展布局，实施生态治河，系统修复，坚持河长制治水工作机制和责任制，统筹推进水生态治理保护工作，努力让水"活起来、净起来、美起来、亲起来"，全力打造"林水相映、城水相依、人水相亲"的滨水空间，努力让每条河流都成为造福人民的幸福河。

一、背景情况

平谷区地处北京、天津、河北三个省（直辖市）的交界处，环渤海

---

[*] 北京市平谷区水务局供稿。

经济圈的中心位置，地理位置得天独厚，全区共有河流 32 条，总长 405 公里，大小水库 9 座。河流纵横交错，遍布平谷大地，均隶属海河流域蓟运河水系。洳河是平谷的母亲河，境内全长 54 公里，承担着防洪排水兼风景景观河道的重要职能。洳河流域水系发达，呈扇形分布，较大支流有将军关石河、豹子峪石河、黄松峪石河、鱼子山石河、太务石河、泃河、龙河、金鸡河等。丰富的河湖水资源，对保障人们生产、生活，维系平谷的生态资源发展发挥着至关重要的作用。

洳河新城段（上纸寨—泃河汇入口）全长 20 公里，行洪主河道长约 11.28 公里，3 个河湾河道长 8.7 公里。河道大多为自然发育，局部河段转弯半径小，水流条件差，河道上开口狭窄，局部河道存在较严重的水毁现象，建（构）筑物年久失修，基础设施不完善，防洪标准不满足新城防洪要求。加之近年来水资源短缺，河床裸露，河道断面萎缩，污水排放和垃圾污染等问题没有得到有效管控，严重影响了河湖生态环境，制约了平谷的发展，解决河湖问题迫在眉睫。

2012 年以来，平谷区分阶段开展洳河治理和生态修复。洳河新城段（上纸寨—泃河汇入口）是洳河治理任务的核心部分，工程量占比最大。河道按照 20 年一遇洪水位基本不淹没主要雨水管出口内顶设计，50 年一遇洪水标准筑堤，河道河底宽 140 米，河道上开口宽 230 米，上开口左、右岸各占地约 30 米布置绿道和堤顶。工程结合生态自然设计理念，优化尊重原有河道流向的自然形态，通过河道疏浚、堤防填筑、景观绿化、巡河路建设等综合措施，增强河道行洪能力，改善水生态环境。通过建设橡胶坝，梯次拦蓄来水形成景观水面。建设污水截流管线，将直排入河污水引入污水处理厂，处理后通过再生水管线回补河道，与湿地公园水系连通，作为景观用水；在河道内种植水生植物净化水质，对岸坡、滩地进行绿化，在河道两岸滩地建设人行步道、环河建设休闲绿道，实现河道景观生态功能；吸引广大市民前来"打卡"，市民"伴着河流骑回家"的美好愿景得以实现。为"一湖两河一带多沟多点"发展布局创造了良好条件。

二、主要做法和取得成效

(一) 推进由工程治理向生态治理转变

遵循水流的自然规律，减少铺装硬化，结合生态需要、产业需求，力求河道治理生态化、景观化、休闲化、产业化。提升蓄水能力，改善水生态环境、服务区域发展总布局。洵河新城段治理，突出"五个结合"，实现河道防洪和生态效益。

一是与园林绿化相结合。在规划设计阶段，与滨河森林公园、林网景观相结合，建成林水相依、城水相依、人水相亲的生态新城。

二是与绿道建设相结合。将河道治理与绿道建设同步规划设计，同步实施。堤顶巡河路与城市绿道相结合，沿水带岸边，种植适应能力强、观赏性好的绿树、鲜花，建设环城林水绿道，串联起平谷区森林公园、体育健身中心等公园、健身场所。

三是与湿地公园建设相结合。利用河道周边天然地形条件建设城北、城东和城西南三处大的湿地公园，河道与湿地公园水系连通，既可为湿地公园涵养补水，也达到净化水源的效果，极大地提高区域水资源和水环境承载能力，支撑区域经济发展。

四是与截污、治污相结合。沿河铺设截污管线，治理沿河排污口，实现污水不入河。经过处理后的高品质再生水回补河道，作为河道景观和市政绿化用水，增加可利用水量。

五是与文旅产业相结合。结合生态治河，启动实施绿道贯通项目，通过在河道沿线桥下新建堤坡步道和栈桥步道，连接上下游现状绿道，不断增强步道"运动＋""文旅＋"等复合功能，让市民"伴着河流骑回家"的美好愿景得以实现。沿河建设观花、沿途亲水、融入自然的原生态休闲驿站和休憩平台，为休闲产品赋予文化内涵，丰富河道休闲功能、方便市民运动健身，也为承办高水平体育赛事奠定坚实基础。通过赛事融合旅游产业，带动经济发展，助推洵洳河休闲经济区建设发展。

(二) 推进工程建设向全面提升流域治理监管能力转变

全面落实习近平总书记"节水优先、空间均衡、系统治理、两手发力"治水思路，充分发挥河长制治水工作机制和责任制作用，从河流整体性和流域系统性出发,加强规划引领,强化空间管控,坚持水岸共治,全面系统提升流域监管能力。

一是坚持规划引领,科学编制河湖水生态空间管控规划。以划定涉水生态空间、优化水利基础设施空间布局、推进水生态系统保护修复为重点,以强化涉水空间管控和保护为抓手,在划定河湖管理保护范围的基础上,完成全区32条河道9座水库水生态空间管控规划编制;完成洵河、泇河2条河道5座水库管理范围钉桩,全面加强河湖水生态空间管控。

二是科学调蓄水资源,复苏河道水生态。牢固树立"保安全、多蓄水、复生态、构水网"四个目标,抓住近两年降水丰沛的有利契机,最大程度实现水库多蓄水,通过开展水资源调度,复苏河道基流,回补地下水。2021年以来,累计向洵、泇河生态补水2.55亿立方米。河湖有水面积达到15.85平方公里,地下水水位实现突破性回升,较历史最低值回升约21.5米,洵河西沥津段复现1995年以来的生态基流。

三是加大污染防治力度,保护河湖水环境。通过吹哨报道机制,加大联合执法力度,对河湖周边违法建筑进行拆除,严禁农家院、宾馆饭店等污水直排入河入库。持续推进农村污水治理,加大污水管网收集力度和处理设施建设,提升河湖周边污染防治能力。"水中大熊猫"桃花水母、"鸟中大熊猫"中华秋沙鸭、"空中老虎"白尾海雕等指示性物种陆续现身平谷河湖,流域生态环境持续向好。

四是加强源头治理,实现清水入河入库。统筹山水林田湖草沙系统治理,以水源保护为中心,构筑水土保持"三道防线"(生态修复区、生态治理区、生态保护区),实施生态清洁小流域综合治理,采取水保造林、梯田整修、库滨带治理等水保措施,涵养水源,治理水土流失。多年来通过系统规划治理,全区累计治理生态清洁小流域48条,治理面积超700平方公里,全区水土保持率达到86.69%,实现清水下山、净水入河入库,涌现出"大美黄松峪""景秀清水湖"等一批山清水秀、生态优美的小流域。

五是夯实河长工作职责,打造幸福河湖。充分发挥河长制机制和责任制作用,以"机制"带"体制",督促部门履职,河长尽责,分级分段压实治水管水责任，推进水生态环境持续改善。近年来，通过集中开展"清河行动""清管行动"，重点河湖增殖放流，压茬推进"平谷区亲水环境提升百日行动""河湖垃圾清理整治专项行动"，加强宣传教育，强化综合执法保障等综合措施，全面提升亲水空间品质。金海湖、西峪水库等8个河湖入选北京市优美河湖，成为市民心中的幸福河湖。

三、经验启示

（一）积极践行习近平生态文明思想，抓源头、转观念、强联动

一是构建了治水管水新模式。以河长制为平台，充分发挥河长的统筹协调作用，建立部门间协作机制。市级河长高位推动，区级河长率先垂范，带头巡河，统筹上下游、左右岸，协调解决河湖重点难点问题。镇村级河长身体力行，切实担当治河、护河的责任。建立部门间协作机制，建立"河长＋警长＋检察长"联动机制，聘请退休老干部担任社会监督宣传员、邀请小学生担任"小河长"带动身边人共同参与河湖治理管护，形成了齐抓共管的工作格局，实现了河湖从"多头管"到"统一管"、从"管不住"到"管得好"、从"多龙治水"到"合力治水"的转变。

二是转变了治水观念和方式。牢固树立"绿水青山就是金山银山"理念，坚持"用生态的办法解决生态问题"，持续推进治水观念方式的根本性转变。推进由单一治河向水岸共治转变，由河道治理向沟渠坑塘等"毛细血管"延伸，向城乡居民感受得到的水体环境延伸转变，同时注重统筹山水林田湖草沙自然生态各要素。推进由工程治理向注重生态治理转变，坚持科学治水，按照水生态空间管控要求对河湖问题分类研究，推进由粗放治水向精细化治水转变。

（二）始终坚持目标问题导向，突出抓关键、强责任、提质量

始终把水环境治理作为检验群众满意度的一个重要标尺，牢牢把握"水少"的基本区情和"水环境提升、水生态复苏"的根本目标，着力发挥河长作用，落实党政领导河湖管理保护主体责任。坚持标本兼治，系统实施治污、治河等综合措施，完善河湖长效管理保护机制，持续打好碧水攻坚战，全面提升、改善水生态环境，提升人民群众的获得感和幸福感。

（三）不断完善监管制度措施，抓重点、强监管、补短板

牢牢把握人民群众对水资源、水生态、水环境的需求与水利行业监管能力不足的主要矛盾，全面监管"盛水的盆"和"盆里的水"。依法划定河湖管理保护范围，集中力量解决乱占、乱采、乱堆、乱建等问题，严格水域岸线管控。全面开展取用水管理专项整治行动，启动"取水、供水、用水、排水"全链条数据监管体系建设，建立科学管理制度，不断推进河湖治理体系和治理能力现代化，努力让每条河流都成为造福人民的幸福河。

（执笔人：李春梅　王淼）

一湾清水托起复兴梦

——河北省邯郸市复兴区全域幸福河湖建设的探索与实践[*]

【摘　要】 2017年起，复兴区相继组织实施了沁河生态文化旅游片区建设，渚河、输元河河道综合治理，多源引水和水系连通及水美乡村建设四大工程，累计拆除散乱污企业1100余家，拆除河库周边各类违建300余处，约39万平方米，实现了全域违建清零。在幸福河湖建设过程中，复兴区委、区政府坚持规划先行、高标准定位、因地制宜、精准施治的工作原则，确立以生态性、自然性、野趣性、乡土性为基本思路，对沁河、渚河、输元河进行高标准设计和治理，打造了沁河郊野公园、渚清园、渚芳园、渚兴园、输河园等多个滨水空间，同时将河流治理与乡村振兴紧密结合，深度开发农旅融合产业，打造休闲康养特色产业，丰富旅游业态，使人民群众对河湖的幸福感、获得感得到显著提升，有力推动了经济社会协调、持续、健康高质量发展。

【关键词】 复兴区　河流治理　全域幸福河湖

【引　言】 邯郸市复兴区探索实施全域幸福河湖建设，以沁河、渚河、输元河为代表，以全面深入落实河长制为抓手，通过拆乱治违、清淤疏浚、岸线整治、生态修复、水系连通及水美乡村建设，河流治理成效显著，水生态环境切实改善，带动群众增产增收，促进区域经济高质量发展。

一、背景情况

1959年9月，毛泽东主席视察邯郸时指出"邯郸是要复兴的"，复兴区因此而得名。复兴区位于河北省南部，邯郸市主城区西部，处于太行山向华北平原过渡地带，区辖1个镇、2个乡、8个街道办事处，共有74个社区、41个行政村，人口37万，区域面积137平方公里，是典型的浅

---

[*] 河北省邯郸市复兴区水利局供稿。

山丘陵地貌，煤、铁等矿产资源丰富。

复兴区境内有"三河三渠八库一湖"，有塘坝18座，泉眼10余处。三河分别是沁河、渚河、输元河，均属海河流域子牙河水系滏阳河支流。其中沁河是贯穿邯郸市东西的一条排洪泄沥河流，在复兴区长度30.6公里，流经8个乡镇（街道），36个农村（社区），被誉为复兴区的"母亲河"。渚河发源于复兴区，在复兴区长度23.7公里，流经5个乡镇（街道），14个农村（社区）。输元河是邯郸市重要的行洪河道，在复兴区长度1.6公里，发源于紫山，经丛台区入北湖，流经1个乡镇、1个村。

2017年，邯郸市委、市政府提出了在复兴区建设邯郸市西部生态屏障的宏伟蓝图。复兴区委、区政府紧紧围绕这一蓝图，依托"山水林田湖草"俱全和浅山丘陵错落有致的自然禀赋，提出了建设"邯郸西部现代化生态新城"的宏伟目标。但是复兴区作为邯郸市的传统工业区，辖区内聚集了重工业企业500余家。严重的工业污染，让老百姓整日头顶灰蒙蒙的天，晴天一身尘，雨天一身灰，一些居民举家搬离。面对这种情况，时任区委、区政府主要领导痛定思痛，压减过剩产能，淘汰落后产能，整治"散乱污"企业，开展国土绿化，治理全域水系，完成了从"工业污染区"向"绿色生态区"的华丽蝶变。

2017年起，复兴区先后实施了以沁河为代表的沁河源生态文化旅游片区建设，渚河、输元河生态修复工程，水系连通及水美乡村建设。多个项目的压茬推进，使复兴区域内所有河流得到全面系统治理并实现了各水系之间的有效连通。

一是以壮士断腕的决心开启沁河蝶变之路。在沁河拆违整治中，累计拆除散乱污企业861余家，拆除河库周边各类违建270余处，实现了全域违建清零。为沁河的系统治理拆出了空间、腾出了土地，开启了全域幸福河湖建设的第一步。

聘请国内一流专家团队，共同探讨沁河修复治理方案。按照"五湖连珠·一带碧水映邯郸，九曲沁河·二十里风景画廊"的设计思路，确立以生态性、自然性、野趣性、乡土性为基本思路对沁河进行高标准设计和治理，历经三年自主投资4.25亿元，清淤15.3万立方米、拆违38万平方米、植树5万多棵、绿化2.3万亩、治理河道12公里。如今的沁河，呈现出"山水林田湖、村在景中、人在画中"的生态田园景象。

二是以春风拂面的柔情开启渚河、输元河城区段生态修复之路。2020年复兴区自主投资1亿元，争取上级黑臭水体整治专项资金8000万元，对渚河、输元河主城区段进行生态修复，按照"全面统筹、系统治理、科学施工、人文共建"的治理理念，通过河道清淤、河床开挖、岸线整治、生态修复整治河道13.4公里。在治理过程中，建设了渚清园、渚芳园、渚兴园、输河园四座城市滨水空间，为两岸居民提供了休闲放松的好去处。

三是以时不我待的紧迫感开启全域水网建设之路。按照"一轴二源三廊四区五点"的水系整治总体布局，实施水系连通及水美乡村建设项目，对域内所有未治理河道进行治理。2021年11月，复兴区被水利部列为2022年全国水系连通及水美乡村建设试点县，对区域内的邯武快速路以南、南水北调中线以西的未治理的农村河段进行治理，项目总投资3.6亿元，治理河道长度30公里，实现了打通河湖治理"最后一公里"目标。

复兴区委、区政府在绿色转型之路上，把水环境治理、水生态可持续发展理念融入建设邯郸西部现代化生态新城中，把全域水网、全域幸福河湖建设当作重要的任务统筹考虑、统筹推进，全力打造百里生态带、沿河产业带、休闲观光带、复兴百姓幸福带。

二、主要做法

（一）建章立制，凝聚治水合力

在区、乡、村三级河长巡河护河的基础上，探索鼓励社会公众参与治河、护河工作。推行沿河河道企业认领制，建立护水联盟志愿服务队和河道义务监督队。引进专业河湖管护第三方对河流进行全方位管护。出台河道环境举报奖惩制度和水环境监管网格化巡查制度，定期发布美丽河湖"红黑榜"，公布河湖问题及处理情况，宣传巡河护河典型经验做法。

（二）清乱拆违，夯实治水之基

2017年起，累计拆除沁河、渚河、输元河周边散乱污企业1100余家，拆除沿河库周边各类违建300余处，约39万平方米，实现全域违建清零，为复兴区全域幸福河湖建设拆出了空间、腾出了土地、打下了基础。

（三）科学谋划，打响治水之战

1. 逐步发力，打造全域幸福河湖

一是实施沁河河道综合治理。2017年初开始，复兴区历经三年自主投资4.25亿元对沁河进行高标准设计和治理，于2020年9月全面完工。同年沁河复兴区段被评为"河北省秀美河湖"。二是实施渚河、输元河生态修复工程。2020年9月开始自主投资1亿元，争取上级资金8000万元，同时对渚河、输元河城区段进行治理打造，整治河道13.4公里，于2022年1月全面完工。三是实施水系连通及水美乡村建设工程，对域内所有未治理河道进行治理。项目总投资3.6亿元，治理河道长度30公里，实现打通河湖治理"最后一公里"。目前该项目已完成投资2.2亿元，计划2023年10月底全部完工。

2. 多源引水，呵护河流生态基流

一是实施引漳济沁工程，每年约1400万余立方米水汇入全区水系脉络。二是引疏干水变废为宝，修建金元铁矿与沁河连通的疏干渠，每年约300万立方米水汇入沁河。三是引中水打造景观，每天西污水处理厂约5万立方米中水经处理后汇入沁河，实现区内河流常年有水。

3. 明确边界，强化河流空间管控

一是对河道管理范围划界树桩，对域内沁河、渚河、输元河及八座水库进行管理范围划定。二是出台《复兴区河道及水工程管理办法》，明确河道管理范围和职责、河道整治与建设、河道及水工程保护与清障等具体要求。

（四）以水定产，发挥治水之效

按照"水流到哪儿、道路修到哪儿、景观打造到哪儿，产业发展到哪儿"的河湖治理思路，将河流治理与乡村振兴融合，发展沿河产业，采取招标、承包等形式，吸引社会资本参与，打造康养特色产业和休闲农业。中标企业负责相应河段运营管护，目前沿河特色产业已初具规模。依托水系连通和水美乡村建设，充分发挥全区90%以上行政村依河而建的优势，深度开发沿河农旅融合产业，带动农家乐、民宿等旅游产业蓬勃发展，促进农民致富、乡村振兴。

三、取得成效

（一）提高了河道行洪能力

通过清淤疏浚、扩挖河道，复兴区境内三条河流行洪通畅、水量充沛、河湖岸线生态合理，在2021年7月11日、2022年7月21日两次大暴雨中，三条河流均未发生毁堤、垮坝等事故，成功守护了邯郸市防汛抗洪西大门的安全。

（二）改善了水生态环境

通过岸线整治、生态补水，沁河、渚河、输元河三个市考断面水质，自2020年从Ⅳ类水提升为Ⅲ类水后，连续三年水质稳定在地表水Ⅲ类以上标准。随着生态系统与生物多样性的恢复，被誉为"鸟中大熊猫"的全球濒危鸟类——震旦鸦雀现身沁河。

（三）助力了乡村振兴

随着水生态环境的不断改善，复兴区吸引了越来越多的企业考察投资生态农业项目。德丰都市农业休闲园、元宝枫产业、中草药种植基地、朝露玫园等项目实现收入过亿元，带动周边农民增收上千万元。

治理后的沁河——青年桥

（四）提升了区域竞争力

串联 23 个村庄的沁河郊野公园，成为人们节假日的休闲旅游目的地；占地 2 万亩的康湖生态文明示范区，成为举办健步走、自行车赛、马拉松各种赛事的好去处。沁泉、康庄渡槽等多处河湖景点成为热门的网红打卡地。复兴区每年吸引游客达 70 万人次，带动旅游消费近亿元。

治理后的沁河——康河村段

治理后的渚河——酒务楼村段

四、经验启示

(一) 领导重视，河长制落实是关键

区级总河长把河湖治理和河长制工作列入区委、区政府的主要议事日程，亲自安排部署，亲自督导落实，有效调动整合了全区力量治河护河，高效推进了河湖治理的工作进程。

(二) 高标定位，持久攻坚是核心

坚持高位规划，精准治理，坚持"路网、水网、绿网"三网同治，把全域水网建设、全域幸福河湖建设作为西部现代化生态新城建设的重要抓手来推进。

(三) 项目支撑，资金保障是抓手

区水利局、区农业农村局、区城管局、区生态环境分局等河长制责任部门，积极争取上级资金和专项债券，申请上级资金、专项债券共计9.65亿元，县财政配套资金近2亿元，有力保障了河道生态修复综合治理项目与幸福河湖建设的资金需求。

（执笔人：张伟芳）

坚持"三抓"齐发力
促进桃河漾碧波

——山西省阳泉市城区推进桃河段幸福河道创建案例*

【摘　要】　自全面推行河长制以来，阳泉市城区深入贯彻落实"绿水青山就是金山银山"的绿色发展理念，以创建幸福河湖为目标，根据桃河下游段的水环境情况，以河定治理之策、施治理之措，做好"面线点"结合文章，推进"治用保"系统治理，健全"联引督"工作机制，努力使桃河实现"河畅、水清、岸绿、景美、人和"，与传统古村落交相辉映，让美丽良好的生态产生应有的效益，服务了乡村振兴，推进了转型发展，造福了城区百姓。

【关键词】　河湖管护　幸福河湖　系统治理

【引　言】　桃河，原名"扑猪河"，因桃花盛开季节，河面经常浮着桃花，遂改名为"桃河"。古时桃河水源丰富，林草丛生、水鸟纷飞，原始生态景观秀美。随着人口不断增多，土地无序开发利用，桃河生态遭到破坏，特别是2017年以前，沿河村庄的群众，周边的建筑工地都将桃河下游当作天然"垃圾场"，生活垃圾、建筑垃圾随意倾倒，黑臭水体肆意排入，河道生态环境不断恶化。为唤回水清岸秀，阳泉市城区围绕"建设人民满意的幸福河湖"这一主线，以补齐防洪薄弱短板、加强生态保护修复、增强河流管护水平、彰显河流人文历史、提升便民景观品位为抓手，统筹谋划推进桃河系统治理与管理保护，尽力打造出"山水相融、生态涵养、文化彰显"的美丽城区。

一、背景情况

桃河，是阳泉的母亲河。2003年，阳泉市委、市政府对桃河市区段

---

* 山西省阳泉市河长制办公室供稿。

进行了集中整治，建成了桃河公园。但从白羊墅大桥以下，未进行系统整治。由于河道没有专人管理，河道周边村庄污水乱排，市区及桃河周边村民随意倾倒生活垃圾，一些企业随意在河道内倾倒建筑垃圾，河道脏乱差现象极为严重，不仅严重影响河道行洪安全，也造成河道水环境质量长期为劣Ⅴ类。

2017年5月以来，城区区委、区政府以推进河长责任落实为抓手，创新治水体制机制，突出水环境提升，确定了岸上、岸下一体打造，治乱、治污整体推进的幸福河湖创建工作思路，结合小河村AAAA级景区打造，积极推进控源截污、清疏修缮、长效管理三项工程，由单纯的治河，向河、村全域美化、优化发展推进，让桃河再现了"一条大河穿城过，太行山下白鹭飞"的诗意水景。

二、主要做法及取得成效

（一）"面线点"一齐抓，"有事找河长"成干群共识

桃河下游河道脏乱差，最根本的原因就是没人管。2017年，城区区委、区政府以全面推行河长制为契机，实行"党政同责、部门协同、全民参与"的河长制工作机制，着力构建全覆盖、无缝隙、齐参与的河道管理工作格局。

一是在"面"上条块共治。建立健全以党政领导负责制为核心的河长责任体系，完善了"河长＋河长助理＋河警长"工作模式；完善由农业农村、发改、教育、公安、民政、司法等15个部门组成的河长制联席会议，定期召开专题会议，构建了党政牵头、部门联动、群众参与的齐抓共管治水责任链，变"九龙治水"为"一龙治水"，守河有责、守河担责、守河尽责成为共识，各级河长认河、巡河、治河形成常态，河长制成员单位责任明确到人，工作任务逐级落实到位。

二是在"线"上水陆同治。按照岸上保洁和水中清洁一体的原则，将河道纳入农村人居环境整治，统筹推进农村生活污水治理、黑臭水体治理、农业面源污染治理、河道"四乱"治理，到2022年年底，累计改造卫生户厕2671座，清理整治路面污水17处，消除黑臭水体4处，规模养殖场畜禽粪污收集处理设施装备4处，全区农村卫生厕所普及率达到

100%，规模养殖场畜禽粪污收集处理设施装备配套率达100%，畜禽粪污综合利用率达到98%以上。桃河河道沿线的农村生活污水、畜禽粪污实现了全收集、全处理、零污染、零排放。

三是在"点"上群管群治。坚持"人民河道人民建、建好河道为人民"的工作理念，激发群众参与意识，创新实施了微网格管理，着力构建"河长+巡河员"责任体系，将桃河城区段划分为24个河段，落实区、镇（街）、村（社）三级河长，组建了基层巡河员队伍，设立64名巡河员。2022年以来，城区共开展各类巡河护河活动13次，巡查发现并解决问题14个，河长和巡河员互相补位，齐心协力抓好责任河流，有力促进了河道干净整治。

（二）"治用保"一齐抓，"治乱"到"治病"实行系统攻坚

坚持系统治理思路，强化问题导向，从"四乱"整治到综合开发利用，城区认真做好"治理""使用""保护"结合文章，提升了幸福河湖创建成效。

一是聚焦问题抓"治理"。常态化推进河道"清四乱"，突出沿河违建、黑臭水体、入河排污口"三项整治"重点，确保河畅景美，累计清理各类垃圾5.6万立方米，拆除了沿河违建5处300余平方米，平整河道内场地1600余平方米，新建防护网8公里。

二是聚焦振兴抓"使用"。以水利工程建设为核心，以沿岸文化为纽带，统筹推进桃河幸福河道创建、小河AAAA级景区创建、旅游休闲深度融合、联动开发，一体打造堤、路、景，努力展现桃河生态之美、人文之美、生活之美、发展之美。实施了白羊墅湿地公园建设工程，在义井河入河口，围绕原有水系，建设了全长3.25公里的慢性亲水观光步道，构建综合服务区、生态水岸区、休闲游乐区、园林景观区等，串联南北两岸，使项目内形成三季有花、冬季透绿、景色各异独具特色的北方生态景观。实施了幸福河湖+小河AAAA级景区联建工程，串联了白羊墅湿地公园、石评梅纪念馆、石家花园、关帝庙、观音庵、水上游乐中心、中华第一斜深井等旅游景点，融合历史文化、红色景点、山西大院等特色资源，进一步拉长生态旅游、乡村旅游产业链条，放大农旅融合、文旅融合、水旅融合叠加效应，群众的认同感、获得感、幸福感进一步增强。

三是聚焦和谐抓"保护"。进一步强化对桃河的生态保护，城区从严对各类工程的审批管理。同时，加大投入力度，争取专项债券3.4亿元，实施了娘子关泉域保护治理等工程，对桃河下游主河道及小河、瀑里支流进行了系统整治，共对河道清淤3万余立方米、新建及加固堤防4.8公里、安装防护网6公里，在桃河沿线新建了景观步道，河道生态环境的改善，吸引了白鹭等多种鸟类栖息、戏耍，成为了一道美丽风景线。

（三）"联引督"一齐抓，护水"四梁八柱"全面筑牢

将幸福河湖创建作为一项重大生态工程、民生工程，定目标、建制度、创机制、勤督查、严考评，实现制度建设与责任落实同向发力，确保幸福河湖创建提质增效。

一是实行协调联动机制。探索构建行政执法与检察监督合力推进河湖治理的新机制，印发了《"河长＋检察长"工作机制实施方案》，组建了"河长＋检察长"工作机制联络办公室，加大对群众反映的毁河污河等违法问题的查处力度。2020年、2021年，全区共开展联合执法30余次，查处桃河倾倒垃圾、随意建设情况2次，极大地震慑了河道违法行为。2022年至今，桃河河道随意倾倒垃圾、违规建设等情况再未发生。

二是强化宣传引导机制。开展了"关爱河湖，保护母亲河"巡河护河和"万人护河，助力'一泓清水入黄河'"等系列宣传活动，发放各类手册10000余份、制作宣传版面20余个。通过会议、广播、黑板报等传统媒介和微信、QQ等新兴方式，多渠道、多角度开展创建"幸福河湖"宣传，悬挂条幅60余条，黑板报14个，村级大喇叭经常性开展创建"幸福河湖"宣传，引导了更多的企业、市民、志愿者参与、监督"幸福河湖"创建工作，把保护环境变成全社会的自觉行动。

三是抓好督导考核机制。区河长办每周定期和不定期对桃河城区段进行巡逻检查，发现问题及时下发整改通知，限期整治到位。坚持一周一调度、两周一通报、一季一督导、年度一考核，对发现的先进典型及时表扬、成功做法及时推广，对工作不力的进行严肃批评和问责，力促河长制不走过场、不流于形式，确保各项工作落实落地。

三、经验启示

（一）创建幸福河湖，必须掌握实情、因河施策

没有调查，就没有发言权。调查研究是我们党的优良传统，是正确决策的基础，也是创建幸福河湖必须下的基本功。在城区推进幸福河湖创建工作中，区总河长始终把深入一线、掌握实情、因河施策作为开展工作的前提和基础，经常性深入桃河实际巡察，针对性研究制定河道治理工作思路，不仅掌握了第一手资料，也让群众感受到了党和政府创建幸福河湖的决心，提升了创建成效。

（二）创建幸福河湖，必须紧盯问题、对症施策

河道环境问题由来已久，涉及方方面面，只有各级河长紧紧聚焦问题，坚持实干至上、行动至上，做到担当有为、奋勇争先，才能调动社会方方面面主动参与创建工作。在推进桃河城区段幸福河道创建中，城区紧盯河道突出问题，抓具体、抓落地、抓落细，从"治乱"到"治病"系统攻坚，绘就了"一条大河穿城过，太行山下白鹭飞"的生态美景。

（三）创建幸福河湖，必须协调各方、系统治理

创建幸福河湖不是一个部门、一个人的事，需要多方参与，系统治理，才能取得实效。这几年，城区认真贯彻落实习近平总书记在黄河流域生态保护和高质量发展座谈会上的讲话精神，注重协调区直相关部门、市直相关部门、市区执法机构等力量，努力形成共同治河的工作合力。同时，坚持山水林田湖草综合治理、系统治理、源头治理，封闭沿线入河排污口，确保水体质量；丰富植被绿化，提升河湖环境质量；上下游、干支流、左右岸统筹谋划，坚持自然、系统修复，完善设施、丰富功能。通过走生态绿色发展的新路子，使桃河河道真正变成了绿色发展的生态之河、城市转型的活力之河、造福人民的幸福之河。

（执笔人：李永幸　叶瑞平）

建设幸福河湖　唱响流水欢歌

——辽宁省本溪市本溪县小汤河综合治理为县域经济协调发展点燃新引擎[*]

【摘　要】　本溪县深入贯彻习近平生态文明思想，积极践行"绿水青山就是金山银山"的发展理念，充分发挥河湖长制的制度优势，针对流域治理规划不深、统筹协同不强、基础配套不够、生态产品特色不足等问题精准施策，统筹推行山水林田湖草一体化系统保护、综合治理、协同开发，以小汤河综合治理为先行试点，坚持源头河口、水下岸上全面整治，治理一条河，促进一域繁荣，形成了河水长清、岸绿连片、美景成串的宜业宜居、充满生机的幸福河湖景象。

【关键词】　综合治理　统筹联动　治水兴业　幸福河湖

【引　言】　本溪县以小汤河流域综合治理为抓手，以全面推行河湖长制为平台，针对流域治理规划不深、统筹协同不强、基础配套不够、生态产品特色不足等问题精准施策，全面提档升级，打造县域中小河流域幸福河湖建设典型示范工程。本案例主要总结了该县推进小汤河综合治理的成功经验，旨在为遍布广大农村地区的中小河流治理保护与开发利用提供借鉴。

一、背景情况

小汤河是太子河本溪县境内左岸较大的一级支流，全长58公里，流域面积480平方公里，小汤河流域山区地貌特征明显，多年平均降水量950毫米。小汤河中游建有关门山水库，总库容7661万立方米，坝址控制流域面积176.7平方千米。小汤河流域是本溪"枫叶之都"的中心和本溪市太子河"百里生态水长廊"项目总体规划布局中的重要组成部分。本溪县在推进小汤河流域综合治理过程中遇到过诸多矛盾问题，如开发

---

[*]　辽宁省本溪市河长办供稿。

全域旅游产业与河湖生态环境保护的矛盾，治山治水公益性投入与项目实体追求经济效益的矛盾，以及推动项目开发与公益性基础设施一体投入、一体推进的挑战。

　　党的十八大以来，本溪县县委、县政府深刻领悟新发展理念的科学内涵，坚持机制创新、区域协同、产业绿色、市场开放、成果共享理念，全面提升城乡协调发展水平，增强人民群众的幸福感和获得感。"十二五"时期，小汤河流域着力推动重点项目开发建设和重点河段防洪治理，县城段河道防洪标准基本达到50年一遇，建成关门山森林公园国家5A级风景名胜区、关门山水库等3处国家4A级风景名胜区。"十三五"时期，以全面推行河湖长制为契机，小汤河治理重心从工程建设向生态健康管护转变。改造建设污水处理厂2处，升级改造小草线生态风景路，实施农村"厕所革命"、测土配方施肥及禁养区规模畜禽养殖场关闭或搬迁等举措。"十四五"规划启动后，本溪县对小汤河防洪提升、生态复苏、智慧化管理体系建设进行了整体规划，着力打造幸福河湖典型示范工程。2022年启动实施小汤河防洪治理工程，计划投资1.93亿元，治理河长48.33公里，防洪提标和生态修复岸线25.55公里，建设孪生河流信息化数据管理系统。工程将于2024年完成建设任务，小汤河流域生态和防洪将得到质的提升。

小汤河一期防洪治理工程（小市镇磨石峪村朴堡段）前后对比

二、主要做法和取得成效

（一）主要做法

本溪县深入贯彻落实习近平新时代中国特色社会主义思想和习近平生态文明思想，贯彻落实习近平总书记关于深入推进东北、辽宁振兴的重要讲话和指示批示精神，坚持解放思想、统筹谋划、凝心聚力、攻坚克难，全力推动县域经济绿色转型、更优更大发展，在统筹推进小汤河流域生态文明与经济建设方面作出了一篇好文章。

1. 理清思路、高位推动，统筹推进生态保护与经济发展

本溪县委、县政府深刻领悟习近平生态文明思想的"两山"转化理论，弄懂吃透开发与保护的辩证关系，确立了保护为先、科学开发、造福百姓、增进保护的小汤河流域综合治理，打造生态示范带、旅游观光带、富民产业带、水景宜居带、文化传承带的总体思路。县委、县政府主要领导亲自挂帅，成立统一的组织领导机构和多个实体项目推进专班，明确了10个县直部门和县直单位的目标任务，加强督导考核，以有力的领导保障、组织保障、制度保障，推动小汤河县域经济主体功能区建设各项任务落细落实落到位。

2. 整合资源、融合发展，统筹推进项目开发与河湖治理

围绕小汤河流域综合治理，本溪县整合发展改革、水务、生态环境、农业农村等各方资源，以打造小汤河旅游精品风景线为统领，进行了统一规划布局，深度挖掘和利用滨河历史文化、治理成果、生态优势，一体推进河湖治理，打造生态、环保、健康、文化、休闲、运动、安全的沿河风光廊道。目前，小汤河沿线已创办投资亿元以上的绿色产业项目8家、小型服务产业项目20余家。花溪沐旅游度假区、汤沟温泉小镇、县城河景住宅小区、沿河商业街区开发等涉及河湖环境治理的工程纳入项目统一规划建设。

3. 引进资本、开放搞活，统筹推进政府主导与市场驱动

坚持政府主导和市场驱动两手发力，积极争取国家在水利、生态等基础设施方面的政策资金支持，实行县级领导包重大项目的包保责任制，通过政府公共服务配套投入撬动社会投资。目前，引进域外的9家企业正

在沿河规模开发。其中，花溪沐国家级旅游度假区投资 10 亿元，文化旅游生态产业园、绿石谷景区、溪谷温泉小镇等项目投资 7.2 亿元，中药材精深加工、光伏产业和鲜食玉米生产线等项目引资 5.25 亿元，关门山水库全国水利风景区高质量发展典型案例引资 1.8 亿元。

本溪关门山水库水利风景区

4. 完善机制、上下联动，统筹推进生产活动与河湖健康

全面推行河湖长制以来，本溪县在小汤河建立并完善了一套长效的工作机制，对沿河村屯环境卫生、个体经营摊点、规模化产业等进行有效监管，有力地保证了河湖生态健康。一是建立了县至组四级河长监督机制。把村民组长纳入河长管理体系，把河湖环境保护纳入村规民约，加强宣传引导，打通河湖管护"最后一公里"。二是建立了河道环境卫生长效保洁机制。将河道保洁纳入村镇环卫一体化管理，经费由财政预算予以保证。三是建立了工程建设过程中的施工管理责任机制。加强施工过程管理，采取洒水降尘，尾气检测、固体废物回收等措施，减少工程建设对环境的破坏；工程建设结束后，及时对施工区场地进行复绿处理。四是建立了河湖环境保护"认养"机制。与天龙洞、泓景源温泉、峯泽福、花溪沐、野奇山庄等 5 家企业签订河道管护协议，明确责任和义务。五是建立水行政执法与多部门司法衔接机制。实行"河长＋河道警长、

生态检察官、民间河长"模式，对影响河湖生命健康、破坏区域生态环境等行为开展联合执法行动，形成齐抓共管的工作局面。

（二）取得成效

十多年来，本溪县小汤河流域综合治理取得了显著成效，为县域经济社会发展进步作出巨大贡献。

一是聚焦高质量发展，促进县域经济稳定增长。在小汤河流域综合治理过程中，水利、交通及产业项目开发等总投入近50亿元，对县域经济起到了巨大的拉动作用。区域经济年均销售总额约10亿元以上，从业人员近万人。

二是坚持生态示范，推动辽东绿色经济先行区建设发展。绿色产业的开发有效提升了原生态品质，水生态得到进一步修复，从县城河口到源头形成了河水长清、岸绿连片、美景成串的宜业宜居、充满生机的美丽景象。

三是聚焦民生福祉，满足人民群众对社会文化、休闲观光、幸福生活的需求。据不完全统计，小汤河流域各类景点、康养、竞技场所年均接待游客达到100多万人次，所有游客在领略优美壮观大自然风光的同时，进一步提升了生活的幸福感、获得感、满足感。

三、经验启示

本溪县小汤河流域综合治理，坚持河湖治理、生态保护、产业开发统筹推进，建设幸福河湖取得了一定成功经验，给我们带来三点启示。

（一）建设幸福河湖，必须以经济社会发展需求为驱动，以增进民生福祉，满足人们的获得感、幸福感为根本目标

保护河湖生态环境，做活水文章，让人们享受到大地山川河流美景带来的喜乐，是我们治山治水的初心使命。如果只为保护生态，一律限制人类活动，幸福河湖建设就失去了应有的要义。只有解放思想，切实践行"两山"转化理念，才能保证河湖健康生态可持续发展。

（二）建设幸福河湖，应当做到与生态保护、经济建设、市场运作、行业监管四个方面的统筹

河湖治理不能单纯就河治河、单纯以防洪安全标准来治河。河湖空

间历来是人们亲水、崇水的向往，没有河湖生态体验产品供给服务，幸福河湖的"幸福"就没有实际载体。

（三）建设幸福河湖，务必解决好河湖生态环境管护"最后一公里"问题

河湖管护"最后一公里"关系到整条河流的品质，全面实施河湖长制解决了这个关键问题，必须长期坚持并不断强化工作机制。从小汤河目前的监管手段看，在精准化、智能化方面还有欠缺，这也是大多农村地区中小河流管理方面的不足，水利部门应当加强这方面的顶层设计和资金投入。

（执笔人：王玉婷　高志发）

点线面协同推进
构建幸福河湖新图景

——吉林省长春市双阳区实施绿水长廊项目打造幸福河湖[*]

【摘　要】　吉林省长春市双阳区围绕落实全省万里绿水长廊建设总体规划，系统性着眼上级要求、区情实际和发展需要，将"同心同向同力·共创共建共享"作为主题主线，创新提出"以美丽河湖创建幸福家园、以水美乡村引领幸福生活、以生态产业构筑幸福经济"的幸福河湖新模式，通过点上示范、线上引领、面上突破，构建"点线面"协同推进新格局，全区河湖环境持续向好，着力打造成美丽双阳景观带、绿色宜居生态轴、安全保障生命线、高质量发展动力源，全力构建一幅"以水兴城、以水润人、以水富民"的新时代幸福河湖新图景。该模式充分体现了党委领导的重要性、创新实践的必要性、制度模式的创新性、系统推进的有效性，具有一定的学习借鉴和指导意义。

【关键词】　河湖长制　绿水长廊　"点线面"模式　幸福河湖

【引　言】　高质量建设万里绿水长廊是吉林省委、省政府深入贯彻习近平生态文明思想和习近平总书记视察吉林重要讲话重要指示精神，认真践行绿色发展理念，作出的重大决策部署。吉林省长春市双阳区落实万里绿水长廊总体规划安排部署，提出"点线面"协同推进绿水长廊项目建设，全面促进保护水资源、强化水安全、改善水环境、守护水岸线、修复水生态、弘扬水文化、做强水经济，为全省万里绿水长廊提供了可学习、可借鉴、可复制、可推广的示范样板和创新模式。

一、背景情况

2021年吉林省提出《吉林万里绿水长廊建设总体规划》（2021—2035

---

[*] 吉林省长春市双阳区河长制办公室供稿。

年）后，吉林省长春市双阳区委、区政府为全面落实省、市关于万里绿水长廊总体规划的安排部署，快速响应，多次召开专题会议，精细解读相关文件精神，提出规划先行、谋定后动，依托河湖长制全力推进实施绿水长廊项目。为此，双阳区政府投入53万元，由区水利局牵头委托河海大学设计研究院，发挥专业团队优势联合设计，结合区情实际、"十四五"规划，历时一年多的时间编制完成了《长春市双阳区绿水长廊建设总体规划》（以下简称《规划》）。编制规划期间，区委、区政府主要领导多次组织现场踏察、举办研讨会，建议《规划》一定要充分结合城市更新、乡村振兴战略，同时借鉴国内其他城市成功案例。《规划》的出台切实为双阳区的绿水长廊建设工作指明了方向。经过2年多时间创新开展绿水长廊项目建设，累计投资1.9亿元，完成绿水长廊长度69.52公里。

二、主要做法

吉林省长春市双阳区创新建立的"点线面"协同推进绿水长廊项目建设工作模式的核心内容是：一是精绘重要节"点"，彰显富民特质。即在河长办和村党委指导下，鼓励支持企业投资建设美村富民的先进水文化、绿色水经济；二是串联水域岸"线"，打造生态绿脉。即在河长办引导下，全力打造宜居水环境、美丽水岸线，推动水岸同建、水岸同治、水岸同管；三是厚植本底拓"面"，丰富主题公园。即在河长办促动下，创新以EOD新模式（生态环境导向的开发模式）为引领，全力打造优质水资源、健康水生态。这一创新工作模式既与党的二十大精神要求方向一致，更与"生态文明建设"中全省高质量建设万里绿水长廊的目标高度契合。

三、取得成效

近年来，吉林省长春市双阳区在河长办的指导下，实施绿水长廊项目、打造幸福河湖工作，牢固树立系统思维，坚持生产、生活、生态相统一，积极践行创新模式，持续强化河长制力量发挥，全力统筹防洪保安全、优质水资源、健康水生态、宜居水环境、先进水文化、绿色水经济等各项工作，努力让群众拥有更多生态获得感、河湖幸福感。

（一）点上示范——打造双阳区太平镇小石村万龙湖

十年前，太平镇小石村是一个名不见经传的穷山村，尽管背靠小石村水库，以种植玉米、水稻为主，但这里多为山地坡地，大山闭塞了交通，产业结构单一，村集体经济一直很薄弱，是典型的贫困村。近2年来小石村依托河湖长制，致力改善河湖面貌、优化水域生态环境，积极引进万龙集团，投资3000万元打造了以小石水库为核心的万龙湖旅游度假区，围绕小石水库建设了沿河绿廊、环湖花海、观光水田、龙丰果采摘园，改扩建道路2公里、打造特色民宿5个，并以民宅为依托发展农户居家民宿，助力发展乡村旅游，全面构建了"乡村休闲＋民俗＋旅游观光"一条龙的旅游服务体系，不仅让农民不出家门就能开"宾馆"当老板，民宿经济的利润也成为村集体一笔重要的收入来源。这几年小石村的村集体收入快速增长，从最初的5万元跃升至50万元，小石村先后被评为全国乡村治理示范村，吉林省乡村旅游重点村。目前小石村已成为远近闻名的水美乡村。每到春暖花开，周末闲暇时光，都会有很多外来的游人休闲观光，晚上住在民宿，还与村民们在湖边广场一起扭秧歌、吃烧烤、听二人转，呈现一片热闹的景象。"岸上人间烟火气，湖中映月微风吹"，万龙湖的改变开启了小石村的幸福生活。

美丽的万龙湖（小石村水库）

（二）线上引领——打造双阳区石溪河生态景观带

聚焦提升城区形象，有着双阳"北大门"之称的石溪河，是双阳区展示城区形象的重要窗口。早些年，河两岸都是土堤，堤上长满蒿草，堤顶荒草间有行人踩出的小路，河床很宽，浑浊的河水弯弯曲曲如一条线，大片的淤泥上长满杂草，离堤不远是散建的平房区，其间巷道狭窄，垃圾露天，典型的城郊状貌。近年来，双阳区结合绿水长廊建设深度谋划打造石溪河生态景观带一、二、三期工程。2022年一、二期工程竣工投入使用，相继开展石溪河全民上冰雪、正月十五百万烟花秀等活动，推动全民畅享水岸娱乐生活。同时，目前石溪河正在全力实施三期工程改造后的石溪河景观带正逐步被打造成全线贯穿运动、娱乐、休憩多节点的群众休闲新空间和夜景打卡新IP。现如今，投资1.28亿的石溪河三期景观带即将竣工。竣工后的石溪河夏天波光粼粼、清澈见底，游人时常驻足拍照，两岸健身步道、体育器材应有尽有、不断满足群众健身休闲需求，岸边咖啡屋、啤酒屋灯火通明、顾客爆满、歌声绕梁，各类美食小店激活了地摊经济，端午节赛龙舟激烈角逐、劈波斩浪，演绎了一幕幕速度与激情，成为居民休闲健康新场景、万人齐聚的好去处；冬天举办冰雪季活动，更是将冰雪产业与休闲双阳、全域旅游有效衔接，通过开发冬季旅游产品，补充丰富儿童乐园、冰雪项目、雪地摩托等全新旅游业态，真正使石溪河成为双阳冬季生活的新亮点，这些都为双阳百姓呈现了"春有百花秋有月，夏有凉风冬有雪"如诗般的美丽景色，也将进一步成为河畅水清的功能廊道、弹性自然的生态中轴、公园城市的活力水岸和城市发展的幸福纽带。

（三）面上突破——打造双阳区如意湖绿水长廊

2020年以前，如意湖原规划区域内小油坊一带为双阳河河道的险工险段，历年汛期前都投入资金对堤防进行维修加固，由于地势低洼等原因，附近房屋经常被雨水淹泡，百姓出行极其不便，"晴天一身土，雨天一身泥"，周边环境脏、乱、差，百姓曾多次要求改善居住条件及生态环境，为彻底解决防洪安全及生态环境等问题，完善双阳城区防洪体系，保障河道附近群众的生命财产安全。2021年以来，双阳区用实际行动积极践行"绿水青山就是金山银山"理论，提出对如意湖规划区域内进行生态环境治理，建设市政基础设施，发展生态产业。特别是立足全区绿水长廊建设实际，深度谋划、深入实践，双阳区创新采取以EOD（生态

美丽的石溪河

石溪河夏日夜景

环境导向的开发模式）新模式为引领，正在全力打造如意湖绿水长廊，着力走出一条以生态保护和环境治理为基础、兼顾经济提升和环境发展的融合共生发展之路。目前如意湖绿水长廊建设项目是吉林省唯一纳入国家生态环境部金融支持项目，建设内容包含市政基础设施、湿地治理、河湖连通、环境景观等，将有效夯实双阳"绿水青山"本底、壮大绿色发展动能，进一步成为探索"绿水青山"与"金山银山"转化机制的新的强力举措。

四、经验启示

（一）必须始终坚持和强化党的领导

双阳区"点线面"协同推进绿水长廊项目建设工作模式的实践充分证明，新时代党的领导始终是推动万里绿水长廊建设的核心所在，党的领导地位在整个项目推动过程中只能加强不能削弱、只能提升不能减弱。必须坚持以习近平新时代中国特色社会主义思想和党的二十大精神统领党建全局，努力使基层创新创造的领导方式、制度方式、工作方式、活动方式更符合群众需要。

（二）必须始终坚持和强化问题导向

双阳区"点线面"协同推进绿水长廊项目建设工作模式的实践充分证明，坚持问题导向、实施靶向发力是确保绿水长廊项目建设早谋划、早建成、早见效的关键一环。必须始终立足发展实际，坚持问题导向、结果导向，从满足群众需求角度和解决群众迫切问题出发，通过创新模式，加快推动幸福河湖建设，不断增强群众的满意度和归属感。

（三）必须始终坚持和强化系统思维

双阳区"点线面"协同推进绿水长廊项目建设工作模式的实践充分证明，只有以系统思维谋划生态文明建设、推动绿水长廊项目建设，才能确保工作实效。必须紧盯重点、创新实践，找到与幸福河湖建设的切入点、结合点，切实发挥组织引领、创新创造的工作效能，加速推动点上示范、线上引领、面上突破。

（四）必须始终坚持和强化群众立场

双阳区"点线面"协同推进绿水长廊项目建设工作模式的实践充分证明，只有始终把以民为本、让群众满意作为工作的出发点，才能更好服务群众、赢得群众的认可。必须突出政府引领、群众协同，心为群众想、事为群众谋，全面提升工作的积极性、主动性和创造性，高质量完成建设万里绿水长廊任务，推动全区幸福河湖建设。

（执笔人：王宪辉　龚伟）

幸福中山河　水美秦淮源

——江苏省南京市溧水区传承弘扬水文化助力水利高质量发展[*]

【摘　要】溧水是秦淮河南源，水的好坏至为关键。溧水牢牢把握生态优先原则，深入挖掘优秀传统乡土文化，推动水利工程与文化深度融合，打造多种形式水文化宣传载体，讲好秦淮源头水故事，大力提高公众水文化素养，把保护传承和开发利用结合起来，将河湖长制元素和水文化融入中山河沿岸风景，实现秦淮河流域经典文化传承与创新，赋予秦淮文化新的时代内涵。同时，以点串线带面，用文化撬动山水资源，变绿水青山为金山银山，建成幸福河湖示范区，全面提升河湖生态品质，让城市留下记忆，让人们记住乡愁，打造生态河湖建设的"溧水样板"。

【关键词】中山河　综合治理　秦淮源　水文化

【引　言】党的十八大以来，以习近平同志为核心的党中央高度重视河湖管理工作，从生态文明建设和经济社会发展全局作出全面推行河湖长制的重大决策部署。溧水区提高政治站位，跳出水利看河湖，围绕"幸福河湖，健康溧水"的发展愿景，积极践行习近平总书记"节水优先、空间均衡、系统治理、两手发力"治水思路，学思践悟，科学谋划，因地制宜，精准施策，深化文旅融合，推动水文化建设高质量发展，在打通绿水青山就是金山银山的转化通道上创出"溧水路径"。

一、背景情况

溧水区位于南京南部，区域面积 1067 平方公里，其中水域面积 250.15 平方公里，占总面积的 23.44％。全区境内共有骨干河道 7 条、中型水库 6 座、小型水库 73 座、大小塘坝近 4 万座，水域面积广，占总面

---

[*] 江苏省南京市溧水区水务局供稿。

积的 23.44%，缘水得名，得水而兴，钟灵毓秀，人杰地灵。千百年来，溧水以原真生态守底色，区域内人文、典故、历史文化名迹星罗棋布，描绘出一幅幅颇具水乡风情、田园风光、山地风貌、文化风韵交相辉映的全域全景图。

无想山国家森林公园

中山河位于溧水区中部，是秦淮河自其南源流出后经过溧水城区的一段支流，源自中山水库溢洪道，自东南向西北走向呈"Z"字形贯穿溧水城区经中山河闸流入秦淮河，长 6.1 千米，主要支流包括金毕河、陈沛河、经济河、护城河、南门河、机场路撇洪沟等，是一条和百姓生活密切相关的河。

溧水全区为缓丘漫岗地形，山丘区面积占全区总面积 72.5%，常遇过境洪水侵扰，洪水暴涨暴落。1991 年 11 月，县委、县政府决定在二里桥至宝塔桥出口段，开挖一条长 3.8 公里的河道，历时 7 个月，肩负解决城区洪灾重任的河道建成，因溧水自唐代以来雅称"中山"，遂定名为"中山河"。中山河开通之后，溧水城区汛期基本无水患，也给城区发展留下了空间。

至 21 世纪初，由于长期运行及管护不力，河水冲刷以致河岸护坡裸露坍塌，"河流"断流、萎缩。河道诸多地段被附近居民肆意开垦种菜，垃圾随意倾倒，废水直排河道，河道内荒草丛生、满目疮痍，让人触目惊心。中山河水污染严重、水安全得不到保障、水事关系复杂凸显，与城市发展和周边环境极不适应，急需进行综合治理。

2012年至今，溧水区总共投资14.6977亿元，通过对中山河上下游、左右岸开展综合治理，包括河道堤防加固、坡面防护、河道疏浚、新建中山河闸、集镇雨污分流、支流综合整治、清水通道建设、秦源污水处理厂四期扩建等重点工程，提高了中山河上游防洪泄洪能力，促进中山河水质持续改善、稳定达标，水生态系统逐步恢复，中山河"涅槃重生"。

二、主要做法和取得成效

对标对表人民群众对幸福河湖的需要和期盼，溧水区坚持问题导向，分类施策，持续推进中山河综合治理，切实加强文化遗产的挖掘、保护、传承和创新，打造出人民群众满意的幸福之河。

（一）以"幸福"为创建目标，系统治理，厚植文化载体

1. 防洪保安全，构建秦淮源头"安澜之河"

江河安澜，是百姓对河湖的最基本诉求，是社会繁荣发展的基础支撑，是实现"幸福河"的首要保障和先决条件。

2012年至今，溧水区聚焦水利工程体系薄弱环节和关键节点，通过中山水库入库河道整治、中山水库除险加固工程、中山河省道246以上河道综合整治、一干河上游水环境综合治理、中山河入河支流综合治理工程、新建中山河闸等骨干型、控制性工程建设，为实现"安澜之河"提供有强有力的工程体系支撑。

2. 维护水生态，打造城市空间"生态之河"

"流水不腐、户枢不蠹。"针对中山河水体黑臭、来水量少等问题，溧水区遵循行洪安全和海绵城市建设原则，应用古人治水的经验，对中山河河道上游段进行退堤疏浚、下游段堤防提升，让中山河水"丰"起来。"问渠那得清如许，为有源头活水来"，用两年时间完成"清水通道"工程，将石臼湖湖水引入城区河道，实现城区河道常态化生态补水，构建完整的城区内河循环水系，增强水体自净能力，让中山河水"活"起来，实现江河湖库水系连通。同时，秉承水生态修复的理念，栽种河道

水生植物，改善河道基础生物、优化群落结构，净化河道水质，维护河道生态系统的健康，提升河流生态系统质量与稳定性，让中山河水"净"起来，实现"鱼翔浅底、万物共生"的城市内河秀丽风景线。

3. 提升水环境，建设人民群众"宜居之河"

水环境质量是影响人居环境和生活品质的重要因素，建设宜居水环境既要保护与改善自然河流湖泊的水环境质量，也要全面提升与百姓日常生活休戚相关的城乡水体环境质量。为此，溧水区加快整治了上千家低端落后、小散乱污企业。开展河道排口调查，为全区1118个河道排口建立身份标识"一口一档"，实行网格化动态监管。对所辖流域内所有的河、池、口、闸、站、雨污管网及污水处理厂进行统一调度和一体化管理。加快排水设施建设，打通城区断头管、新建污水管网，实现污水管网全覆盖，雨污分流全覆盖，污水全收集、全处理，消除污水直排。同时，溧水区落实整治措施全覆盖，全面应用水土流失治理、生态清洁小流域综合治理、入河支流（撒洪沟）综合整治等系统治理工程，彻底阻断水系污染来源，让中山河水"清"起来，实现"水清岸绿，宜居宜赏"，让人民群众生活得更方便、更舒心、更美好，切实提高人民群众的安全感、获得感和幸福感。

（二）以"承续"为行动指南，挖掘保护，留住文化遗存

1. 理清"家底"，深入挖掘优秀传统文化

"悠悠秦淮之水，巍巍宝塔之境"，丰沛的水资源赋予溧水这片土地独特的美丽与内涵。溧水区结合"全域旅游"因地制宜组织开展文化遗产资源调查，先后组织召开20余场专题座谈会，听取60余位专家学者、政协委员、文旅工作者的意见建议；同时，联合南京师范大学、河海大学开展问卷调查，抽样调查850余户居民、50家代表性文旅企业以及400余位市民游客代表，逐步摸清全区文化遗产资源家底。创新文化遗产资源管理模式，推动文化遗产资料、档案的保护、开放和共享，建立数据库。

2. 培育"土壤"，实现生态文化立体保护

文化遗产和其周围的生态环境有着密不可分的关系，其产生和传承都是生态环境的另一种表现方式，因此在保护的过程中为了尽可能本真

性地进行传承，就要采取建设生态保护区、实现生态文化的方法。2018年，溧水区结合中山河综合整治工程，本着加强河道岸线资源管理，保持河道空间与功能完好的原则，重新调整了中山水库一、二级水源地保护范围，埋设界桩或标识牌，编制河湖岸线保护利用规划，明确分区管控要求，建设生态保护区，实现文化生态的整体保护。

3. 重塑"载体"，推动先进文化传承创新

"芳林新叶催陈叶，流水前波让后波"。文化的传承除了对已有历史遗迹进行文化挖掘和阐发外，也需要对新建工程进行文化注入。溧水区通过重修崇庆寺、东庐观音寺、城隍庙、无想水镇等，结合流域综合治理，推进河湖水域岸线生态化以及与文化融合建设的实践探索，打造全域水利风景区，在挖掘中保护、保护中传承、传承中创新。

（三）以"赋能"为价值衍生，蓄势增效、助力文旅融合

溧水区注重水文化建设，在中山河沿线打造一批特色亲水景观及文化节点，形成了秦淮源公园、二里桥综合公园、中山河口"三河六岸"、永寿寺塔街区、大西门公园等"三步一亭、五步一景"水榭兰台交相辉映壮阔画面，再现"中山雅韵、文脉流长"的历史，将历史文化资源变成文化旅游资源，让优秀传统文化活起来、传下去。

秦淮河公园

三、经验启示

（一）统筹协调，系统治理，是建设生态河之"根"

溧水区践行绿色发展理念，将生态文明建设与经济发展同部署、同推进、同落实，以保护水资源、防治水污染、改善水环境、修复水生态为主要任务，把解决人民群众关切的河湖水质改善问题放在突出位置，通过对生态源地、廊道、节点及整体网络等关键生态要素进行生态空间位置及范围识别、人类活动管控、生境恢复及提升，构造人水和谐的生态空间。

（二）挖掘保护，传承创新，是建设文化河之"魂"

溧水区文化底蕴深厚，深入挖掘、继承创新优秀传统本土文化，把保护传承和开发利用结合起来，赋予当地生态文明新的时代内涵。创新办好每一场庙会、灯会等传统节庆，既可以继承传统文化经典、展示地方民俗魅力，又能勾起"后浪"们的集体认知、品读、喜爱和参与，引导和激励更多的人参与本土文化的保护与传承、弘扬与创新，让城市留下记忆，让人们记住乡愁。

（三）筑巢引凤，腾笼换鸟，是建设幸福河之"源"

在文旅融合的大背景下，溧水以保护山水格局、集中建设引领、突出片区特色、助力乡村振兴为思路，串联起"秦淮源头、无想山南、石臼渔歌、红色李巷"四大旅游片区，为乡村振兴提供更好的投资环境，为建设幸福河湖"富口袋"，促进城乡产业绿色发展，提高综合竞争力。

（执笔人：张锦花　完颜晟　刘安银）

微改造　精提升　幸福新安再提级

——安徽省黄山市以"绣花"功夫推动新安江屯溪段国家级示范河品质再提升*

【摘　要】安徽省黄山市始终坚持贯彻习近平生态文明思想，积极践行绿水青山就是金山银山理念，应社会大众对幸福河湖的新期许，把握幸福河湖的新内涵，在2020年新安江屯溪段成功创建全国首批17个示范河湖后，持续深化河湖长制，提升打造新安江屯溪段。该河段横穿黄山市中心城区，两岸及周边区域历史底蕴丰厚、人文特色明显，黄山市因地制宜，精心谋划，守正创新，对新安江屯溪段采取"短期见效"和"长远兼顾"的方法，实施"微改造、精提升"，以最小干预达到最佳的效果，进一步提升新安江的生态、便民、宜居品质，努力建设江边即是园、入眼皆是景的"屯溪样本"。

【关键词】"微改造，精提升"　因地制宜　以小见大

【引　言】2019年9月18日，习近平总书记在河南郑州主持召开黄河流域生态保护和高质量发展座谈会时发表重要讲话，历史性地提出了要把黄河治理成造福人民的幸福河的号召。建设幸福河湖，目的是深入学习贯彻习近平生态文明思想，认真践行"绿水青山就是金山银山"理念，以河湖长制为抓手，统筹推进水环境、水资源、水生态、水安全、水文化，持续改善河湖面貌，不断提升人民群众幸福感、获得感、认同感。

一、背景情况

新安江地跨皖浙两省，是安徽省仅次于长江、淮河的第三大水系，为黄山市最大河流，市境内面积5615平方公里，干流河道长度242.3千米。流域地处国家皖南国际文化旅游示范区，是长三角地区重要战略水源地，生态战略地位极其重要。黄山市设立新安江市级双河长，由市政

---

* 安徽省黄山市水利局供稿。

府主要负责同志任河长，分管负责同志任副河长，持续推动新安江治理管护、提档升级。

2020年，黄山市新安江屯溪段（上游起点为率水大桥，下游终点为花山大桥下1公里，长度11.5千米）成功创建国家级示范河。为进一步提升新安江屯溪段示范河建设品质，黄山市委市政府精心谋划，因地制宜开展"微改造、精提升"。"微改造、精提升"以优环境、增幸福为目标，围绕"植需求、植功能、植文化、植色彩"，立足原有滨江的公园、空地、建筑、绿道等，以"绣花"功夫对穿城而过的新安江沿岸进行微小的整治改造，通过创意设计赋能，将新安江的自然风情与徽州文化、现代科技有机融合，打造一批具有特色的精品节点，营造更加清爽洁净靓丽的滨江环境，赋予新安江屯溪段新的活力，让市民和游客耳目一新，不断提高人民群众的获得感和幸福感。2022年，新安江屯溪段实施完成"微改造、精提升"项目53个，到2024年将完成超150个。

绚丽新安

二、主要做法

（一）因地制宜，见缝造园

黄山市在新安江屯溪段，挖掘滨江闲置地、边角地、零星空地、小型纯绿地等,"见缝造园",相继打造一批小而精、小而特、小而美的口袋公园和主题公园,在有限的空间里打造出了"一步一景、步步入画"的特殊一角,成为吸引市民、游客争相打卡的网红点。

精品口袋公园——屯溪方言公园

2022年新增口袋公园13个、绿道55公里。其中位于新安江滨江旅游景区的全省首个城市生境花园——"江畔生境"就是其中的典范。花瓣喷雾小品、悬挂式鸟箱、流水石钵、太阳能智慧坐凳等系列节点景观,彩叶草、欧月、百丽紫薇、凤尾竹、蓝雪花、金叶苔草等80余种花境植物,科技、时尚元素加持自然风光,让城市滨水公园有了更为别致的打开方式,拓展了居民公共活动空间,丰富了城市绿化,也让孩子们有了"沉浸式"的科普课堂。

(二)精准整治,便民利民

从细处入手、从小处着眼,按照一路一品,打造"绿树掩映、繁花似锦"的城市滨水道路景观。在现有绿化基础上,通过增加花境、垂直绿化、城市logo等"微改造",进一步提升城市绿化彩化品质。以新建园路、堤园结合等方式将左右岸、路与园连接成循环绿道,使市民能够便捷地进出其中休闲游憩,欣赏沿江美景。

考虑周边居民多样化需求,在临河公园内增设了篮球场、无障碍设施、太阳能智能坐凳等配套设施,在桥下透水混凝土地面绘制供儿童

"跳格子"等游戏图案，有针对性地完善功能配套，满足不同年龄、不同类型人群运动、游乐、休憩、充能等不同需求，既美化了市容又为市民增便利、添乐趣。

应用新技术，引入新工艺，采用新模式，高标准常态化开展深度保洁。建立"冲、洗、扫、拖、擦、清、运、巡"等组合作业模式，对沿河公园绿道等进行地毯式清扫，实现公园卫生无死角、临河步道无污渍、水体清澈无垃圾、绿化绿地见景观，将新安江南滨江公园等滨水公园打造成"席地而坐"的"徽客厅"，真正实现推窗见景、出门入园。

夜泊屯溪

（三）精雕细琢，展现文化

在对临江公园实施"微改造、精提升"中，注重于细微之处展示徽州文化，山情水意与古徽州文化在新安江畔自然交融、交相呼应。在云海广场改造中摆放了本地天井条石、石臼等，展现微景观的自然之美，还赋予人文景观之美。在社区前路、阜上路等三处围墙"微改造"中也融入了粉墙黛瓦等一系列水墨徽州文化特色，让各节点串联成整体，形成协调自然的景观长廊。在南滨江公园改造中，设立了新安文化展示区，建造了"夜泊屯溪""新安江上白鹭飞""徽戏情韵"等具有浓厚徽州文化底蕴的雕塑12座，设置日暑等驿站4处。在老旧公园提升改造中特意加入方言元素，打造方言主题公园1座，展现徽州方言文化。

三、经验启示

黄山是全国文明城市、国家卫生城市和中国最具生态竞争力城市，新安江是历史文化之江、生态文明之江、生机活力之江，生态环境展示着这座城市和这条大江的文明与美丽。"微改造，精提升"是黄山市基于当前人民群众对美好幸福生活不断向往的现状下，坚定贯彻落实习近平生态文明思想和"两山理论"的正向实践，持续深化河湖长制"有能有效"的有力推动，展现着文明的高度，体现着民生的温度，蕴藏着绿色发展的速度。

（一）"微改造"微而不简

黄山市坚持"创意黄山、美在徽州"的理念，以道路、绿地、河流等公共空间为载体，在不搞大拆大建的前提下，科学定位，合理规划，发扬区位优势，深入挖掘徽州历史文化内涵，通过"满足需求、补足功能、绿化美化、添花增彩、富有韵味"的微改造，因地制宜与周边环境良性互补，协调统一，打造精巧、雅致、生态、徽韵、智慧的城市滨水特色，让人民群众深刻感受到生活在滨水之城的舒心和美好。例如微改造建成的一个个可游、可赏、可玩的口袋公园，虽然袖珍，却"五脏俱全"，在钢筋混凝土浇筑的中心城区造就了一片片小小的绿洲，兜起了百姓满满的幸福生活。

（二）"精改造"精而不"悬"

"微改造、精提升"坚持以人为本，以需求导向、问题导向和效果导向为指引，不搞"面子工程"，不搞"阳春白雪"，不以投入显力度，力求投入小但变化大，力争以质取胜、以点带面、以小见大，充分征求群众意见，注重群众实际需求，打造群众满意的品质工程。通过实施完成"微改造、精提升"，新安江水域及周边环境品质发生蝶变，新安江水更清、岸更绿、景更美，由此带动整个城市品质魅力得到提升，给市民游客带来举目可见的生活之美和触手可及的生态福利，真正造福一方百姓。

（三）擦亮生态底色，推动绿色发展

绿色是黄山最大底色，生态是黄山最大优势。黄山市顺利完成新安

江流域生态补偿机制三轮试点工作，累计投入200多亿元，实施了新安江流域河长制提升工程等"十大工程"，形成了以生态补偿为抓手，以生态环境保护为根本，以绿色发展为路径，以互利共赢为目标，以体制机制建设为保障的"新安江模式"。现今，新安江屯溪段继续坚持"新安江模式"，通过"微改造、精提升"，打造出一批独具特色的精品景观节点，"寥寥数笔"为新安山水画卷添锦增彩，有效提升了新安江屯溪段沿江景观风貌和历史人文气息，吸引众多游客驻足打卡，大力推动生态变业态、资产变资源、风景变风尚，以一波碧水带动绿色发展，实现"绿色水经济"的有效转化，让"绿起来"带动"富起来"，实现"强起来""美起来"，真正让新安江成为一条造福两岸人民的"心安之江""幸福之河"。

（执笔人：项启培）

"第一视角"解码世遗之城的"幸福河湖"

——福建省泉州市幸福河湖建设探索实践[*]

【摘　要】　良好的河湖生态环境，承载着人们对美好生活的向往，也是看得见"幸福"的民生福祉。近年来，泉州市深入学习贯彻习近平总书记关于治水兴水的重要论述，以建设造福人民的幸福河湖为目标，做好"水文章"，答好"民生卷"，在全省河长制绩效考评中连续6年名列第一。当水清岸绿、鱼翔浅底的城市美景，从愿景变为了现实，"第一视角"顶层设计的"幸福"模样，让世遗之城有了民心所向的别样"幸福味"。

【关键词】　河湖长制　水文化建设　幸福四重奏　长效机制

【引　言】　治理河湖，重在保护，要在治理。党的二十大报告指出，坚持绿水青山就是金山银山的理念，坚持山水林田湖草沙一体化保护和系统治理。推动幸福河湖建设，是推进水生态治理的一个重要举措。近年来，泉州市牢记习近平总书记"节水优先、空间均衡、系统治理、两手发力"治水思路和习近平总书记来闽考察期间重要讲话精神，准确把握新发展阶段，全面贯彻新发展理念，创建科学治水体系和长效机制，加快推动河湖长制从"有名有责"到"有能有效"，夯实世遗之城"生态基底"，精细化建设造福人民的幸福河湖，在人与自然的和谐共处中，不断升级群众的"幸福感"。

一、背景情况

泉州，因水得名，依山傍海，季风气候明显，水系较为发达。全市共有大小河流430条，总长度5225公里，其中流域面积在100平方公里以上的河流有34条，50平方公里以上的河流有81条。依水而建，得水

---

[*] 福建省泉州市河长制办公室供稿。

而兴，水承载着泉州经济社会的传承与发展。世遗泉州还是著名的侨乡，人文荟萃，文化多元丰富。泉州的每一条河流都是海外游子的乡愁故里。

虽然泉州具有丰富的河湖水系资源，但长期以来水资源管理却面临着总量不足、空间分布不均匀、水环境承载压力大等严峻的挑战。泉州以全省8%的水资源量，养育全省20%的人口，支撑全省23%的经济总量。在"晋江经验"的引领下，泉州民营经济乘风破浪、披荆斩棘，发展出纺织鞋服、建材家居、食品饮料等千亿集群，但对水资源保护、水污染防治、水环境治理也是严峻的考验。

伴随着泉州经济社会的迅猛发展，群众对高质量水生态环境的需求越来越迫切，对幸福河湖的盼望越来越强烈。建设幸福河湖既是泉州的现实需要，也是进一步提升河湖长制工作的新举措。

自2017年全面推行河长制湖长制工作以来，泉州市以建设幸福河湖为目标，以深化河湖长制为抓手，围绕"河湖体系夯实、清新流域建设、水韵人文荟萃、多方协同联动"的"幸福四重奏"，打造现代化幸福河湖的泉州样本。工作机制获中央改革办专文总结推广、标准化建设入选水利部典型案例、在全省河长制绩效考评中连续6年名列第一……水环境持续向好、河湖面貌焕然一新、河湖功能日益多元，人民群众"望得见水，记得住乡愁"的幸福河湖初具连片成网的现实模样，一幅幅河畅、水清、岸绿、景美的生态画卷渐次展开。

二、主要做法和取得成效

（一）"幸福一重奏"：河湖体系夯实——打造碧水长流的幸福河湖

河岸绿树成荫、俯拾皆景，河湖长治、人水相依——这是泉州河湖面貌持续改善的真实写照。从习近平主席在2017年新年贺词中"每条河流要有'河长'了"的号召到百万河长上岗履职，治水行动遍地开花。近年来，泉州以"河长制"为抓手，夯实河湖体系，让"河长制"促进"河长治"。

以责为纲，筑牢组织体系。成立以市委、市政府主要领导为河长的"三级五层双河长"组织体系，设立"区域河长、流域河长、区域河长办、流域河长办、河道专管员"五层管理架构。在河流问题较突出的流域，增设流域双河长，实现责任网格从区域到流域全覆盖、从大江到小河全覆盖。市委、市政府主要领导多次深入一线开展巡河工作，共同签发1号河长令，进一步开展"碧水清河"专项行动，以问题为导向，重点督促不能稳定达标的国省控断面、小流域水质等问题整改，持续推进"四乱"和碍洪问题排查整治常态化、规范化。集中力量攻坚治理、精准治理，盯紧生活污水收集处理、畜禽水产养殖、工业企业排放等薄弱环节。5名市级副河长、流域河长挂图作战，组织开展流域攻坚治理保护。泉州市"河长日"活动期间，各级河湖长通过巡河履职、召开专题会议等，协调解决涉水重点难点问题。

立足实际，形成"三个千"架构。"三个千"河长，即千名行政河长、千名河道专管员、千名乡愁河长。市、县、镇共1060名河湖长主动认河、巡河、管河，1039名河道专管员常态化巡河。

量化赋分，优化水质管理。调整优化河湖长制考核评价体系，围绕"水质向好"目标，制订河流水质量化考评方案，全覆盖监测全市430条河流水质，通过对全市河流进行水质量化赋分，推动全市河湖水质向好、向优。

（二）"幸福二重奏"：清新流域建设——打造人水和谐的幸福河湖

党的二十大报告指出，要统筹水资源、水环境、水生态治理，推动重要江河湖库生态保护治理。习近平总书记指出，治水要统筹自然生态的各要素，不能就水论水。泉州市启动清新流域建设，统筹山、水、林、田、湖、草等系统治理，兼顾上下游、左右岸，综合考虑周边自然生态各要素，综合运用生物和工程措施协调解决水资源、水环境、水生态、水景观、水经济问题，打造"看得见山、望得见水、记得住乡愁"，宜居宜业宜游的水生态连绵带。

清新流域建设以县级政府为规划责任主体、乡镇为建设主体，按照"统一规划、分项设计、分步实施、及时验收"的原则，采取流域河长整体统筹的方式，整合多部门资源，融合截污减排、水土保持、造林绿化、宜居环境、美丽乡村、现代农业、休闲旅游、土地整理等方面，集中力量系统整治和修复流域内的重要水系、重点河段、敏感区域。

大盈溪以安平桥水文化遗产为切入点，打造安平桥湿地公园，打造水文化展示廊道；寿溪以清理整治为切入点，明晰河流生态空间，开展生态清淤，打造生态保护廊道……目前已建成26个清新流域样板工程，推动了乡村绿色经济蓬勃发展，为流域两岸居民收入创造了新的增长点，实现了"清新流域、生态两岸、富美乡村"的总体目标。清新流域样板工程成为实实在在的民心工程，带动全流域向建设幸福河湖的目标阔步迈进。

（三）"幸福三重奏"：水韵人文荟萃——打造厚植文化的幸福河湖

泉州历史悠久、民俗多元、文化底蕴深厚，因此泉州的水文化、水文章大有可为。世遗泉州的"文化血脉"，激活了水的灵气，赋予幸福河湖更多的内涵和幸福基因。在建设幸福河湖的过程中，泉州市注重挖掘周边独特水文化，在拓展水科普功能的同时，积极向外延伸，厚植泉州幸福河湖建设的文化底蕴和内涵。

因河制宜，建设河长制主题公园。按照"既有沿河湖公园的功能叠加"原则，融合水环境、水生态、水景观和水文化，集中打造河湖长制宣传工作的主阵地，放大河湖长制宣传引导效应，让群众在散步游园中潜移默化接受河长制文化。截至2022年年底，泉州市因河制宜，累计建设各具特色的河长制主题公园260座。

深入挖掘，开展河湖文化遗产认定。梳理和筛选第一批河湖文化遗产项目共63个推荐上报省水利厅、省河长办，其中安平桥、洛阳古桥20个项目被列入省第一批河湖文化遗产项目，占全省的四分之一。如大盈溪以安平桥水文化遗产为切入点，打造安平桥湿地公园，打造水文化展示廊道，成为群众争相打卡的网红风景区。

乡贤治水，选聘乡愁河长。泉州立足本地华侨乡贤多、乡愁氛围浓厚的资源优势，在全市范围内推行"乡愁河长"工作，首批选聘1000名"乡愁河长"，作为行政河长体系的重要补充，成为全国首个大规模、全覆盖发动乡贤护河治水的设区市。泉州首位"乡愁河长"、著名艺术家陈文令出资一千多万元修建了"金谷溪岸"艺术公园，成为当地民众游玩休闲的好去处。

（四）"幸福四重奏"：多方协同联动——打造乐见乐享的幸福河湖

"河安湖晏、水清岸绿、鱼翔浅底、文昌人和"的幸福河湖离不开各部门和社会各界的协同联动。泉州市创立"河长＋检察长"联合执法监督机制、建立流域司法保护联盟，共同推动生态环境保护工作的开展。联动社会力量，推行社会化河湖管养模式，为管河护河注入社会力量；联动科技，建设泉州智慧河长指挥平台、开发河长制信息系统和巡河App，对全市5225公里河道开展无人机巡河，2022年累计飞行2500公里，共解决乱占、乱采、乱堆、乱建问题260多个。成立幸福河湖促进会，落实139个成员单位，打造全省设区市中规格最高、规模最大、门类最齐全的市级幸福河湖促进会，整合幸福河湖研究咨询、保护管理、治理建设等方方面面的资源，打造幸福河湖综合研究推动平台，助力建设群众乐见乐享的幸福河湖。

三、经验启示

（一）"三办"主动作为，从"见行动"到"见成效"

幸福河湖能否长久保持"水清岸绿、鱼翔浅底"的幸福画面，水质的持续改善是重中之重。自全面推行河长制以来，泉州市全面建立河长组织体系，健全完善体制机制，坚持以问题为导向，明确主体责任、细化工作措施，统筹推进河长制湖长制工作责任落实。通过建立"分办、督办、查办"工作制度，正向激励与问责问效相结合的方式，推动各县（市、区）形成竞相发力、主动作为，确保河湖长制各项工作落实到位，走出一条富有泉州特色的治水之路。

（二）"1＋N"治水模式，从"一家管"到"合力管"

流域性是江河湖泊的最根本、最鲜明的特性。坚持系统观念治水，关键是要以流域为单元，用系统思维统筹治水，强化流域治理管理。泉州市创新"1＋N"治水模式，建设"司法联动＋区域联动"协作机制，强化河湖治理执法力量。不断拓展宣传参与模式，率先推行"乡愁河长"，多渠道发动社会各界、广大群众参与河湖治理，有力提升了河湖流域治理管理水平。

（三）"水文化＋"加码幸福，从"老念想"到"新地标"

一座城市的文化，穿越古今，氤氲在湖。水文化建设亦是彰显城市

"第一视角"解码世遗之城的"幸福河湖"

文化底蕴的"点睛之笔"。作为世界遗产城市,海上丝绸之路的起点,泉州市幸福河湖建设不仅以河湖水域为抓手,同时结合自身实际,创新拓展"水文化+",打造了一批具有深厚水文化底蕴的品牌。如大盈溪以安平桥水文化遗产为切入点,打造安平桥湿地公园,成为群众争相打卡的网红"新地标"。同时成立河长学院、幸福河湖促进会、水生态保护与修复创新中心等,为水文化、水文章提供智库支撑。

(执笔人:陈英毅)

宜水河"一河五治"打造
人民满意的幸福河

——江西省宜黄县宜水幸福河湖建设的做法与启示[*]

【摘　要】 河湖是生态环境的重要载体，保护江河湖泊事关人民群众福祉，事关中华民族长远发展，宜黄县自2016年实施河长制以来，紧盯"河畅、水清、岸绿、景美"的工作目标，坚持问题导向，但在实际工作中存在综合施策力度不够、系统治理不到位、群众参与少、自我管理意识弱、不能有效带动流域经济发展等堵点、难点，为切实改变这种现象，打通河长制最后一米，2022年该县积极争取到了全国试点宜水幸福河湖建设项目，通过实施"五治"（"整治"—河道综合整治、"提质"—河湖空间带修复、"众志"—生态廊道建设、"引智"—数字孪生流域建设、"精致"—水文化挖掘与保护），全力打造河长制升级版，让"一河"（宜水流域）群众得到更多获得感和幸福感。

【关键词】 宜黄宜水　幸福河建设　河长制升级版　一河五治

【引　言】 开展幸福河建设是贯彻落实习近平生态文明思想，推动河湖长制"有名有责""有能有效"，进一步增强人民群众获得感、幸福感、安全感的重要举措，本文通过对江西省宜黄县宜水幸福建设，全力打造河长制升级版的做法与启示进行分析探讨，可为其他地区同类问题的解决提供一定的借鉴参考。

一、背景情况

江西省宜黄县地处江西省中部偏东，位于抚州市南部，境内水系发达，河流众多，有大小河流216条，其中流域面积10平方公里及以上河流46条。2016年5月，将46条河道全部纳入河长制管理范围，由县委书记兼任县级总河长，县长兼任县级副总河长，落实县级河长5名，乡级河

---

[*] 江西省宜黄县水利局供稿。

长 53 名，村级河长 139 名，设立河长制办公室，由县级分管领导兼任办公室主任。在河长制推进过程中，紧盯"河畅、水清、岸绿、景美"这个目标，持续开展清河行动，取得显著成效，2019 年县河长制办公室荣获"助推绿色发展、建设美丽长江"全国引领性劳动和技能竞赛全面推行河湖长制先进单位，2021 年又荣获全国第十届"母亲河奖"优秀组织奖。

近几年来，宜黄县河长制工作虽取得了一定的成绩，但在实际工作中还存在以下短板与弱项：一是资金统筹整合力度不够，难以系统治理，如防洪工程建设由于资金统筹不到位，在建设过程中往往只考虑流域乡镇所在地等人口密集地，对其他河道岸线崩塌问题经常整治不到位；二是部门工作协调不到位，难以综合施策，如住建部门负责乡镇所在地污水治理，农业农村部门负责行政村组污水治理，部门管理职责不同，难以做到同步设计、同步开工、同步完工，难以形成合力；三是河长制群众参与少，自我管理意识弱，群众普遍认为治理河道的责任和义务应是各级政府的责任，少数村民还会把河道当成垃圾丢弃场。为克服这些短板与弱项，2022 年 5 月该县积极争取到了宜水幸福河湖建设试点项目，通过整合资金和项目，综合施策，进行系统治理。

宜水流域面积 415 平方公里，河道总长 68.4 公里，流域内有群众 12.21 万人，按照幸福河湖"防洪保安全、优质水资源、健康水生态、宜居水环境和先进水文化"建设目标，提出了河道综合整治、河湖空间带修复、生态廊道建设、数字孪生流域建设、水文化挖掘与保护以及提升流域生态产品价值等六项任务，规划总投资 3.64 亿元，其中中央补助资金 1.0977 亿元，其余资金全部由该县进行资金和项目整合解决。项目采取高规格设计、高标准建设、高效率推进，目前主体工程已完工，充分带动了流域内杂交水稻制种，有机蔬菜和茶叶种植，红薯、百合加工，2022 年 10 月以来，共接待县内外游客 11.2 万人次，带动了流域乡村旅游业的发展。一副乡村振兴的美丽宜水画卷，正在徐徐展开。

二、主要做法和取得成效

（一）坚持"整治"为先，建设宜水安全河

突出流域特点，因地制宜，打造不同的治理方案，神岗乡处于河道

上游，河床坡降达到5%，两岸河床摆动剧烈，崩塌严重，给两岸村庄和农业生产带来严重威胁，整治以稳固河岸为主，共整治河道13.2公里，采用生态护岸17.2公里。圳口、棠阴河段蜿蜒曲折、河岸植物丰富，滩地淤积严重，整治以清淤疏浚畅通河道为主，累计清淤疏浚15个节点，总长2.6公里；凤冈河段地处下游与县城接壤，产业集聚，人群密集，整治以提升完善原有防洪堤为主，对原有防洪堤进行生态化改造，达到既防洪又美观成效的目的。同时，对流域内涉及的一座中型水库、两座小（2）型水库和5座山塘全面进行了除险加固，确保度汛安全。解决了困扰当地村民多年的水患问题，保障了村民的生命和财产安全，提升了沿线村民的安全感，为幸福河建设奠定了坚实的安全基础。

（二）坚持"提质"为基，建设宜水生态河

按照"表象在水体，根源在陆域"的水质治理思路，对流域水环境治理采取截污减排，岸上岸下综合治理。建设内容主要包括沿河十大重点行业专项清洁化改造、3个集镇生活污水共计2200吨/天处理、沿河农村生活污水处理、对沿线5万亩农业面源污染进行整治、畜禽养殖污染防治等。通过水环境综合整治，保障了河道水质安全，实现了人水和谐的水环境，形成了山石嶙峋、深潭浅滩、茂林修竹的自然生态景观，有效支撑了流域内安全、生态、文化、景观和产业的高质量发展。

（三）坚持"引智"为要，建设宜水智慧河

通过智慧水利的建设，为宜水河装上科技的翅膀，提升了河湖管护能力，夯实了河长制工作基础。一是完善水利信息基础设施。全面启动工程感知体系建设，采用智能化的终端感知设备，从工程安全运行和工程管理活动等方面入手，形成快捷准确和智能化的感知监测体系，确保各信息化系统、设施设备正常稳定运行。二是构建数字孪生宜水平台。建设幸福宜水统一数据底板，将流域内相关地理数据、基础数据、监测数据、业务数据和外部共享数据进行统一接入、管理和应用，实现数据在各业务系统内的融合使用和其他外部系统的共享使用。三是建设水利业务应用体系。以"数字化场景、智慧化模拟、精准化决策"为路径，建设基于数字孪生技术的数字孪生宜水综合管理系统。

（四）坚持"众志"为本，建设宜水经济河

通过建设蔬菜、制种、百合等产业示范基地，发展茶叶经济、旅游经济，打造农旅结合示范县，实现水生态产品价值有效转化。棠阴镇小河村集中连片建设1000亩顶部竖式通风双拱双膜高标准连栋大棚，开展土地平整、通水、通电设施、大棚四周水沟等基础设施工程建设，建立设施蔬菜现代农业产业示范基地。神岗乡利用军峰山茶叶种植园区，搭建生态茶园旅游平台，开发特色农业、特色产业、特色地方文化，设置上山游步道、山顶观水亭、牌楼等设施，茶园套种桂花、木合、杉树等景观植物，打造集采茶体验、茶文化展示、自然水景观观赏、休闲娱乐于一体的茶旅典范。

（五）坚持"精致"为重，建设宜水文化河

将文化挖掘总体布局划分为"一心（凤冈镇县城中心，为宜水与临水两江交汇处）、二轴（宜水绿色发展轴、生态景观轴）、三区［云山深处——寻梦神岗（神岗乡）、秀色村庄——最美圳口（圳口乡）、历史古迹——古色棠阴（棠阴镇）］、四线（秀丽山水旅游线、滨水休闲旅游线、文化寻踪旅游线、生态田园体验旅游线）"的空间格局，极大促进了宜水河文化的繁荣和旅游产业的兴旺。同时，利用山水文化与道教、佛教文化的综合优势，挖掘打造军峰古寺道佛文化；利用"大雄关战斗旧址"，进一步挖掘和修复云盖山、大雄关战斗的红色资源，并采用研学、红色教育等方式进行宣传，打造以军峰山—军峰古寺—云盖山—大雄关战斗旧址的精品旅游线。

三、经验启示

（一）政府主导，系统谋划，高位推动，快速推进

宜黄县委、县政府从推进生态文明建设的高度，将幸福河治理作为实践"绿水青山就是金山银山"的重点工作，书记、县长牵头统筹，从顶层设计上为宜水幸福河湖系统治理构建了体制机制保障。坚持从单一水利改造转向综合改造，统筹兼顾安全和生态、安全和休闲；从单一片段治理转向全流域治理，全线连片，整体规划，确保了水利、农业农村、

交通、环保等不同条块的涉河基础设施同规划、同建设；从单一岸下治理转向水岸同治，全力打好全流域实施农业面源污染治理、全流域截污纳管、全区域河道禁采、全河道洁水养殖、全覆盖落实等组合拳。通过系统治理，实现安全、生态、文化、景观和产业的协调发展。

（二）创新管理，保障运行

将项目纳入农村基础设施运维重要改革内容，综合引进河道经营权改革、小型水库管理体制改革、农业水价综合改革等成功经验，创新管理方式，建立"六＋X"管护模式，即将流域内山塘、水库纳入小型水库管理体制改革中建立的第三方"物业化、标准化"管护，将流域内防洪堤和新建生态护岸纳入全县圩堤管理范畴，创新了管护机制，保障了项目快速和高效的运行。

（三）注重亲水便民，还河于民

将河道治理融入城市及乡镇公共空间，建成了10公里的多功能滨水绿道和6座个性化、特色化堰坝，增添了堰坝亲水嬉水功能。新建了寻梦神岗、最美圳口、古色棠阴等多个沿河生态廊道，上下贯通多个健身休闲精品带，田园生态景观与城市公园景观有机融合，流域沿线成为水岸大乐园。有效地激发了当地村民"共建、共享、共治"的主人翁意识，自觉参与到河道管护中来。

（四）精雕细琢，注重工匠精神

结合现代文化，提升河道水利工程的内涵品位。以临川四梦首演为契机，设置了小游园广场、解放桥文化墙等文化景观，流域历史文化不断彰显。宜黄县政府相关部门根据流域实际，大胆设想，提出需求；设计方对方案反复论证、勇于创新；施工方精益求精、对不满意的工程愿意费时费力推倒重来，体现了优秀的水利工匠精神。经过多方共同努力，最终呈现出幸福河湖的"宜水"样本。

（执笔人：黄子建　陈美玉　席咪咪）

建设"三通六带"特色水网 描绘幸福河湖崭新画卷

——山东省德州市建设现代水网打造"德水新韵"现代水城纪实[*]

【摘　要】　德州人均水资源占有量不足全国的1/10，且地下水限采，属黄河流域水资源超载区。河道缺水断流、幸福无从谈起。2022年以来，德州举全市之力建设"三通六带"现代水网，打造区域幸福河湖新模式。"三通"：河河畅通，连通全市1559条河湖，把全市建成一座大水库，让水留下来；河库贯通，雨洪水走河道、灌溉水走渠道、饮用水走管道，让水动起来；库库连通，县域内水库互连互通，把水串起来。"六带"：沿河打造"水路林文产景"融合发展带，提升水网综合效益。建设现代水网，坚持高位推进，协同作战；坚持问题导向，破解瓶颈制约；坚持打造精品，让幸福河湖满足群众新期待。

【关键词】　幸福河湖　三通六带　一网多能　现代水城

【引　言】　加快构建国家水网，建设现代化高质量水利基础设施网络，统筹解决水资源、水生态、水环境、水灾害问题，是以习近平同志为核心的党中央作出的重大战略部署。现代水网与幸福河湖目标一致、路径相同、一脉相承。德州树牢"大水利观"，大力优化市级水网布局、结构、功能和发展模式，推动形成"三通六带"总体格局，实现一网多能，建设"德水新韵"现代水城，探索北方缺水地区打造幸福河湖的新模式。

一、背景情况

德州位于海河流域，是国家水网、省级水网的重要支点。国家水网主骨架中，黄河、运河流经德州；南水北调"一干多支"，德州有南水北

---

[*] 山东省德州市水利局供稿。

调东线一期和潘庄、李家岸两条引黄干渠。在山东"一轴三环、七纵九横、两湖多库"水网总体布局中，德州据其五（黄河、漳卫河、马颊河、徒骇河、德惠新河）。在这些骨干河道之间，密布着流域面积50平方公里以上的河道89条，县、乡级河道1500多条。水网密度0.32公里/平方公里，是海河流域平均水平（0.1公里/平方公里）的3倍。

德州河网密布，但河密水少，资源性缺水与工程性缺水并存，是全国40个严重缺水城市之一。主要原因如下：第一，先天禀赋条件不足，人均水资源占有量仅为全国的1/10，全省的3/5，十年九旱、雨汛同期；第二，有水留不住，如2021年发生历史罕见的夏汛秋汛，过境水量超过30亿立方米，但仅拦蓄留用3亿立方米，工程基础薄弱、河道不畅；第三，用水需求大，德州是全国粮食主产区，是整市域高标准农田建设试点，但地下水全域限制开采，灌溉主要依赖黄河水，"有水留不住、无雨就买水"是现实难题。近年来，德州市以河湖长制为抓手，治理河道、恢复水生态，建成省级美丽幸福河湖41条，市级美丽幸福河湖53条，但目前仍有许多河道缺水断流、杂草丛生。

习近平总书记多次研究国家水网重大工程，强调水网建设起来，会是中华民族在治水历程中又一个世纪画卷，会载入千秋史册。德州市委市政府深入贯彻落实习近平总书记关于治水重要论述，将幸福河湖与现代水网建设结合，2021年作出实施全域水系连通的重大决策，2022年举全市之力打造"三通六带"现代水网。实施水安全保障、雨洪水拦蓄、饮用水提标、水生态修复、水文旅融合5大类工程，投资金额近百亿元。全市四级河长齐抓共管、主动领责、敢于担当，各部门协调联动、统筹推进，集中破解资金、土地等共性难题，现代水网成效初显，赢得群众点赞。

二、主要做法及成效

（一）坚持规划引领

德州"三通六带"现代水网建设规划坚持"纲、目、结"并举，注重加强与国家、省级水网衔接，打造"系统完备、布局合理、蓄泄兼筹、多源互补、丰枯互济、安全可靠、循环通畅、绿色智能、集约高效、调控有序"的"德水新韵"现代水城。其中，以横跨东西的黄河、漳卫南运河等 5 大干流和纵贯南北的南水北调东线、潘庄李家岸 3 条输水干渠为"纲"，形成"三纵五横"水网主骨架，以支流河道为"目"，以水库、节制闸等调蓄工程为"结"，构建"五横三纵千河畅、一泉百湖多库通"水网空间布局。

（二）完善物理水网

完善物理水网的主要内容是实施"三通"：一是河河畅通。综合治理横跨东西的五大干流和纵贯南北的三大干线，打通 17 条支流河道，疏通支流以下水网脉络，实现一河有水、多河共享，把水留下来。二是河库专通。全市分东西两片铺设水库供水管道，东片从李家岸引黄干渠铺设管道直通临邑、宁津等 4 个县市水库；西片从潘庄引黄干渠和南水北调东线铺设管道直通德城、陵城等 4 个县区水库。铺设后，饮用水走专用管道，给河道留出了水生态发展空间，让水动起来。三是库库连通。新建 8 座水库，铺设管径 1.2 米以上的双管道 230 公里，每个县都实现双水源保障，县域内水库间用管道连通，余缺互补，把水串起来。

河道综合治理工程

（三）推进六带融合发展

建设效益河湖，跳出一河谋一域，推进"水路林文产景"六带融合发展，实现"一网多能"。一是水资源保障带，盘活水资源 3.2 亿立方米，实现缺水城市不少水。二是加固防洪除涝带。5大干流行洪能力达到五十年一遇；17条支流分洪能力提升27%；县市区城区排涝能力提高至三十年一遇。三是打造生态文化带。实现一般年份河湖基本生态水量达标率90%以上，主要河流断面优于地表水Ⅴ类标准，堤顶路外侧建成60米宽林带。融合黄河文化、运河文化、大禹文化等三大水文化品牌，形成滨水文化廊道。四是建设交通畅行带。改造提升堤顶道路860公里以上，5大干流实现双堤硬化，其他骨干河道单岸硬化，实现防汛抢险、河湖管护、群众出行全畅通。五是促成产业融合带。发展"水网＋旅游""水网＋康养""水网＋科普"，沿河产业布局从"背靠河"变为"拥抱河"。六是建设数字赋能带。建设水网智能调控平台，升级水网监测感知系统，完善6类数字河湖孪生场景应用，实现"干支脉"水网系统监测设施全覆盖、"库闸坝"主要工程调控全智能、水资源管理云平台智慧决策。

（四）突出项目引领

实施黄河、运河两河"牵手"项目，打造幸福河湖示范样板。投资150亿元，以130公里的水道将黄河、运河两大国家文化公园连起来，打造文化、生态、乡村振兴3大廊道。一是建设文化廊道，在"北方都江堰"四女寺水利枢纽、大禹治水功成名就之地禹城、黄河明珠齐河建设文化地标，沿线打造文化节点32处，让黄河、运河、大禹"三大文化"代代相传、熠熠生辉。二是打造生态廊道，马颊河由100米拓宽至170米，修建130公里"6＋2＋3"堤顶路，两岸种植100米生态林带，促进"水路林"融合发展。三是建设乡村振兴示范廊道，沿线建设自行车、马拉松赛道，发展民宿、旅游、体育、康养等现代产业，带动1100多个村产业振兴。

（五）打造水民生服务网

聚力"水网＋民生改善"，持续加强供水保障。一是打造城乡供水"一张网"，推进水库、水厂、管网一体建设，累计建成水库18座，水厂23座，铺设供水管网9.84万公里，每个县市区都有两个水源地、两座水厂、一套供水管网，形成"一县两库两厂一网"供水保障格局，水源由地下水全部替换为黄河水、长江水，群众彻底摆脱了喝地下苦咸水的历史。二是保障入户水质"全达标"，建立起从"水源头"到"水龙头"的全过程水质保障体系，在水源地设定"红线"保护区，实时监控，在水厂改进水处理工艺，部分水厂出厂水达到直饮标准，每季度抽查末梢出水水质，满足群众喝优质水的愿望。三是推行城乡供水"同服务"。实施县级自来水公司管理服务到户改革，供水公司服务到户、专业化服务到家，形成20分钟维修服务圈，解决村内供水管网坏了没人管、不会修等问题。通过饮用水保障水平的逐步提升，让群众真切感受到了用水从"有没有"到"好不好"的转变。

黄河德州段

三、经验启示

（一）坚持高位推进，兵团作战干项目

水利抓水网，单兵作战、独立难支。德州市实行水利挂图作战指挥机制。一是四级河长抓水网。市级抓骨干、县级抓枝汊、乡级抓脉络、村级抓末梢。二是兵团作战抓项目。市总河长挂帅，市级河长任指挥长，自然资源、审批、住建等29个河长办成员单位组成专班服务保障，会商解决问题。三是加强调度抓进度。市级河长每月召开一次调度会、一次现场推进会，保证项目进度。四是严格考核抓落实。印发总河长令，将水网建设列为首要任务，并纳入高质量发展考核。

（二）坚持问题导向，破解资金难题

一是将水网功能与全市中心大局相结合，争取市委市政府支持和财政倾斜。例如德州现代水网中的三库连通项目，实现中心城区双水源、双管道供水，实现水库去功能化，促进生态效益提升。二是信息灵敏、快速行动。建设国家水网、省级水网的信号刚刚发出，德州就迅速谋划全域水系连通，获得了政府专项债券支持。三是沿着水路找财路，把水利项目与城市开发、产业发展、水权交易相结合，吸引中国农业发展银行、中国农业银行等金融机构，获得贷款资金政策支持。

（三）坚持统筹谋划，争取土地指标

2022年的"三区三线"划定中，德州抢抓机遇，调出19.8万亩基本农田、4.9万亩一般耕地作为水工用地，水网建设不再为土地指标发愁。一是水网项目契合"三区三线"调整政策方向。基础设施与安全韧性体系构建是"三区三线"调整的重点支持方向，德州把水利设施纳入其中，获得政策倾斜。二是水网符合"十四五"水利规划。水网涉及基本农田的项目共50项，包括新建水库6项、引调水6项、城乡供水7项等，项目全部纳入省"十四五"水利发展规划。三是坚持水路林文景融合发展，相得益彰。沿着水网建林网、建路网，打造文旅景点，自然资源、交通、文旅等多部门协同起来，扩大土地指标效益。

（四）坚持精品意识，强化项目监管

项目实施过程中，实施"三个监管"。一是点一线一面全方位监管。点上，成立项目党支部，强化自身监管；线上，成立应急、人社、住建等部门联合检查组，强化部门监管；面上，引入第三方，强化专业监管。二是数字监管。开发水利监督管理平台，进度、质量、安全、环保、农民工工资支付等在线监管，变事后处置为事前预防，线下整改、线上销号。三是市县一体监管。市级纵向到底，不仅下任务，更要到一线；县级横向联合，开展异地交叉检查，整合专家力量，保证检查质量。

（执笔人：李岩　张炳庆　杨璐瑶）

擦亮生态底色　让幸福河湖润泽美丽洛阳

——河南省洛阳市以河长制为抓手推动幸福河湖建设实践*

【摘　要】　水是文明之源，水是生态之基。洛阳市深入贯彻习近平生态文明思想，抢抓黄河流域生态保护和高质量发展国家战略，以幸福河湖创建为引领，遵循"科学布局、立法先行、生态优先"原则，统筹推进四水同治、五水综改，以治水为突破口打造生态宜居环境；探索开展中小流域综合治理，持续推动河湖水生态环境治理与修复，建设山水交融、岸绿水清、宜居宜赏的生态绿廊；坚持山水林田湖草沙综合治理、系统治理、源头治理，伊洛河获评全国首批示范河湖，洛阳入选全国首批水生态文明城市；促进生态文明建设与传承弘扬黄河文化深度融合，讲好新时代"黄河故事"。如今，古都洛阳焕发勃勃生机，绿水青山触目可及，高质量发展的生态底色更加靓丽。

【关键词】　黄河流域生态保护和高质量发展　河长制　幸福河湖

【引　言】　近年来，洛阳市深入贯彻习近平生态文明思想，全面落实习近平总书记视察河南重要讲话精神，积极融入黄河流域生态保护和高质量发展战略，遵循"绿水青山就是金山银山""山水林田湖草是生命共同体"的保护理念，始终坚持生态优先、绿色发展，以河长制为抓手，以幸福河湖创建为载体，以全面提升洛阳生态文明建设水平为核心，严格对标"持久水安全、优质水资源、宜居水环境、健康水生态、先进水文化、科学水管理"目标，健全体制机制、保护治理并重、系统综合施治，重拳"治乱"、铁腕"治病"、系统"治根"，基本形成"城水相依、水绿相融、人水和谐"的水生态建设新格局。

---

* 河南省洛阳市水利局供稿。

一、背景情况

洛阳市地跨黄河、长江、淮河三大流域，黄河干流及其伊、洛、瀍、涧四条支流穿城而过，五水融汇、山河拱戴，因水而名、因水而美。近年来，洛阳市以入选全国首批水生态文明城市建设试点为契机，在守牢河湖防洪安全底线的基础上，以流域为体系、以网格为单元，以河湖管护体系为保障，统筹推进水安全、水资源、水环境、水生态、水文化五水系统治理，一体实施推进水资源科学配置、水资源节约保护、水生态综合治理工程等重点工程，铺展开"河畅、水清、岸绿、景美、人和"的幸福画卷，探索走出了一条具有洛阳特色的黄河流域水生态文明建设新路径。

二、主要做法和取得成效

（一）把握大势，抢抓水利高质量发展机遇

治水兴水，功在当代，利在千秋。近年来，洛阳市通过统筹推进四水同治、五水综改，河湖治理逐步由以城区段为主向全域水体拓展。全市先后谋划实施截污治污、引水补源、湿地游园、河流清洁、路网建设、沿河棚改等6大类320项治理项目，完成投资450余亿

伊河龙门古韵段

元,为维护河湖健康生命、实现河湖功能永续利用提供坚实保障。洛阳市从建设岁岁安澜的平安河湖、充满活力的健康河湖、水质优良的美丽河湖、人水和谐的生态河湖、传承历史的文脉河湖、科学高效的智慧河湖等六个方面,高标准开展幸福河湖建设。在实践中,洛阳坚持循序渐进、适度超前的竞争性创建思路,梯次开展省级、市级、县级幸福河湖创建,有效修复黄河流域及岸线生态环境,打造幸福河湖示范创建的"洛阳样板"。

(二)综合整治,推动水环境全面改善

洛阳深刻把握"根子在流域"的重大要求,汲取各地暴雨灾害事故教训,立足实际,在全国和河南省率先探索开展中小流域综合治理,圆满完成以清淤、清障、护堤为主要内容的中小流域"两清一护"综合治理,累计清淤748万立方米,清理阻水树木64万余棵,治理河长875公里,河道行洪能力大幅提升,顺利通过汛期考验。落实"一河一策"关键任务,持续推动河湖水生态环境治理与修复,2022年洛阳市13个地表水国省考断面全部达到考核目标,其中洛河长水等3个断面水质优于考核目标一个类别,Ⅰ~Ⅲ类优良水质断面占比为92.3%,水环境质量排名全省第一;洛阳市伊洛河被省生态环境厅命名为首批"美丽河湖"优秀案例。坚持把河湖治理与城市提质

水美洛浦

和生态惠民结合起来，高品质打造滨水绿色空间，伊洛瀍涧"四河"形成500余公里绿色生态走廊，中心城区实施兴洛湖、文博体育公园、伊水游园等游园公园300余个，形成了山水交融、岸绿水清、宜居宜赏的生态绿廊，让群众出门进园、开窗见绿。

（三）系统施治，加快水生态系统修复

坚持山水林田湖草沙综合治理、系统治理、源头治理，加强主要河流基本生态流量保障，强力推进水资源统一调度，2022年洛阳市获得全省黄河流域横向生态补偿省级引导资金1826万元，连续两年在沿黄10市中位居首位。推动国土绿化提速提质，加快推进沿黄生态廊道建设，完成以伏牛山为重点的21万亩山区营林任务、15万亩森林抚育任务，建设黄河干支流生态廊道1.3万亩。加强湿地保护管理，湿地总面积74.5万亩，湿地保护率55%，超过全省平均值2.6个百分点。持续开展水土流失综合治理，完成水土流失综合治理工程6个，超额完成省定270平方公里年度任务，先后荣获"国家水土保持生态文明城市""国家首批水生态文明城市""国家园林城市"等称号。

洛河城区段风景如画

（四）传承发展，促进文旅深度融合

黄河文化是中华文明的重要组成部分，是中华民族的根和魂。洛

阳坚持生态文明建设与传承弘扬黄河文化相结合，着力讲好新时代"黄河故事"。如今，洛阳河湖已成为讲述中国历史、传播黄河文化、宣传生态文明思想的重要阵地。伊洛河畔，隋唐洛阳城国家遗址公园再现盛世隋唐气象，二里头夏都遗址博物馆、隋唐大运河文化博物馆等博物馆群构筑"东方博物馆之都"，国潮汉服、唐宫乐宴、洛神水赋、龙门金刚等文旅IP惊艳出圈，古今辉映，诗和远方的城市风貌更加彰显。

三、经验启示

（一）坚持科学布局，注重与大保护大治理统筹结合

洛阳市强化竞争性创建机制，按照省、市、县三个层级标准，分层次、有步骤地开展幸福河湖建设，做到应创尽创。各县、区制订阶段性建设方案，合理确定"十四五"期间创建的层级、数量和河段，分年度、分步骤、有批次地进行安排部署，生态基础条件好的县区，积极争创全域幸福河湖。坚持幸福河湖建设与实施黄河流域生态保护和高质量发展规划、南水北调后续工程高质量发展规划结合起来，与"四水同治""五水综改"等重点治水兴水工作结合起来，与河湖"清四乱"结合起来，不断推动河湖长制、河湖管理保护迈上新台阶，以幸福河湖创建为人民群众获得感、幸福感"加码"。

（二）坚持立法先行，优化顶层设计

治水兴水离不开法治保障和制度保障。坚持立法先行，以良法促善治。2020年出台《洛阳市城市河渠管理条例》，2022年出台《洛阳市水资源条例》，对城市河渠的建设、保护和管理以及水资源节约集约利用、供水安全等作出了明确规定，为保障城市防洪安全、改善城市河渠环境、维护河湖健康生命、促进城市生态文明建设提供了法律支撑和法治保障。以此为支撑，洛阳全面加强水利法规制度建设，实行水生态环境保护综合行政执法机关、公安机关、检察机关、审判机关信息共享、案情通报、案件移送制度。同时，加快推动完善环境公益诉讼制度，与行政处罚、刑事司法及生态环境损害赔偿等制度进行衔接，真正扎紧法律的"笼子"。坚持高位推动，以制度管长远。出台《洛阳市"十四五"水安全保

障和水生态环境保护规划》，把幸福河湖建设作为河长制工作提档升级的首要任务，列入市政府重点任务督查事项，纳入河长制工作年度考核，并通过召开市政府专题会议、河长制局际联席会议、专题推进会等方式，全面部署工作、层层压实责任，加强协调联动，形成工作合力。坚持跟踪管理，以实干求实效。在推进中，先后印发《洛阳市总河长令第1号：全面开展幸福河湖建设的决定》《洛阳市幸福河湖建设实施方案》《关于省级幸福河湖建设工作推进实施计划》《关于开展幸福河湖建设工作情况调度的通知》《关于加快推进幸福河湖建设的通知》《黄河流域生态保护和高质量发展涉水领域专项监督实施方案》等文件，对建设任务进行再明确、再细化，建立动态台账，实施每月调度，形成了合力攻坚、奋勇争先的浓厚创建氛围。

（三）坚持生态优先，让黄河成为造福人民的幸福河

作为黄河流域重要节点城市，黄河在洛阳蜿蜒流淌96公里，中下游在此分界，形成了一道集山区峡谷、高峡平湖、滩区湿地等多样风貌的景观长廊。目前，黄河孟津段（白鹤镇霞院村至会盟镇台荫村）总长20公里干流河道，成为河南省首条正式创建省级幸福河湖的黄河干流河段。构建持久水安全，健全防汛抢险应急救灾机制，持续开展妨碍河道行洪突出问题整治，确保河道通畅、河势稳定、堤防岸坡牢固、水利工程运行良好。落实优质水资源，落实用水总量和强度双控目标，建立黄河生态流量保障制度，确保水质稳定达到Ⅲ类以上。打造宜居水环境，持续开展入河排污口排查整治，减少各类入河湖污染负荷量，组建黄河保洁队伍，保持水面岸滩干净整洁，水质长期稳定在Ⅲ类以上，有"万里黄河孟津蓝"的美称。维护健康水生态，开展生态清洁小流域建设，全面保护湿地，岸带植被覆盖率提升到90%以上，保护湿地生物多样性。弘扬先进水文化，依托汉光武帝陵等历史资源，建设沿河湖生态、历史、文化等特色主题公园，建设河长制主题公园，打造亲水近水活动场所。实现科学水管理，全面落实河长制，加强岸线空间管控，纵深推进河湖"清四乱"常态化规范化，实现黄河沿线视频监控全覆盖，打造智慧河湖，推动黄河保护治理全面提档升级。如今，黄河孟津段已建立省、市、县、乡、村五级河长体系，空间管控有序，水事秩序良

好。随着黄河生态廊道贯通,黄河沿线的自然湿地、历史古迹、美丽乡村等串珠成链,已然成为洛阳幸福河湖建设的典范和人们亲近黄河的打卡地。

(执笔人:史晓燕)

南岗河的幸福蝶变

——广东省广州市黄埔区大都市小流域幸福河湖建设的探索与实践[*]

【摘　要】2022年，广东省广州市黄埔区南岗河入选水利部首批幸福河湖建设项目。针对新时期河湖治理面临的矛盾和挑战，黄埔区坚持以人民为中心，以深入推进河湖长制为抓手，通过优化河湖绿色空间、开展河湖生态复苏、增强城市防洪排涝韧性、提升河湖管护水平、发展水经济等举措，使河湖治理带给群众的获得感、幸福感、安全感不断提升，实现了流域生态环境改善和经济社会高质量发展的有机统一，形成了新时代高度城市化地区小流域幸福河湖建设的生动实践。

【关键词】　幸福河湖　河湖长制　生态治理　水经济

【引　言】2019年9月，习近平总书记在黄河流域生态保护和高质量发展座谈会上提出"让黄河成为造福人民的幸福河"。"幸福河"的提出，全面彰显了以人民为中心的治水理念，是站在人与自然和谐共生的高度，推动"绿水青山就是金山银山"理念的深入贯彻落实，是新阶段河湖保护治理的行动指南和目标。以广东省广州市黄埔区南岗河幸福河湖建设为例，全面系统总结幸福河湖建设的主要做法和取得的成效，可为粤港澳大湾区乃至全国幸福河湖的建设提供参考和借鉴。

一、背景情况

南岗河地处广州市黄埔区中东部，上游位于生态区，中游串联广州科学城高新区，下游穿越广州开发区等制造业重地，汇入东江，干流全长24公里。南岗河流域自然禀赋优越，生态环境良好，文化底蕴深厚，经济发达、产业兴旺、人口密集，是岭南穿城河流的典型代表。

---

[*] 广东省广州市黄埔区河长办供稿。

在经济社会高速发展的同时,南岗河治理面临新的矛盾和挑战。一是极端天气带来的洪涝灾害形势严峻。南岗河流域受上游山洪、中游内涝、下游台风暴潮的多重威胁,流域地处大湾区核心腹地,具有重要战略地位,城市更加"淹不起、涝不起"。二是快速城市化与水生态环境矛盾凸显。南岗河流域工业企业密集、人口众多,防治水污染、保持河湖水体"长制久清"、改善生物多样性单一、优化生态廊道、恢复生态系统等工作迫在眉睫。三是百姓对水的需求动态变化。群众对优美生态环境需求日益增长且动态变化,除生态安全需要以外,对生态空间和人居环境的要求不断提升。

南岗河入选水利部首批幸福河湖建设项目,建设内容主要包括河湖系统治理、管护能力提升、助力流域区域发展三大任务,共安排33宗项目,建设期内完成投资4.7亿元。经系统治理、精心打造后,南岗河褪去了铅华旧貌,完成了幸福蝶变,犹如镶嵌在黄埔城区的绿色长廊,成为粤港澳大湾区具有"小而全、小而精、小而美、小而富"独特气质的河流,成为一条流淌着幸福的河。

二、主要做法

(一)优化空间布局,保留完整的山水格局和生态空间

坚定不移走生态优先、绿色发展道路,严格河道水域岸线空间管控,保留更多的公共绿色空间。据初步统计,南岗河干流水域面积约49万平方米,但河滩地和缓冲带植被覆盖面积达到108万平方米。幸福河湖建设以来,南岗河干流新增碧道7公里,实现全线贯通;增设驿站亲水平台近20处,优化利用桥下空间近1万平方米,新增公共活动场所36处,设置科普、休闲、健身等设施81项,新设城市家具、标识系统、灯光亮化等便民设施近千处,为群众提供了更宜居、更健康、更生态、更亲近自然的生活空间。

(二)坚持生态治理,推动水生态环境持续好转

经过系统治理,南岗河水质从劣Ⅴ类提升到Ⅲ类;南岗河干流长24.12公里,自然岸线与生态化改造岸线长度占河湖岸线总长度90%以上;现有鸟类68种,包括国家二级重点保护鸟类褐翅鸦鹃、红喉歌鸲和画眉;特有物种麦穗鱼、南方波鱼和拟细鲫等鱼类回归,水生态环境持

南岗河文教园区段

续好转。一是源头治污，完善污水处理系统。以流域为体系、以网格为单元，实施网格化治水，清理整治"散乱污"场所780多个；实施排水单元雨污分流整治，达标率超过95%；新增污水处理能力15万吨/日，实现"排水用户全接管、污水管网全覆盖、污水处理全达标"。二是自然修复，复苏河湖生态。创新实施河涌自然水位运行、少清淤、不调水等绿色低碳治理举措，让淤泥见阳光，中间走活水，形成河底湿地，依靠自然力量修复河道生态。三是低碳减排，推动水资源循环利用。创建国家典型地区再生水利用配置试点，建设萝岗水质净化厂再生水利用示范点，将再生水引入生态湿地净化后反哺河道，同时满足沿线市政、绿化用水需求，每年节水200多万立方米，降低成本900多万元，实现"污水再就业"。四是营造生境，增加生物多样性。全面摸清南岗河生态本底，确定4大特色生态分区和12种核心目标物种，按照"食物链自然法则"，通过微干扰生境设计手法，营造沙洲、浅滩、湿地等24种韧性多样的生境，形成独特的山溪型河流自然生态景观。

（三）坚持安全为重，防洪屏障进一步筑牢

坚持源头治理、系统治理、综合治理，实行洪涝共治，进一步提升了城市水安全韧性。一是源头管控，加强安全评估。将防洪排涝作为城市建设的刚性约束，率先开展规划建设项目洪涝安全评估，与国土空间规划有效衔接，从源头破解城市防洪排涝难题。二是海绵调蓄，增强城市韧性。因地制宜巧妙设置生态驳岸缓冲带，开展雨水排口生态化改造、慢行系统透水铺装、打造雨水花园等，强化海绵生态系统。三是洪涝共治，筑牢安全屏障。积极探索高密度城市洪涝共治措施，上游水库挖潜、拦蓄山水，中游拆陂拓卡、海绵调蓄，下游新建水闸、管网提标，构建了"上蓄、中滞、外挡、分散调蓄"的工程体系。

南岗河生机盎然白鹭起舞

（四）完善体制机制，提升河湖管护水平

不断健全完善河湖长体系，建设数字孪生流域，实现多目标智慧化高效管护。一是智慧引领，打造数字孪生流域。织密水雨情、水质、内涝积水、管网液位、水工程安全等要素自动化监测网络，运用三维可视化和数字模拟仿真等技术，构建防汛调度、水资源管理、智慧碧道平台等"2+1+N"业务应用平台，打造了水安全、水环境、水生态和水工程调度等多元业务"一张图"。二是压实责任，实行绩效挂钩。将河湖建设与管护纳入河湖长制考核内容，并与绩效挂钩。2022年4月以来，南岗河三级河长共巡河819次，协调解决处理各类问题423宗，按期办结率为100%。三是标准化管理，健全长效机制。推进水务执法权责下沉街镇，建立健全水行政执法与检察公益诉讼协作机制；建立了涵盖河涌巡查、水面保洁、绿化管养、管网维护等共380多人的基层河湖管护队伍；颁布实施河涌巡查支出定额标准，建立河涌巡查工作监督考核制度。

（五）传承优秀水文化，发展水经济

一是以水为脉、筑境营城。深入挖掘、传承流域文化资源，构成"段段有文化，道道有特色"的水文化系统。南岗河长平段充分利用山水本土自然形态，恢复"鸢飞鱼跃，山高水长"的岭南山水意境；文教园区段将岭南书院文化与河滩景观相融合，打造最具人文气息的滨水休闲空间；河口的龙舟文化体育公园，成为开展龙舟赛事、传承龙舟文化的平台。二是促进水岸经济蓬勃发展。幸福河湖建设串联起周边文旅资源，有力推动假日经济、休闲经济发展，激发周边民俗、餐饮、旅游、零售等消费潜力。"黄埔红"红茶文化创意园利用南岗河上游优质的山水自然资源，打造生态旅游和绿色农业发展新业态。三是加速产业人才聚集。南岗河流域良好的生态环境成为黄埔区营商环境的独特优势，聚集了粤港澳大湾区国家技术创新中心、黄埔实验室等一大批高水平科技创新平台，2022年，南岗河流域四上企业1300多家，比2019年增加104%。

南岗河农业公园段

三、经验启示

（一）坚持以人为本建设原则

良好的生态环境是最普惠的民生福祉。幸福河湖建设过程中把人民群众的需求放在首位，前期建设方案广泛听取群众意见，建设过程中从细微入手解决群众关心的问题。通过碧道建设进一步完善城市慢行系统，使群众交通出行更加高效便捷；利用桥下空间、河边绿地打造滨水空间，弥补城市生态休闲空间的不足；以幸福河湖为载体，举办户外音乐会、健康徒步等活动，深受群众欢迎。

（二）坚持生态文明理念引领

尊重自然、顺应自然、保护自然，守住自然生态安全边界。南岗河流域在城市开发建设过程中重视水域岸线管控，尽可能保留河谷滩地、生态驳岸，筑牢生态基底；幸福河湖建设中着重构建城市河道韧性生态系统，大力开展河流生境营造和生态复苏，使南岗河成为城市中宝贵的生态绿廊，实现城市发展与生态环境保护的良性循环、相互促进。

（三）坚持智慧管护科技牵引

超大城市的河湖治理涉及水安全、水资源、水生态、水环境等方面，又与城市建设、市政排水等因素密切相关，是一项复杂的系统工程。幸福河湖建设中，一方面突出人的因素，以深入推行河湖长制为抓手，不断完善全过程管控体系，实现河湖管理标准化、法制化、常态化和规范化；另一方面以科技为牵引，通过卫星遥感影像技术、数字孪生技术的应用实践，不断提高智慧水务管理水平，进一步提升河湖管理的水平和效能。

（四）坚持水经济水文化联动发展

将河湖治理与产业升级、城市更新、景观绿化、人文环境建设相结合，通过河流与水岸的开发利用，带动文化、旅游甚至科技创新等相关产业发展。水美了，生态好了，城市也就美了，企业和人才更愿意留下来，南岗河幸福河湖建设成果已经转化为黄埔区招商引资的"金字招牌"。

（执笔人：高大康 钱树芹）

三河汇碧焕新颜　临江碧水载幸福

——重庆市永川区"三步发力"推动临江河幸福河湖建设[*]

【摘　要】 临江河系长江左岸一级支流，与支流跳蹬河、玉屏河在永川城区交汇形成"三河汇碧"，被称为永川人民的母亲河，其形如篆文"永"字，永川因此而得名。但其"水量""水质"曾因无法承载城镇的高速发展，水环境逐渐恶化，"三河汇碧"一度成为"脏、乱、差"的代表。自河长制推行以来，由永川区委书记担任河长，区生态环境局为流域牵头部门，全面推动临江河幸福河湖建设。通过前期"精准施策"治污、中期"系统治理"提质、长期"创新管护"巩固，三步发力，推动临江河由"脏"到"净"、由"净"到"清"、由"清"到"美"的蝶变跃升，绘就了"河畅、水清、岸绿、景美、人和"的幸福河湖新画卷，"三河汇碧"再现"几弘碧水穿城过"的昔日景象。

【关键词】 河长制　临江河　幸福河　系统治理　长效管护

【引　言】 习近平总书记多次就治水发表重要讲话、作出重要指示，对长江经济带共抓大保护、不搞大开发作出重要部署，发出了建设"造福人民的幸福河"的伟大号召，为推进新时代治水提供了科学指南和根本遵循。临江河是浅丘型地区源头性中小河流的代表，枯水期来水少，集污面大，水生态环境极其脆弱。永川区深入贯彻习近平生态文明思想，全面落实党中央、国务院关于强化河湖长制、建设幸福河湖的部署要求，围绕"治理一条河、改变一座城"总体思路，锚定"防洪保安全、优质水资源、健康水生态、宜居水环境、先进水文化、智慧水管理"目标，积极探索实践临江河幸福河湖建设路径，为中小型浅丘型幸福河湖建设提供宝贵的先行先试经验。

一、背景情况

临江河是长江左岸一级支流，发源于重庆市永川区宝峰镇，至重庆

---

[*] 重庆市永川区河长办公室供稿。

市江津区朱杨镇汇入长江，河长106公里，流域面积730平方公里，其中永川境内河长88公里，流域面积655平方公里。永川区属于重度缺水地区，人均水资源量仅630立方米，约为重庆市的1/3、全国的1/4，水资源紧缺问题突出。随着工业化、城镇化的快速推进，需水量急剧上升，加之管网缺失、污水直排等影响，临江河的水量和水质已无法承载沿岸人口的增加和工业经济的发展，水环境质量一度恶化。沿岸居民口口相传着这样的顺口溜："20世纪70年代淘米洗菜，80年代洗衣灌溉，90年代鱼虾绝代，2000年代已是黑臭难耐"，临江河逐渐成为沿岸居民的"心病""痛点"。黑臭问题突出、"三河汇碧"美景不在，临江河治理已刻不容缓。

2017—2021年，永川区把临江河流域综合治理作为"一号民生工程"，以河长制为抓手，由区委书记担任区河长，全面打响临江河流域综合治理攻坚战，显著改善流域水环境，让临江河蝶变新生。2022年，临江河成为西部地区唯一入选全国首批幸福河湖建设试点项目，聚焦系统治理、管护提升和流域发展，开展幸福河湖建设，对临江河流域面貌进一步提档升级，将其建设成造福永川人民的幸福河。

二、主要做法和取得成效

（一）精准施策，昔日"黑臭水体"成今日"碧波清流"

聚焦"地上地下、水上岸上"，对流域进行全面体检，查清各类污染源；围绕"转型发展、通报整改、行政处罚、依法关停"的思路，先后开展养殖业、工业企业、食品小作坊、餐饮企业、农贸市场、城镇排水、千沟万塘7个专项整治行动，累计整治流域各类污染源超3万余处，新建城乡污水管网380多公里，维修和改造城区原有管网72公里，新建、提标改造污水处理厂（站）70余座；参与国家级重点研发专项"流域水环境质量改善与综合治理"流域面源污染防控技术与应用示范项目，与9家环保、农业科研院所和高校开展研究，研发丘陵山区流域面源污染"测、溯、算、治、管"全链条防控技术，提升临江河流域面源污染治理能力。通过查清源头、精准施策，曾经黑臭难耐的临江河水质实现稳步提升，城区黑臭水体已彻底消除，重要断面河流水质由劣Ⅴ类提升到Ⅲ类，水生环境逐渐恢复。

（二）系统治理，昔日发展"瓶颈"成今日发展"动力"

一是夯实水安全基础。全流域建成103公里堤防护岸、44座中小型水库水雨情监测、15处河道水位及流量监测、1套无人巡河系统设备，及核心城区水旱灾害预报模型、水旱灾害风险评估评价以及核心区洪水风险图分析模型等信息管理平台，防洪达标率提升20%；实施松溉长江提水及龙门溪、小安溪、九龙河至临江河水系连通工程，年调水量可达4000余万立方米，建成3套工情信息采集和调水流量监测站点、水质监测站25处，开发城区水质水量耦合调度模型，优化全区水资源调度和水质水量调配体系，切实保障75万永川人饮用水、38.7万亩土地农用水、328家企业用水，为区域高质量发展提供坚实的水利保障。

临江河生态鱼鳞堰

二是描绘水生态画卷。建成临江河数字孪生小流域，实现河库水系连通工程、松溉长江提水工程科学调度，通过多源互补、互济互通，生态补水量可达2180万立方米/年，通过"引水"保障生态和景观用水；将传统堰坝改造成多功能景观堰坝，利用微动力使堰前水体回流，通过"活水"增强水动力和自净能力；结合岸线特点，将生态缓冲带、立体湿地、潜（表）流湿地、生态浮岛、点源污水处理技术有机组合，建成生态湿地78万平方米，通过生态"净水"，削减入河污染负荷、增强水体自净能力。在河流健康评价中，临江河水生动植物达到丰富等级，已成为生态健康、岸绿景美的河流。

临江河芭江竹语段

三是增添幸福底色。与"城市田园"相融合，探索"田园＋生态缓冲带"河岸带修复模式，建成芭江竹语、临江广场、梳妆台广场等示范河段，实现土地保护和水生态修复"共生"，山水田园诗意"共享"，群众"共育"，开创了可持续发展新格局；与文化传承相融合，打造以竹溪夜雨、三河汇碧、仙龙飞渡、治水故事为主题的滨水文化驿站，依托临江河水文化展示馆、国家级水利风景区和水情教育基地，不断丰富治水内涵，出版《临江河幸福河》书籍、临江河幸福河文化宣传图册，大力弘扬优秀水文化；与产业发展相融合，通过建设植草沟、渗透渠、缓冲带，对农业面源污染进行拦截消纳净化处理，为产业发展拓展生态空间，助力产业绿色发展；依托临江河流域日益优质的河库资源，发展永川秀芽、永川香珍、永川柑橘等特色产业，开发黄瓜山、十里荷香等乡村旅游，带动流域内凤凰湖产业促进中心和大数据产业园产业结构升级（2022年，临江河流域凤凰湖产业促进中心和大数据产业园产值达1361.5亿元，居民人均可支配收入达4.1万元）。

（三）创新管护，昔日城市"痛点"成今日城市"名片"

一是精细化巡查管护体系。创新"河长制＋网格化管理"机制，通过"智慧河长"系统，数字化、流程化"巡查—上报—核实—交办—整改—反馈—考核"管理机制,打通河库管护"最后一公里"。

二是一体化联合管理体系。推行"周督查、月评比、季通报、年考核",压实行业及属地监管责任;健全流域横向生态保护补偿机制,推动上下游镇街成本共担、效益共享、合作共治;签订跨界河流合作协议书,促进上下游联动,左右岸合力共治。

三是立体化监督管理体系。发挥河库警长和检察长力量,健全案件移送及联席会议等机制,实现水行政执法与刑事执法、检察公益诉讼有效衔接;推进社会监督员、"一河段一委员"常态化社会监督,引导公众广泛参与,不断强化河库社会监管力量,为建设幸福河湖凝心聚力。

临江河畔三河汇碧新貌

三、经验启示

(一)河长制护航,机制创新,是幸福河湖建设的"基础保障"

全面推行河湖长制是习近平总书记亲自谋划、亲自部署、亲自推动的一项重大改革举措和制度创新,为江河湖泊湿地生态保护治理提供了路径指引和具体抓手。地方要结合实际,从人员资金保障、资源整合、新技术应用等方面,积极探索新思路、新模式、新机制,探索提升河长制工作现代化管理水平。永川区在原三级河长基础上推行"河段长制",区级、部门河段长充当"领头雁",全面构建以党政主要负责人为引领,以河长制责任部门为责任主体的河湖管理保护体系；并以"智慧河长"平台为载体，创新探索"河长制＋网格化管理"工作机制，组建覆盖全域的河库网格专管员队伍，推动河湖"治、管、护"高质高效，全力做好水文章，为建设幸福河湖奠定坚实的基础。

（二）高站位推动，多方发力，是幸福河湖建设的"坚强动力"

建设幸福河湖，要坚持山水林田湖草沙一体化保护和系统治理，就需要全面发动、全域展开、全员参与。永川区委、区政府以铁腕治水的决心，由区委书记担任临江河区河长，统筹调度流域系统治理工作，凝聚各部门合力，聚焦陆上水上、地表地下，在更深层次、更广范围、更高水平推进水安全、水资源、水生态、水环境、水文化、水管理建设，积极动员公众参与度，构建全民"共建共治共享"的良好格局，以幸福河建设带动全域生态文明建设，让永川区成为近者悦、远者来的安居乐业之地。

（三）高质量发展，高品质生活，是幸福河湖建设的"内涵"和"使命"

建设幸福河湖，是响应习近平总书记伟大号召、贯彻落实党的二十大精神的具体行动。要不断丰富治水的内涵、载体，将其融入城市转型升级、乡村振兴总体进程中，逐步提升城市品质和人文品位，提高区域可持续发展能力，探索"两山"转化新通道。永川区深入挖掘河湖社会服务功能，依托河湖优质水资源、优美自然风光、历史文化遗存，推动和发展资源消耗低、环境污染少、科技含量高的绿色产业结构和绿色产业链，将良好的河湖生态环境转化为深具潜力的城乡绿色发展增长点，不断提升经济发展"含金""含新""含绿"量。

（执笔人：周宝佳　聂雪梅　刘佳佳　冉巍）

绿色始于心 河长践于行

——贵州省贵阳市以河长制为抓手，共绘南明河"一水环城将绿绕"美好画卷*

【摘　要】　南明河是贵阳人民的"母亲河"，见证了贵阳的变迁和发展。昔日，因城市发展，大量生活污水、工业废水直排入河，导致水生态环境不断恶化。近年来，贵阳市以全面推行河长制为契机，通过创新河长制工作机制、综合施策、把脉河湖健康、推进大数据赋能等手段，打造了以南明河为典型的幸福河湖，实现了南明河"河畅、水清、岸绿、景美、人和"的目标，人民群众获得感、幸福感和安全感明显提升。

【关键词】　南明河　幸福河湖　河长制　系统治理

【引　言】　全面推行河长制，目的是贯彻新发展理念，以保护水资源、防治水污染、改善水环境、修复水生态为主要任务，构建责任明确、协调有序、监管严格、保护有力的河湖管理保护机制，为维护河湖健康生命、实现河湖功能永续利用提供制度保障。全面推行河长制工作以来，贵阳深入落实"节水优先、空间均衡、系统治理、两手发力"治水思路，坚持问题导向、目标导向、结果导向，强化河长履职尽责，以河长制带动"河长治"，不断完善南明河治理体系和提升治理能力现代化水平，推动南明河面貌持续好转，构建健康母亲河、幸福南明河。

一、背景情况

南明河是贵阳的"母亲河"，是长江上游的一条重要支流，全长219公里，在贵阳市境内有185公里，流经贵阳市5个区（县）、38个乡镇（街道）、91个村居，辖区境内流域面积3330平方公里，约占市区国土面积的42%。流域人口约310万，占全市62%左右。南明河流经贵阳市人

---

*　贵州省贵阳市贵安新区河长制办公室供稿。

口最密集、商业最活跃、生产生活最集中的区域,流域地区生产总值3083亿元,占全市60%。中心城区河段长50公里,沿线有小黄河、麻堤河、小车河、市西河、贯城河、松溪河、鱼梁河7条一级支流汇入。

历史上的南明河清澈见底、风光旖旎,一直是贵阳居民的直接饮用水源,沿线"游泳垂钓、淘米浣衣"的美好情景随处可见。20世纪末,随着工业化、城镇化的快速推进,大量生活污水、工业废水直排南明河,导致河道丧失自然净化的能力,重要支流贯城河水体黑臭,南明河中心城区段水质长期处于劣V类,水生态系统完全崩溃。房地产、公路、基础设施等各类工程的开发建设,不可避免地影响水体环境,破坏鱼类生境,南明河水生生物多样性遭到破坏。同时,由于缺少生态补水,加之人口飞速增长,取水量大大增加,河流水资源严重不足,南明河成为一条"失去生命的河流"。

南明河治理既是环境问题,更是百姓关切,故必须还南明河一湾清水。坚持"政府主导、机制创新、依法治理、科技支撑、全民参与、长治久清"原则,按照"控源截流、内源治理、疏浚活水、生态修复"的思路,坚持营造宜居水环境、打造良好水生态、维护优质水资源、提升先进水文化的策略,优化顶层设计,构建以河长制为统领的全域河湖管理体系,坚持高点定位、高位推进,层层压实主体责任,着力完善河流治理体系和结构。通过打出一系列组合拳,有效解决了南明河核心段淤积重、水变黑、臭味浓等突出问题。

二、主要做法

(一)优化顶层设计,创新河长制工作机制

贵阳市以全面推行河长制为抓手,在组织机构、人员队伍、体制机制等方面不断改革创新。一是配置高规格领导体系。设立由市委市政府主要领导同志任双总河长,由市政府分管水务工作的副市长任副总河长兼市河长办主任,市水务局、市生态局主要负责人任市河长办常务副主任,市水务局设专职副主任的高规格河长制领导体系。二是组建河湖保护机构。组建副县级事业单位贵阳市河湖保护中心(75名编制数),为南明河治理和保护工作提供了有力支撑。三是建立完善河长体系。完善市、县、乡、村四级河长体系。目前,南明河共设立五级河长149人,其中省

级河长1人、市级河长2人、县级河长9人、乡级河长47人、村级河长90人，同时建立流域河长体系。形成由河长办牵头，相关部门联动的"巡查—交办—整改—督导—反馈—核实"的闭环工作机制。四是构建高效率运作机制。进一步规范南明河保护和治理工作，建立完善工作调度机制、工作预警机制等十余项工作机制。健全完善"河长＋警长""河长＋检察长"等部门联动协作机制，建立跨区域联防联控机制，形成纵横相连、部门联动、区域和水域相接的南明河管护格局。

（二）坚持综合施策，大幅提升水环境治理水平

结合城市黑臭水体治理，实施19条排水大沟整治，新建污水管网65公里，改造排口263个，大幅提升雨污分流能力，分离3.5吨/天清水入河。完成南明河干、支流河道清淤113.08万立方米，深坑整治回填21.64万立方米，防淤管道2.3公里；翻板坝改造5座。优化调整城区产业结构，实施工业企业"退城进园"行动，消除工业污染。新建7套截污沟除臭系统，改善沿河空气环境质量。通过"地下建污水处理设施，地上建商业综合体、公园广场、体育场等"模式，实现土地集约、环境友好、资源利用，按照"适度集中、就地处理、就近回用"原则，投入75.91亿元，共新建或提标改造污水厂34座（其中新建分布式下沉再生水厂17座），污水处理能力从之前的99万吨/日提高到183.58万吨/日，城市生活污水处理率达98.42%，高品质尾水回补，保障了南明河充足的生态基流。实施了贯城河、市西河、小黄河等南明河主要支流综合治理，进一步提升了南明河补水水质。开展河湖"清四乱"专项行动，全覆盖、拉网式全面排查河湖问题，先后排查整改"四乱"问题125个，基本实现了"四清四无"。开展南明河入河排污口排查整治，通过无人机航测（一级排查）、人工排查（二级排查）、"地毯式"攻坚排查（三级排查）等方式，查明南明河沿线各类排污口320个，完成14个超标排口达标整治。同时建立了贵阳市排污口整治动态化管理平台建设，实现排污口规范化整治工作全流程信息化管理。

（三）把脉河湖健康，推进水生态环境持续改善

一是充分发挥河长制作用，通过召开河长会议，签发河长令等形式，协调解决突出问题，建立定期巡河制度，制定实施南明河"一河一策"。二是积极推行运用河湖健康评价手段，实时监测河湖健康。2017年起，贵

阳市在全省率先实施河湖生态健康考核评估，每年对包括南明河在内的重要河湖进行"体检"，为各级河长及相关主管部门履行河湖管理保护职责提供依据，并将评价结果运用到年度河长制考核中。按照水利部发布的《河湖健康评估技术导则》（SL/T 793—2020）标准，2022年南明河全河段河湖健康评价结果为健康状态，丰水期评价结果接近非常健康状态。

（四）推进大数据赋能，推动河长制工作迭代升级

一是依托大数据发展先行优势，采用"1＋2＋N"的顶层设计模式建设智慧水务大数据平台。充分运用大数据、物联网、云计算等现代化技术手段，动态收集跨部门、跨区域的水环境质量监测等数据，实现对南明河水环境动态监管，帮助河长实时掌握南明河的水质水文现状、水质达标情况，分析南明河污染成因、污染空间分布特点，为河长调度解决南明河问题提供决策支撑，为打造智慧城市创新发展提供"水务支撑"。二是开发了面向河湖管理人员的"河长App"，通过"河长App"，河长可随时用手机查看河流的水质及变化情况，掌握"第一手"信息，为日常的河长巡河、生态治理等管理业务提供便捷工具，推进南明河长效管护，提升精细化管理水平。

治理前后的南明河对比图

三、取得成效

2017—2022年，高锰酸盐指数由4.13毫克/升下降到2.8毫克/升，氨氮由1.84毫克/升下降到0.33毫克/升，总磷由0.34毫克/升下降到0.17毫克/升，优质水资源充分凸显。河流自然岸线占比达到90%左右，2022

年，南明河上2个水文站点生态流量达标率显示达标率均为100%。南明河干流沉水植物覆盖率达到80%；水生植物种类突破10种；优势鱼类种类数多达9科、29种（其中鲤科20种），浮游植物达到6门58属（种），其中绿藻门达到25属（种）；底栖动物种类达到33属种；对水质要求很高的中华秋沙鸭等鸟类前来觅食栖息。生物多样性指数、水生植物盖度、生态系统完整性等显著提升，"水清岸美有文化，鸟飞鱼跃人欢畅"的自然景观得到恢复。

四、经验启示

（一）强化河长抓手，高位统筹推动

贵阳市委、市政府始终坚持将河长制工作作为党政"一把手"工程强力推进，继续坚持高位统筹、部门联动、措施精准、强力推动，建立"河长＋警长""河长＋检察长""河长＋部门"工作协调机制，构建了强有力的河湖保护体系，以"河长制"为南明河"河长治"保驾护航。

（二）践行系统观念，实施流域治理

贵阳市以中央环保督察整改为契机，紧盯污水直排突出问题，坚持系统思维、综合治理、精准施策，统筹谋划南明河综合治理大文章，采取"截污治污为前提，消除内源污染为保障，提升两岸环境质量为补充，恢复生态自净能力为根本"的总体技术路线，从更广的地域范围、更长的时间范畴来看待经济发展与生态保护的关系，严守河湖生态红线，易地搬迁污染排放大户，实施全流域山水林田湖草系统治理，沿河道打造湿地公园、休闲广场、滨水空间，推动生态优势转化为发展优势，把建设生态文明的过程变成为百姓谋福祉的过程，不断提升人民群众获得感、幸福感、安全感。

（三）突出靶向治疗，根治河流问题

对排水大沟实施清污分流等整治工程，分离清水入河、污水入管。推动原有"末端兜底"向"前端减量、沿途分处"转变，提升南明河沿线污水处理能力。在优化污水处理厂布局后，高品质尾水作生态基流补水，河流自净能力得到强化，生态系统逐步恢复。

（执笔人：蒋帅　代旭）

建设幸福河湖　邂逅诗画银川

——宁夏银川市全面推进幸福河湖建设的实践经验[*]

【摘　要】 近年来，银川市深入贯彻落实习近平生态文明思想，坚持绿水青山就是金山银山，以河湖长制工作为抓手，聚焦河湖生态退化、岸线绿化品质不高、市民亲水近水体验感不强等突出问题，紧紧围绕"两纵八横多湖"水网布局，坚持水岸同治、区域联治、部门共治，系统实施水安全保障、水生态修复、水环境治理等项目，提档升级岸线园林绿化景观效果，配套提升滨水公园基础设施，规划建设环湖绿道、亲水平台等，着力促进城水融合，奋力打造"安澜净美、水丰草美、岸带秀美、治水慧美、人文弘美"的幸福河湖。

【关键词】 水岸同治　城水融合　幸福河湖

【引　言】 2019年9月，习近平总书记在黄河流域生态保护和高质量发展座谈会上，发出了"让黄河成为造福人民的幸福河"的伟大号召，让幸福河湖成为新时代江河治理的航标。2020年6月，习近平总书记在宁夏考察时赋予宁夏建设黄河流域生态保护和高质量发展先行区的时代重任。银川市以建设先行区示范市为目标，坚决扛牢"加强生态环境治理，保障黄河长治久安"的使命任务，以河湖长制工作为抓手，水岸同治、区域联治、部门共治，努力建设幸福河湖的银川"样板"。

一、背景情况

生态兴则文明兴。银川受黄河之润泽，湖泊湿地众多，古有"七十二连湖"之说，现有"塞上湖城"的美称。全面推行河湖长制以来，银川市大力实施水污染防治、水环境治理、水生态修复等工作，黄河银川段国控断面水质连续6年实现Ⅱ类进出，城区重点湖泊保持在Ⅲ类水质，主要入黄排水沟稳定达到Ⅳ类水质，市区湿地率10.65%。2017年顺利通

---

[*] 宁夏银川市河长制办公室供稿。

过全国水生态文明城市建设试点验收，2018年荣获了全球首批"国际湿地城市"称号。河湖长制的成功推行为建设幸福河湖奠定了扎实基础。对照群众对美好水生态环境和亲水近水的向往和需求，开展幸福河湖建设势在必行。但对标幸福河湖建设目标，仍存在一些短板弱项。

一是缺乏顶层设计，河湖水域岸线未形成统一建设规划。全市园林、体育、文旅、住建、市政、生态环境等部门在河湖治理保护上认识不统一，大多依靠水务部门落实治水任务，在幸福河湖建设上缺乏高平台、全局性的统筹规划和责任分工方案。

二是河湖岸线开发不足，难以满足市民的生活需求。以城区典农河为主轴的水资源及水景观条件优越，但岸线保护与利用存在沿线绿化景观效果和品质不高、滨水步道陈旧、健身设施缺乏、夜间灯光亮化空白等问题，不能充分满足广大市民以水为媒休闲娱乐、健身运动的现实需求，"塞上湖城"的优质河湖资源没有得到充分体现和展示。

三是工程建管衔接不畅，生态效益未全面发挥。部分水环境治理修复项目建成后因管护资金配备不到位导致运行管理单位无法落实，后期河道岸坡绿化养护、设施维护等措施无法及时保障，工程效益得不到持续发挥。

四是水资源总量不足，水生态系统脆弱。随着经济社会快速发展，全市各行业用水需求呈刚性增加，供用水矛盾日益加剧，2020年和2021年全市生态补水量占全市取水总量5.9%和6.4%，生态补水指标已不能充分满足河湖水系的生态用水需求，导致部分末梢河湖水系水位较低、水动力不足，水环境质量存在反弹隐患。

五是城市排水管网不健全，水污染隐患较大。市政排水管网体系不健全，城市管网标准较低，重现期普遍为2年一遇且多数未进行雨污分流改造，暴雨天气下，存在管网雨污混流、污水强排入沟现象，不仅对河湖水系造成污染，还大大降低了雨水资源的利用率。

二、主要做法和取得成效

坚持把保护黄河流域生态作为谋划发展、推动高质量发展的基准线，以先行区示范市建设为牵引，把实施幸福河湖工程作为全市"五大工程"

之一和民生"十心实事"内容，科学顶层设计，创新发展理念，突出示范引领，协同部门作战，奋力开创幸福河湖建设新篇章。

（一）加强科学规划，绘好幸福河湖建设"一张图"

一是坚持"一个体系"规划。按照"全域谋划、分步实施"建设思路，把全市河湖作为一个系统进行整体部署，结合"两纵八横多湖"水网布局，统揽全域编制《银川市水网规划》并开展深度设计，不断建立健全水系连通、河库互补、引排顺畅、利用高效的健康水网体系。二是聚焦"一条主线"谋划。始终把典农河作为幸福河湖建设的主轴线，强化上下游统筹、左右岸协同、干支流互动，融入先进的设计和发展理念，编制典农河贺兰山路段等5个示范带、阅海湖和七子连湖2个示范区及阅海生态湿地示范园的总体规划方案，为典农河高质量发展布局谋篇。三是制定"一个方案"策划。按照"以点带面、串点成线、示范引领"的思路在全区率先制定幸福河湖建设实施方案，成立领导小组，统筹市直各部门及各县（市）区人民政府，细化目标任务、明确责任分工、落实幸福河湖建设责任主体。

（二）推动水岸同治，打造幸福河湖精品典范

按照"水、岸、林、草、园"一体推进的治理思路，坚持水岸同治、区域联治、部门共治，落实防洪排涝、生态修复、岸线提升等重点项目28项，投资近20亿元，重点在改善水生态环境、完善滨水公园功能，满足群众运动休闲体验、提升城市品质上下功夫，共修复湿地5.3万亩，新建4处沿河小微公园及20公里环湖绿道，完成生态缓冲带植被修复796亩，全市重点河湖岸线绿化率达到91.82%，构建了滨水绿带、林水共生的高品质绿色生态空间，实现了"安澜净美、水丰草美、岸带秀美、治水慧美、人文弘美"的幸福河湖，厚植群众人水和谐的幸福感，让游客"来了不想走、走了还想来"。

（三）创新管理机制，推动河湖建管一体化实施

一是充分发挥河湖长巡河督办作用。2022年全市各级河湖长开展巡河9万余次，共计30余万公里，巡河率达100%，解决涉河湖问题112个；深化"1+N"暗访督查机制，对河湖水质不稳定、水面安全管理、黑臭水体整治等问题下发通报6期，督办函7期，督促各级河长、责任单位聚焦问题履职尽责，推动河湖面貌持续改善。二是积极探索河湖管护一体化模式。聚焦城区内人流量集中、休闲锻炼需求高的典农河亲水大街段、阅海湖、陈家湖、华雁湖、滨河湿地公园重点湖泊湿地，每年投入3000万元对水域保洁、岸线绿化、健身器材、滨水步道等进行一体化运行管理维护，破除部门间管理协调不畅的壁垒，全面提升河湖管护水平。三是积极探索引进社会投资、市场化运作模式。探索开展东部片区生态环境引领经济发展EOD项目，将收益性较好的东部片区大健康产业项目与大新渠、燕鸽湖、碱湖等生态保护修复、河湖水系连通整治等公益性项目进行融合，积极探索河湖治理"投、建、管、服"一体化经营模式和绿水青山向金山银山转换的方法路径。

华雁湖夜景

（四）做好水资源文章，加大非常规水源配置利用

一是推进河湖生态复苏。率先在沿黄城市出台实施"四水四定"方案，合理分配水指标，进一步加大生态补水量占比，第二排水沟上段、四二干沟上段等长期断流的河道实现水生态复苏，陈家湖、罗家湖、渠庙湖水循环不畅、水动力不足问题得到有效解决。二是深化用水权改革。制定实施《银川市"十四五"用水权管控方案》，累计开展用水权交易22笔，交易水量2687万立方米，交易总金额超1.5亿元，有效盘活了全市水资源存量。三是加大非常规水利用。创新举措谋划实施银川市第二、

第四污水厂片区再生水河湖生态利用等3个再生水利用示范项目。将原通过沟道直排的污水厂尾水，深度处理达标后用于河湖生态补水及城市杂用，以有限水资源保障城市发展，全面开启河湖生态多元化补水新篇章。目前银川市再生水利用率为44.6%，达到了水利部、国家发展和改革委员会印发的《关于加强非常规水资源配置利用的指导意见》中提到的2025年地级及以上缺水城市再生水利用率达25%以上的任务目标，成功入选全国首批19个区域再生水循环利用试点城市之一。

（五）强化系统治理，着力维护河湖水生态健康

一是大力开展水生态、水环境综合治理。2022年投入资金2.16亿元，实施了典农河、犀牛湖、陈家湖等一批河湖水生态修复工程，吹填鸟类栖息浅滩1123亩、布设生态浮床19574平方米、开展增殖放流10余吨，进一步增加了湿地生物多样性和水体自净能力，构建了绿色、健康的河湖生态系统，有效提升了河湖生态环境。二是推进河湖环境整治。开展河湖环境大排查、大整治行动，更新引进全自动水草割捞船，解决传统人工撑船打捞水草效率低、花费大、人工多的瓶颈，2022年共清捞骨干河湖沟道水草、芦苇及生活垃圾约4000吨，全市河湖环境得到有效改善。三是全力推进雨污分流改造。提升黑臭水体返黑返臭治理措施，实施西夏区南部片区排水防涝设施雨水调蓄池、金凤区北部雨污混错接

典农河贺兰段水生态修复工程清淤疏浚场景

改造工程、兴庆区西北部片区雨水调蓄池工程等 59 个项目，从源头巩固提升治理成果，消除城市暴雨天气水污染隐患。四是摸清河湖水域现状健康情况。全面启动河湖健康评价工作，落实典农河银川段、银西河、阅海湖、第二排水沟等重点河湖健康评价工作，摸清河湖水质、流域排污口、四乱、岸线利用等基本情况，提前就应对水体富营养化治理、生态系统失衡等问题进行分析研究，为保护治理河湖提供科学支撑。

陈家湖红嘴鸥栖息觅食场景

三、经验启示

（一）建设幸福河湖必须坚持统一领导、统筹部署，下好"一盘棋"

幸福河湖建设，是一项涉及民生、民心、民意的惠民工程，需要统筹解决上下游、左右岸、干支流以及水中、岸上、岸线等问题，涉及水务、住建、园林、生态、市政等多个部门。幸福河湖建设必须由地方总河长亲自部署、亲自规划、亲自推动，相关责任部门各司其职、密切协作、统筹推进。同时成立幸福河湖专项议事协调机构进行规划审查、项目调度、日常协调等工作，确保各项建设任务落实落地落细。

（二）建设幸福河湖必须做好顶层设计，绘好"一张图"

幸福河湖建设，基础在水里，亮点在岸上，从顶层设计上制定高标准的建设规划是实现将"河畅、水清、岸绿、景美"的美丽河湖提升到"安澜、生态、宜居、智慧、文化、发展"的幸福河湖的重要前提。必须结合河湖的生态环境特点,将生态驳岸、滨水步道、健身设施、灯光亮化、景观种植、文化长廊、小微公园等建设内容进行统一规划、系统谋划,"一张蓝图绘到底""一张蓝图干到底",才能充分满足人民群众的现实需求。

(三)建设幸福河湖必须坚持"以人民为中心",画好"同心圆"

建设幸福河湖,必须充分体现人民意愿、满足人民需求。银川市湖泊湿地众多,一直以来市民对"塞上湖城"有着深厚的家乡情怀。银川市对近年来全市12345投诉平台、人民网、微博投诉、市长信箱等反映的问题进行归纳梳理,按照问题导向开展现场调研、问诊寻方;广泛征求群众意见,对同一问题反复投诉、多人投诉的列入人大建议、政协提案进行重点谋划。多方位、多角度、多途径把握人民意愿,听取群众呼声,提升群众的参与感、获得感、幸福感。

(四)建设幸福河湖必须坚持系统治理,打好"生态牌"

面对水资源短缺的先天禀赋不足等实际,建设幸福河湖必须统筹好水资源、水生态、水环境的关系,把用好黄河水、用足再生水当作破解当前生态用水瓶颈的重要措施。要坚持山水林田湖草沙系统治理,全力推进水资源、水生态、水环境、水灾害系统治理,统筹河湖治理、民生保障、经济发展,实现幸福河湖建设与经济发展、城市建设的有机统一、协调发展。

(五)建设幸福河湖必须提升监管水平,守好"管护线"

建设幸福河湖必须压实各方责任,提升监管能力,以管理成效促进河湖治理成效。要牢牢抓住河湖长这个关键,压实各级河湖长责任,充分发挥市级河长谋划部署、县级河长统筹协调、乡级河长贯彻落实的河湖长制平台作用,让河湖长成为建设幸福河湖的谋划者、推动者、守护者。要提升河湖监管水平,充分运用卫星遥感、大数据等信息化手段,开展河湖数字化水平,提升河湖管理智能化水平。

(六)建设幸福河湖必须充分挖掘当地黄河文化潜力,唱好"宣传歌"

建设幸福河湖必须充分挖掘黄河治水文化和人文历史,充分展现当地城市形象软实力。必须依托黄河这个金色名片和唐徕渠等重点水利工程，因地制宜开展水文化主题公园、水利风景区等建设，大力推动黄河文化与文体旅游相结合，让幸福河湖成为传承地方民俗风情的载体、沿岸百姓精神文化的纽带，不断提升城市文化底蕴。

（执笔人：岳晓燕　马培蛟）

一 基层河湖管护

河长制融入积分制 共建共享河湖新生态

——天津市宝坻区新开口镇以乡村治理积分制凝聚河长制管理新力量[*]

【摘 要】 天津市宝坻区新开口镇镇域内河段多、分布广,给日常看护管理带来很大难度。各级河(湖)长在日常巡河过程中,仍然存在信息报送不全、问题闭环解决不透明、相关信息不能集中统计、反馈问题效率低下等问题。同时,部分群众一直存在直接参与河湖管护、行使社会监督权利的诉求。为此,新开口镇将河湖长制的考评纳入村内家庭积分的评比标准中,通过积分运用,量化文明元素,将抽象的河道管理、村规民约具体化,村内的河道专管员及群众可以通过巡河、护河、管河、爱河等行动获得积分,以此达到更高的积分星级和更好的积分礼遇,充分调动公众参与护水的积极性,有效凝聚起全民护水的强大力量。"小积分"也能提升"大生态"。

【关键词】 乡村治理积分制　河湖长制　群众参与

【引　言】 为推动河湖长制向纵深发展,用行动践行"绿水青山就是金山银山"的发展理念,持续改善河湖水环境面貌,进一步打造清洁优美的河湖环境,提高广大群众的获得感和幸福感,天津市宝坻区新开口镇牢牢把河长制工作纳入村党组织领导体系,通过实施乡村治理积分制,成功把河湖长制落实在河道上,实现基层党建、基层治理与河长制工作的有机结合,为河道治理与人居环境提升提供了坚强保障;充分调动了广大干群发挥作用、积极参与各类护河行动,实现从"河长治河"到"党员治河"、再到"全民治河"的迈进,倾力打造辖区河段"河畅、水清、岸绿、景美"的水生态环境。

---

[*] 天津市宝坻区河(湖)长办供稿。

一、背景情况

党建强则人心聚，人心聚则乡村兴。近年来，新开口镇以"党建引领、制度规范、文化赋能、全面参与"为主线，积极探索创新乡村治理"积分制"管理新模式，以"小积分"推进"大治理"、助力"大服务"，鼓励越来越多的村民主动参与乡村治理事务，构建全民共建共治共享的乡村治理新格局，激发乡村振兴新活力。

二、主要做法

（一）党建引领，积分制演绎乡村治理新格局

2022年以来，新开口镇以"积分制治理"为抓手，镇党委政府多次召开会议专题研究，确立在全镇各行政村加快建设组织有力量、生活有品质、公众有素养、村庄有魅力的"四有新村"的总体目标。探索和实践乡村环境治理"积分制"试点工作，启动12个村"积分制"试点，着力形成"党委牵头、村级谋划、村民参与"的发展模式，引导群众从"要我参与"到"我要参与"，初步实现由"任务命令"转为"激励引导"，进一步激发镇村党员群众参与乡村环境治理的积极性和主动性，充分将河湖长制工作深入群众中。

（二）延伸内涵，积分制管理凝聚河长制管理新力量

在推广积分制管理提升阶段，镇党委政府认真分析积分制管理对乡村治理的加强和改进作用，深入总结积分制管理启动以来村级组织、村民、村庄的深刻变化，充分调动公众参与治水护水的积极性，激励村民主动参与巡河、发现问题、监督治水等，有效延伸乡村治理积分制内涵。通过积分运用，量化文明元素，将河湖长制的考评纳入村内家庭积分的评比标准中，使抽象的河道管理、村规民约具体化。村内的河道专管员及群众可以通过巡河、护河、管河、爱河等行动获得积分，以此达到更高的积分星级和更好的积分礼遇。通过"河湖长制＋积分兑换"模式营造全社会关爱河湖、珍惜河湖、保护河湖的浓厚氛围，形成水生态环境共建共治共享新格局。

（三）构建积分体系，激励广大民众参与巡河护河

从河湖长制农村实情入手，因地制宜制定评分标准。设立巡河护河、问题反馈、公益活动、有奖举报四个积分评判标准，根据个人实际，选择相应的方式参与巡河护河，通过村委会组建的共享平台，将各类问题线索、公益志愿活动等用"随手拍"或文字形式即时报送，从而获得相应积分，积分可累积，每月兑换一次。明确村民包保责任段，对农村拦网养鸭、河道垃圾倾倒、占道建设等频发问题，针对性地制定减分细则；对查出的河湖"四乱"问题责任到人，并进行通报，对履督不改的人员落实积分负分制。每月进行最美最差河渠坑塘评选活动，对治水问题严重、履职不力、工作懈怠的河长进行约谈。镇河长办根据"积分"排名情况，每年年底开展"最美河长"评选活动，对优秀者给予相应奖励。

三、主要成效

（一）"积分制"实施，有效提升了村级河长的组织力、公信力和执行力

焦庄村是新开口镇首批试点先行村，经过村"两委"班子多次研究，确定以群众容易理解的方式——"幸福集市""积分制治理"为抓手，建立了"党建＋积分"的运作体系，为全体村民搭建集"福"奖励兑换平台。全村123户家庭均办理集福卡，确保村常住家庭户全覆盖。同时，通过"一周一评定，一季一公示"，公布全部家庭集"福"情况，累计兑换31户1334个"福"。该村动员和激励党员主动担当作为，以身作则遵守村规民约，帮助群众排忧解难，将党员的形象树起来、标杆立起来，示范引领推动基层生态治理持续向好、向善。通过量化考核、集体审核、公开公示等方式，将党员发展、人居环境整治、河湖管护等村级事务具体化，将无形的党建转化为有形的治理优势，为全镇各村推行"积分制治理"做出良好示范，增强了群众参与"积分制治理"的信心和动力。焦庄村的一名老党员说："我们党员自发组成了党员志愿服务队，经常参与村里组织的水环境卫生整治、志愿服务等活动，现在村里的群众都愿意跟着我们一起干"。

"积分制"提振精气神。通过持续推进乡村治理"积分制"，村级党

组织的组织力、公信力和执行力得到了有效提升，村级河长由过去的"人管人、人管事"的老路子变成了"用制度管事、凭积分说话"的新方式，村民们由"站着看"变成了"带头干、争着干"。"积分虽小用处却大"，"积分制"不仅让党员干部与群众的关系更加密切，党员群众参与乡村治理的激情也被充分释放出来，乡村振兴、乡村治理、乡村河湖管护等各项工作变得更有热度、温度。

（二）依托积分制管理，保障水环境问题整改有"据"可查

宝坻区新开口镇流经一级行洪河道 1 条，有干渠 4 条、支渠 36 条、农村坑塘 91 座，全镇 22 个村均公布村级河湖长联系方式、村委会电话渠道或村内群组，接受群众意见和问题举报。村内积分制管理人员依托村共建共享信息平台，集中汇总、导出村民报送和举报信息，进一步扩大问题收集覆盖面，提高问题解决效率，实现巡河全民化、数据实时化、资料集中化。通过汇总问题并分类统计，针对性制定解决对策，及时将问题解决在萌芽状态。一是及时分类核查整改。对于村民上传反映的问题和线索，村级河长针对不同区域和性质即时分类梳理，确保最短时间内到达现场进行核查处理，问题整改完成反馈给巡河志愿者。二是实行"清单式"管理。对村民上传问题整改难度较大的，镇河长办安排专人现场巡查，明确整改责任单位、责任人、整改标准和整改时限，按时间和标准完成后进行反馈；对未按要求完成整改的，按照河湖长制考核标准给予相应扣分，并进行督办和约谈。积分制充分调动广大民众参与各类护河行动，激发广大志愿者的积极性，营造全民治水的浓厚氛围。

（三）调动群众参与积极性，河湖常态化管护见成效

河湖长制与乡村治理积分制结合举措实施一年多以来，宝坻区新开口镇已充分调动起群众参与护水清河的积极性，有效凝聚了全民护水的强大合力。全镇累计百余名群众参与护河积分行动，受理有奖举报 7 例，发现并解决问题 56 项，收集意见 100 余条。对于群众反映的问题和提出的意见，镇、村两级河（湖）长立即分类梳理，推动问题清单式、闭环整改。借助河湖长制与乡村治理积分制结合，纵深推进"清河行动"常态化、规范化，有效遏制了河湖管理范围内"乱占乱建，乱围乱堵，乱丢乱弃"等突出问题，有效提升了河湖管护水平。

（四）完善河湖管理新机制，实现河湖生态长效久清

宝坻区新开口镇各村一方面充分动员村"两委"成员、党员代表、村民代表、青年志愿者等成立护河巡航队，对重点河段进行全面治理管护。另一方面明确水域环境保护巡查制度以及巡守人员工作职责，构建网格化、精细化监管体系，一步一个脚印，搭建好河湖保护的四梁八柱，不断筑牢基层河湖长制工作阵地。广泛发动党员参与巡河治河工作，加强党的基层组织在河长制工作中的政治引领作用，发挥基层党员干部的先锋模范作用，形成"河水流到哪、哪里就有党员参与管护"的治水格局。充分调动了广大干群发挥作用、参与各类护河行动的积极性，逐步形成村民人人管水、护水的新机制，建立起河湖生态水环境保护的新格局。

四、经验启示

宝坻区新开口镇通过开展河长制的积分管理，河长制由"河长负责"延伸为"全民参与"，河长制逐步走向规范化、制度化，使纷繁复杂的居民自治行为标准化、具体化。成效的取得依赖于以下几个方面：

一是狠抓责任落实。建立镇村两级河长制积分管理组织体系，明确工作目标，落实管理责任，确保积分制工作有人干，有人管。镇级总河长严格履职尽责，常态巡河，把关村民通过积分制平台反映问题的解决情况，抓具体、抓落地，推动问题溯源治理。

二是倾听群众需求。广泛宣传引导群众关心、支持、参与、监督"河长制"工作，提升群众的认知度和参与度，问需于民的同时问计于民，参考、分析、研判部分群众提供的治河举措，探寻治水新思路。各级河长梳理在河长制积分管理过程中收集的意见建议，对表对标逐项整改落实，清除自身巡河盲点，杜绝同类问题再次发生。

三是凝聚多方力量。宝坻区新开口镇将河长制工作与本镇乡村振兴工作有机结合起来，凝聚各部门和社会组织力量参与，统筹用好各项资源，建立可持续发展的河长制积分管理机制，让小积分释放更大的能量，实现共建美丽新开口，共享美好新生活的愿景。

（执笔人：高明慧　于学军　张振东）

水管家助推河长制有能有效

——江西省抚州市广昌县构建"五位一体"管护新模式推进农村小微水体治理*

【摘　要】 近年来，广昌县为强化河长制，巩固秀美乡村建设成果，改善水生态环境，始终坚持问题导向、综合施策。但在实际工作中，一些农村小微水体的管护却容易被忽视，存在政府管理方式粗放无序、管护成效不明显、管护资金少等问题。为彻底解决该现象，有效改善水生态环境，把农村小微水体市场化长效管护工作作为全面推行河长制创新工作来抓，将水库、山塘、渠道、门塘、沟渠等纳入农村基础设施"五位一体"市场化长效管护内容。通过整治和物业化管理双管齐下，不仅使水源工程综合功能有效恢复，工程形象面貌整体提升，水库山塘水体洁净、调蓄有度，还提升工程灌排能力；一体化管护，清淤除杂，保渠通水畅，灌排自如，促水清岸美，兴保良田。

【关键词】 农村小微水体　五位一体　水生态环境改善

【引　言】 保护水资源、改善水环境是全面推行河长制工作的重要任务。江西省广昌县依托现有的农村供水运行管护队伍，科学整合资源，延伸服务职能，以物业化维护为核心，以综合性改革为抓手，以常态化机制为保障，从根本上解决农村基础设施"无人管、缺钱管、管不好、难持续"的难题，将河湖治理向小微水体延伸，打通治水护水"最后一公里"，改善水生态环境，促进农村"水清、河畅、岸绿、景美"，实现"政府、企业、群众"三方共赢。

一、背景情况

广昌县是抚河的发源地，境内东、南、西的陡峭山岭和深切河谷相间，构成河道均匀密布，水系成网，全县流域面积5平方公里以上的大小河溪有84条，其中流域面积50平方公里以上的有14条，由县委书记兼

---

* 江西省广昌县河长办供稿。

任县级总河长，县长兼任县级副总河长，落实县级河长6名，乡级河长39名，村级河长127名。在推行河长制的过程中，虽然河道及环境卫生有第三方公司进行保洁，但农村小微水体仍存在一些卫生死角、管护不全面等问题。主要体现有：一是"重建轻管"，建好后的基础设施没有真正发挥作用，比如山塘门塘、水沟水渠等，因为建好后无人管护，往往出现堵塞、漏水等问题，发挥不了应有的作用；二是人员力量单薄，水利、交通、农业农村等部门各管各的，分散了管护力量，形成不了合力；三是资金比较分散、零碎，没有整合使用，难以发挥作用；四是专业化水平低，各部门聘请的管护人员都是年纪大的农村居民，有的则是村干部兼职，缺少管护经验，起不了太大作用。针对以上问题，广昌县通过公开招投标与江西水务集团合作，实行农田水利工程、农村安全饮水工程、新农村基础设施、乡村道路及农村公墓"五位一体"建后管护模式，全面铺开农村基础设施市场化长效管护工作，逐渐形成以城乡供水一体化为依托的农村基础设施市场化长效管护平台，推进农村小微水体治理，助推河长制有能有效。

二、主要做法

（一）市场化运作，解决"有人管"问题

打破"重建轻管"传统思维，坚持"谁受益、谁管护"和"市场化运作与政府补助相结合"的原则，将村域范围内基础设施管护按照属地管理和市场化管理相结合，明确第三方公司是服务主体，乡镇是考核主体，县直有关部门是专业主体。第三方公司安排管护人员、场所、经费，全力做好农村基础设施维养管护工作，乡镇、村相应成立维养管护中心、工作站，明确专人负责，全力抓好日常管护监督工作。全县所有行政村均建立村民理事会，强化对农户"门前三包"基础设施维养管护效果的监督，同时将"门前三包"、农村基础设施管护纳入村规民约，组织开展文明农户、卫生家庭、美丽庭院、道德"红黑榜"等评比活动，充分发动群众参与项目管护。

（二）构建管护体系，解决"谁来管"问题

通过整合原有供水公司下属水厂水电工、维修员、巡查员等专业人

员62人及11个乡镇水费收缴服务点作为农村基础设施市场化长效管护主力军和办公点,再采取乡镇推荐、社会招聘方式充实市场化管理队伍,实行"两块牌子一套人马",实现人员资源集中优化,管护人员达200余人,并根据各乡镇管护范围、管护内容,合理配备各乡镇日常管护人员数量。同时搭建广昌智慧水利平台,实现管护信息化,利用大数据和物联网等数字化手段,平台实时监测管护设施的基本信息、运行情况和实时变化,对于上报问题直接将管护指令传至乡镇,管护站点第一时间组织人员赶赴现场抢修,确保农村基础设施管得下、管到位。

(三)落实管护资金,解决"有钱管"问题

通过对服务费用进行多轮磋商,结合调价机制,最终确定第三方农村基础设施市场化长效管护服务费为10年共计1.5亿元,平均每年约1500万元。由每个行政村筹集新农村管护经费5万元/年,整合农田水利工程管护、农村饮水安全维养、农村道路日常养护、农业水价综合改革及农村公墓等上级补助资金,不足部分由县财政兜底解决。同时,引导各村委会、村民理事会定期联系走访本地的能人志士,成立村级管护基金,动员乡贤通过认领项目、捐资捐物、个人投资等方式,开展力所能及的公益活动,支持管护工作的开展。为管好用好管护资金,出台长效管护资金管理办法,明确管护项目的实施和报账流程,做到专款专用。同时,纳入村级"三资"监管范围,由县财政局和县农业农村局共同负责监管。

(四)明确管护内容,解决"管什么"问题

为达到管护全覆盖的任务要求,先后将全县灌溉农田32.1万亩、水库32座、水陂1934座、山塘548座、泵站105座、渠道2196公里、小农饮538处、638处新农村基础设施、乡村道路1355.4公里、19处公墓管理责任移交第三方服务公司,按照"环境卫生干净、河塘水体洁净、道路安全畅通、公共设施完好、绿化养护到位"的管护标准,对管护责任范围内的垃圾、污水、公厕等环卫设施,道路桥梁、河塘沟渠、高标准农田、安全饮水等基础设施以及休闲广场、健身设施、停车场、绿化亮化等公共服务场所进行经常性的检查维护,对损毁设施设备进行及时修复,对垃圾、杂草、淤塞等情况进行及时清理,确保卫生整洁、工程完好、设备运行正常、沟渠供排水通畅。

(五)严格督查考核,解决"管得好"问题

为保障市场化管护常态化开展,确保农村水利设施真正实现"管得好、能长久",制定了详细有效的考核办法,由农业农村局牵头,把农村基础设施建后管护工作作为年终农村人居环境整治考核的重要内容。实行"一月一巡查、一季一考核",巡查由领导小组办公室抽调交通、民政、水利等部门人员参与,考核由各乡镇根据辖区管护工作情况,每季度进行考核打分,根据考核得分核算管护经费。同时,要求维养公司制定切实可行的内部考核机制,在各乡镇的监督下严格按照管护标准开展日常巡查,实行每月不定期抽查和每季定期绩效考核机制,对考核不合格的维养人员予以绩效扣分和责令辞退,确保人员责任有落实、考核有实效、管护有保障。广昌县石咀水库灌区维养管护到位,提高渠系水利用系数,而节约出来的水量交易给江西省广昌润泉供水有限公司双溪自来水厂,完成了全省首例在国家级水权交易平台上完成水资源取水权交易,此项交易既保证双溪自来水公司每年取水需求量,解决当前镇区居民生活用水问题,又可盘活石咀水库富余的水资源,增加石咀灌区管理所经济收入,实现资源—资产—资源的闭环转换,激发了绿色发展新动能。

三、经验启示

(一)在"统"字上下功夫

强化政府主导的领导体制,整合多个职能部门资源,将农田水利工程、农村饮水工程、新农村基础设施、乡村道路、农村公墓等农村基础设施纳入统一管护范围,引进第三方公司物业化管理公司承接"五位一体"管护项目,践行农村供水分公司和维养公司相互补充模式,通过成熟的管理机制与能力水平,实行县维养管护公司统揽全局,各乡镇成立维养管护中心,所有行政村设立管护站点,维养人员佩戴电子工牌,通过信息化平台,每日按工作计划对维养管护项目实施作业,遇突发情况工作量大时,由乡镇所安排专业队伍和现场维养管护人员合力处理,确保农村基础设施管得下、管到位,走出一条"市场化+集约化"的发展新路,为河长制小微水体管护到位增添新力量。

(二) 在"融"字上做文章

与第三方签订农村公益基础设施市场化长效管护服务费为十年共计1.5亿元，平均每年约1500万元，保障市场主体的合法权益，注重长效管护，又解决了"没钱管、管不好"难题。同时把保证质量放在管护工作首位，强化检查和考核，建立有制度、有标准、有队伍、有经费、有督查的"五有"农田水利工程等农村基础设施管护长效机制，融合形成农村公共基础设施管护工作标准体系，确保工作有方向、干事有重点、成效有标准，实现多方受益。

(三) 在"合"字上求突破

开创性地整合资源、资产和资金，将全县农田水利设施、新农村基础设施纳入维养管护项目范围。同时，制定了切实可行的考核办法，将农村公共基础设施管护列为年终农村人居环境整治考核重要内容；实行"一月一巡查、一季一考核"，巡查由领导小组办公室抽调水利、农业、交通、民政等部门人员参与，考核由各乡镇根据辖区管护工作情况，每季度进行考核打分，根据考核得分核算管护经费。

(四) 在"破"字上见实效

广昌县逐渐形成以城乡供水一体化为依托的农村基础设施市场化长效管护平台，有效破解了以往农村基础设施建设中存在的"重建轻管"、管护不专业、管理不到位等难题，将河湖治理向小微水体延伸，打通治水护水"最后一公里"，有效地保护水资源、提升水环境，实现生态产品价值转换，切实助推河长制有能有效。使一条条末级渠系不塞不淤、流水通畅，一个个新建的塘坝、提灌站"蓄势待发"，一座座水库山塘水体清洁，调蓄有度，人居环境日渐改善，村民卫生意识逐渐提升，道路平整、路面整洁、水质清澈，一幅"一水护田将绿绕，两山排闼送青来"的水美乡村画卷徐徐展开。

（执笔人：罗莉　梅伟）

党员协理聚合力　河湖治理开新局

——湖南省岳阳市创新推行河湖治理"党员协理长"工作机制[*]

【摘　要】 近年来，岳阳市牢记习近平总书记"守护好一江碧水"的殷殷嘱托和"共抓大保护，不搞大开发"指示精神，持续高位推动河湖长制工作纵深发展。特别是2022年，岳阳市以深入开展"巴陵先锋十项行动"为主抓手，创新推行河湖治理"签约协理"工作，积极探索具有"党建＋河长制"河湖治理新模式，合力推动河湖管护提档升级。"党员协理长"被省委组织部专题推介。

【关键词】 巴陵先锋　河湖治理　签约协理　党员协理长

【引　言】 以强化党的建设为引领，以"协理联管理、协理助治理"，构建支部联动、党员带动、群众互动的河湖管护新格局。突出支部联建、网格联护、平台联治"三联"带动，夯实签订一份合约、建好一处阵地、搭建一个专班、推行一网联动"四个"基础，理顺统一公开承诺、建立河湖档案、开展民意调查、完善村规民约、实施联合巡河"五项"举措。

一、背景意义

2018年4月25日，习近平总书记亲临岳阳考察，嘱托岳阳"守护好一江碧水"。岳阳也是国家批复的第5个长江经济带绿色发展示范区。大江大湖是岳阳最大优势，治水问题也是最大问题。近年来，岳阳坚持以河湖长制为抓手，统筹山水林田湖草沙一体化保护和系统治理，积极探索"党建＋河长制"河湖治理新模式。根据市委、市委组织部要求，由市河长办牵头开展河湖治理"签约协理"工作，构建河湖管护新机制，打通河湖治理最后一公里。创新"党员协理长"机制是生态面貌持续改

---

[*] 湖南省岳阳市河长办公室供稿。

善的需要。党的二十大报告指出，要推进美丽中国建设，坚持山水林田湖草沙一体化保护和系统治理。岳阳市委、市政府提出"生态立市"战略。作为"守护好一江碧水"首倡地和长江经济带绿色发展示范区，发挥好党员领导先锋模范作用，助推"生态优先、绿色发展"，持续改善河湖生态环境，是当前社会发展的主旋律。创新"党员协理长"机制是示范区建设探索新路径的需要。岳阳成为全国第5个长江经济带绿色发展示范区，在绿色发展示范区建设中，特别是形成体系化、制度化示范成果，尚有大量工作要做。希望开展河湖治理"签约协理"工作，发挥"党员协理长"带头作用，能加快助推岳阳成为融入长江经济带的"桥头堡"。创新"党员协理长"机制是制度建设转化成果的需要。根据市委《关于深入开展"巴陵先锋十项行动"全面服务"三区一中心"建设的实施意见》、市委组织部《关于印发〈"巴陵先锋十项行动"责任分解〉的通知》，推行机关党组织"签约协理"办法，由市直机关单位党组织与联点村签订"党建合约"，明确党员领导干部担任村级河（湖）"党员协理长"，有利于基层"多龙治水"转变为"系统管水"，统筹形成山水林田湖草系统整治合力。

华容县墨山村河小微水体整治

二、主要做法

（一）坚持党建引领，建立河湖协理新机制

以强化党的建设为引领，充分发挥机关单位政治优势、专业优势、

项目优势，合力推动河湖管护提档升级，建立河湖治理协理新机制。

一是突出支部领航。根据全市《"守护好一江碧水"先锋行动实施方案》，市水利局、市河长办出台《河湖"党员协理长"实施方案》，印发《河湖党员协理长工作手册》，将河湖党员协理长工作纳入市委构建大党建工作格局重要内容，发挥市直单位支部引领作用，推动工作落地落实。

二是抓好试点先行。结合部门职责职能、村级工作实际，选定市公安局、市人社局、市审计局等10个市直单位，平江县盘石村、岳阳县三和村、华容县松树村等10个村党支部作为试点，启动河湖治理"签约协理"工作。

三是推动现场交流。市长江办、市河长办多次召开河湖治理党员协理联络员会议；11月10日，岳阳市河湖治理"签约协理"工作推进会在汨罗召开。在市文化旅游广电局的指导下，汨罗市委组织部与汨罗市河长办联合制定下发《开展河湖"党员协理长"活动工作方案》，先后设立6处驻村河湖党员协理长工作室，组建6支党员协理长队伍，明确党员协理长30名。

四是规范制度运行。建立协理长联席会议制度，每半年至少召开一次协理长工作会议，交流总结经验，推进工作有实有效开展；建立协理长履职制度，明确协理长"定期巡查、记实写实、按时汇报、工作例会"四项要求和"参与河湖管理、开展联合巡河、推动党建共建、加强联络协调"四项职责。

（二）坚持创新推动，构建河湖管护新格局

创新运用"党建＋"模式，以"党建合约"方式，确定一批河湖"党员协理长"，以"协理联管理、协理助治理"，构建支部联动、党员带动、群众互动的河湖管护新格局。一是突出"三联"带动。支部联建，市直机关党组织挂钩联系支部，机关党员结对联系重点水域附近1～2户群众；网格联护，推行河湖党员协理长网格管理，建立"协理单位＋党员协理长＋网格长＋小分队"四级网格；平台联治，建立网格微信群、工作例会信息交流平台，监督"党员协理长"履职，推动河湖问题在网格发现、问题在网格解决、责任在网格落实。二是夯实"四个"基础。签订一份合约，协理单位、村双方签订河湖协理"党建合约"，约定双方协理事项；建好一处阵地，设立驻村党员协理长工作室，做到有场地、有标牌、有办公设施、有制度、有工作台账；搭建一个专班，组建党员协理长、党员协理员、支部联络员、河湖监督员的"一长三员"河湖网格管理小分队构架；推行一网联动，根据村级区域划分河湖党员协理长工作网格单元，并张贴上墙。三是理顺"五项"举措。统一公开承诺，实行河湖党员协理长、河湖党员协理员公开承诺工作机制，承诺当好"联络员""巡河员""宣传员"；建立河湖档案，开展河流（水库）、小微水体调查摸底，形成河湖档案，全面掌握水资源、水体数量、分布、现状、问题及成因；开展民意调查，开展"我家门前那条河"为主题的民意调查和河湖保护知识宣传活动，全面掌握群众关心的涉水"急难愁盼"问题；完善村规民约，将河湖保护纳入村规民约内容，充分发挥村规民约"自主议、自觉守"的"自我约束"作用；实施联合巡河，每季度"党员协理长"联合村级巡河员开展1次以上巡河，填好党员协理长工作日志。

河湖党员协理长工作室

（三）坚持共建融合，实现河湖治理新突破

积极促进基层党建与河湖长制工作有机融合，充分发挥党员先锋模范作用，努力建设人民满意的美丽河湖、健康河湖、幸福河湖。一是上下联动，整治河湖。各协理单位制订年度工作计划，有序推进工作。党员协理长牵头组织河湖网格管理小分队，定期联合开展河湖巡查、定期

召开工作例会，及时调处问题。市、县、乡、村"四级"党员联动，协调解决"清河净滩"、河湖"四乱"问题300余个。二是协理联治，示范引领。各协理单位、党员协理长主动履职、示范引领，积极推动协理项目河湖库、小微水体整治等样板建设。今年来，各协理单位已多途径筹资近800余万元，打造了屈子祠镇伏林村汤家屋小微水体，岳阳县胡铭屋河长制主题公园，华容县墨山村、华一村河长制文化广场等协理样板，示范带动了全市80多处小微水体、12处主题文化公园和部分渠道样板点建设，推进河湖库联治。三是党群连心，共护河湖。各协理单位党组织积极发动，在各自认领区域开展河长制主题党日活动21次、民意调查活动4次，召开如"罗江夜话"等河长制主题屋场座谈会26场。同时，在村部、认领河段、示范屋场，设立党员协理长宣传栏（牌），介绍党员协理长工作内容、河湖协理成果等，全民共护河湖氛围更为浓厚。

岳阳县胡铭屋河长制主题公园

三、工作举措

河湖治理"签约协理"工作，是"党建＋河长制"的制度创新和具体实践。作为河湖治理"签约协理"工作部门单位、联点村，将理论与实践相结合，将联点与协理相融合，确保各项工作落地落实。

一是坚持高位推动。开展河湖"党员协理长"是市委构建大党建工作格局的重要内容，各联点单位将河湖治理"签约协理"工作列入本单位党建工作重点任务，明确工作计划，建立工作台账，着力解决问题、形成示范。

二是坚持常态监管。党员协理长率先垂范，经常深入联点村指导，充分发挥联点单位的帮扶作用；各联点单位安排一名机关党员干部为联络员，负责好日常工作；市河长办落实"一月一调度"，每月5日前收集各单位工作开展情况。

三是坚持广泛动员。通过设立党员协理长宣传栏（牌），建立网格微信群、工作例会制度，带动党员干部共同参与河湖治理，推动河湖问题解决。积极发动乡友、群众筹资筹劳，启动实施一批河湖治理工程。

四是坚持抓实考核。市河长办将河湖治理"签约协理"工作纳入年度河湖长制重点工作内容，年底进行统一测评考评，相关结果报市委组织部、市长江办。对在活动开展中存在被动应付、明显失职的党组织、党员干部，提请有关部门予以通报批评。

五是坚持以点带面。市级联点单位带领联点村，积极争资争项，加大对村内小微水体、沟渠的治理和修复；部分县市区借鉴汨罗经验，将"党员协理长"制度延伸到全县范围，进一步扩大河湖治理"签约协理"影响力。

四、经验启示

以"党建＋河长制"为引领，通过建立河湖治理协理新机制，走出了一条高质量党建引领基层河湖管护的新路子。

（一）制度创新是关键

岳阳河湖长制工作就如何创新创造方面做了大量的调研、座谈，如何破局一直是工作推进的难点，经过深思熟虑，结合当前"党建"这个热点、核心，进一步深化"党建＋河湖长制"这主题。既符合当前党建引领大趋势，又打通到基层河湖管护破局的难点；既能带动各部门积极参与，又助推基层河长制的深入推进。

（二）队伍建设是重点

党员协理长是河湖治理"签约协理"的核心、主心骨，是决定此项工作能够落地见效的关键点，各市直单位明确一名分管领导担任党员协理长，组建"一长三员"（党员协理长、党员协理员、支部联络员、河湖监督员），统筹推动河湖管护责任落地落细，有利于活动的有序推进。

（三）阵地组织是基石

河湖"签约协理"工作要确保常态化、长期化运行，需要有固定的场所、固定的人员，各联点村按照"简约、实用、美观"的原则，在联点村建设一批"河湖党员协理长"工作室，为人员办公、活动留痕、组织建设提供坚实保障。

（四）履职担当是保障

通过"一年一总结、半年一会议、一季度一巡河、一月一调度"，将"党员协理长"履职制度化、效率化。同时，积极发挥资金资源优势帮助联点村，解决一批河湖治理问题，协调一批河道保洁问题，推动一批河岸建设问题，把每条河湖都建成造福人民的幸福河。

（执笔人：朱敬礼　夏宇　黄韬　尹璨琪）

创建河流村级自护站 赋能全民管河新力量

——湖南省永州市江永县蹚出河湖基层"共建共管"新路径*

【摘　要】　随着河长制工作推行不断深入，湖南省江永县部分河湖垃圾乱倒乱堆行为仍屡禁不止，造成上游丢下游捡的恶性循环，河道"四乱"禁而不绝，执法行政成本不断增加。江永县积极探索基层河湖管护模式，以严管理、重治理、兴科技、创特色为抓手，在全县基层试点推行河流"村级自护站"，以村委干部、党员军人、退休老人、乡贤能人、贫困村民、沿河居民等基层民间护河志愿者，组建4支日常巡查队伍，通过上级奖补和村规民约罚款资金，激励巡查队伍在河道保洁、"四乱"清理、溺水防范、电鱼网鱼及污水乱排整治等方面取得良好效果，有效打通河湖管护"最后一公里"，破解河湖管护末梢难题。

【关键词】　村级自护站　村规民约　志愿者　最后一公里

【引　言】　湖南省江永县以村为立足点，在全县试点推行河流"村级自护站"，让基层有守护河湖意识的有志村民参与到护河行动中来。着重从河道巡查、问题处置、宣传塑造、示范引领等方面入手，依照村规民约等村民自治体制机制，结合河长制管护体系和手段，破解河湖管护"最后一公里"难题，推动各村辖区内大江大河、小河沟渠、小微水体等水生态环境质量、水域岸线管理空间不断提升，农村人居水环境不断改善，人民的幸福生活指数不断提高，实现人与自然和谐共生的目的。

一、背景情况

全面推行河长制既是河湖管护工作机制创新，更是河湖管护责任体

---

* 湖南省江永县河长办供稿。

系创新。按照中央、省、市全面推行河长制的相关文件精神和指导意见，江永县2017年建立了县、乡、村三级河长责任体系，实现全县62条主要河流和83座小型以上水库及骨干山塘管护责任全覆盖，取得了显著的管护效果。但是，随着河长制工作不断深入，未纳入河长责任体系的农村河道无人看管，出现垃圾遍布、责任不明、管护不力、河湖管理空间被肆意侵占等情况，造成河湖"四乱"问题较多，小微水体、农村沟渠普遍出现黑臭水体。为使昔日"溪水细流"之景重新回到人们的眼前，打造人民宜居的"幸福河流"，江永县试点推行河流"村级自护站"，发动河湖保护意识强烈的村民带头保护辖区内的水生态环境，取得了良好的效果，江永县2个出境国考断面水质连续5年100%达标。治水经验被国务院河湖长制工作部际联席会议办公室简报推介，推动江永河长制工作走在了全市前列，并获得2022年省政府河长制真抓实干激励表扬。

二、主要做法和取得成效

（一）"三个精准"构建护河新堡垒

坚持全面推行河流"村级自护站"，构建完善的村级自护体系，引领村民"从护河到爱河"转变。

一是精准队伍强堡垒。江永县123个行政村均成立河流"村级自护站"。"自护站"设在村委会，以村委干部为统领，通过协调党员军人支持支撑，鼓励退休老人发挥余热，引领创业能人出智出力，带动沿河村民参与监督，激励贫困村民增资创收。汇聚1530人，整合成为包括村委干部"村级河长"、沿河村民"志愿河长"、退休老人"夕阳河长"、党员军人"红色河长"、创业能人"乡贤河长"以及贫困村民"洁水河长"在内的"六类"民间河长，组建巡防队、志愿队、保洁队、护鱼队"四类""自护"队伍486支，开展全天候分时分段巡查，确保全县河流水域管护全覆盖，实现治理为村民、治理靠村民、治理成果村民共享目标。

二是精准明责增实效。坚持"按时间分工、按问题导向明责"原则，明确四类队伍按照早中晚三个时间节点开展护河巡查。保洁队早上清理河道卫生，推进河道保洁日常化；巡防队中午和傍晚重要时段劝阻小孩不要私自下河洗澡，严守溺水防范安全底线；护渔队晚上巡查电鱼毒鱼行为，巩固水生态修复成果；志愿队在自家门口实时巡查，及时监督河湖"四乱"、污水直排等行为。"自护队"各司其职，各尽其责，推动护河工作有序化。2022年，自护队提供有效信息1036个，其中，大部分问题在萌芽状态得到了良好处置，有效化解不和谐因素。少部分重难点问题，由县级河长协调解决。2022年，江永县共组织职能部门清理整治"四乱"问题63个，妨碍行洪问题8个，清理农村沟渠16公里，形成了"河湖时时有人督、问题件件有人管"的良好局面。

三是精准施策保长效。为实现"自护站"运行常态、长效，县乡河长办协助村委会，在健全村民自治制度、完善乡村自治机制、提升村民"自我管理、自我服务、自我教育、自我监督"的水平、优化乡村服务格局等方面发力。下发"自护站"建设指导性文件，制定《江永县河流"村级自护站"建设方案》，规范护河队人员的选拔标准与流程、明确队员的权利与义务、确定各护河队伍的工作内容与要求；出台《江永县河流"村级自护站"工作管理制度》《江永县河流"村级自护站"工作考评制度》《江永县河流"村级自护站"队伍知识技能培训制度》，明确护河队伍工作管理，制定评优考核办法，确定培训管理内容与频次，提升护河队员技能水平；各村结合乡村振兴法律援助下乡机制，在法律专家的指导下，依法依规制定村规民约护河"十不准"，以村规民约护河"十不准"为依据，借助"一河一警长"力量，对违约情况进行罚款，有效遏制"乱倒垃圾、乱占河道、乱排污水、乱取砂石、电鱼毒鱼"等行为。同时，"自护

村级"河流自护站"

站"积极推进1个微信群、1张聘书、1个标识牌、1份自律书、1本巡查日记等"五个一"日常工作机制，建立乡村两委、乡镇政府等在内的监督体系，对自治组织实施全过程、全事务、全成果监督，做到奖罚清晰、准确、公开，利于村民理解，便于村民监督。实现"自护站"管理制度化、工作规范化，确保"自护站"运行常态化、成效持久化。

(二)"三项评比"增强护河驱动力

坚持以"先进"为引领，推动全民积极参与护河爱水行动。

一是评选优秀护河队，激发全民护河大动能。推行"月月评选"机制，着重从巡查时间、问题处置等履职情况和四支队伍自评得分等方面为抓手，每月综合评选一支优秀护河队。同时，积极拓宽激励资金筹措渠道，鼓励乡镇拿出每年20%的保洁经费和河长制工作经费，并结合村规民约罚款资金，对优秀自护队进行奖励，极大地提高了"自护队"队员的护河积极性。

去年，县政府将每年348万元的河道保洁经费和乡镇河长制工作经费纳入县财政预算，平均各村发放资金约3万余元，实现河道保洁常态化、全覆盖。通过奖励资金的发放，带动部分贫困人员实现年均收入3000余元，推动"人居环境保护与乡村振兴"两驾马车并驾齐驱。

二是参评优秀民风奖，增强全民护河大力量。将"护河能手"纳入"最美村民""好媳妇好婆婆""孝子贤孙"等精神文明评选活动内容，重拾乡村文明道德新风尚，形成"保护环境人人有责、好人好事争着做"的良好社会风尚，让每一个走进江永的人都能"看得见山、望得见水、记得住乡愁"。

三是参与全县大表彰，增强村民自治大荣誉。将河流"村级自护站"纳入全县河长制工作年度表彰内容，全县123个河流"村级自护站"，按照30%的比例在全县进行表彰，表彰名单由各乡镇推送，实现河流"村级自护站""有地位、有效果"。

(三)"三个同台"构筑河流立体防护网

推进"智慧"信息化管河，构建"空地立体化"巡河体系，织密"巡、查、管、治"防护网。

一是与无人机护河同巡查。乡级河长利用无人机巡查与自护队巡查相结合，织密"空地巡查"一张网。目前乡镇配备无人机10台，利用无人机巡河每年时长达到10000余小时。

二是与智慧河长管理同平台。县财政投资300万元，建立江永县智慧河长管理平台，在主要河流安装高清摄像头42套，水质检测设备5套，水位监测设备2套，警示喇叭2个，实现24小时智慧管河，结合河长及自护队巡查，撑起了"人防与技防"防护网。

三是河湖问题同处理。立足全民护河总目标，自护队将重难点问题上传到县智慧河长管理平台，借助县、乡级河长护河力量，推动河湖突出问题解决。截至目前，已上传问题65个，问题全部处理到位，处理率100%。

（四）"三大宣传"凝聚护河大意识

坚持"面向全民、广泛参与、注重实效"的宣传原则，从思想意识上凝聚全民护河大意识，加快养成全民爱河护水自觉行为。

一是活动宣传作示范，引领全民护河大行动。以"凝心聚魂"为主线，借助群众大会、屋场会议，持续科普河长制知识。联合"河小青""民间河长"，在重要节日节点开展护河宣传活动530余场次，潜移默化提升全民护河大意识。

二是张榜公布选优秀，推动比学赶超护河新局面。坚持在村务宣传栏光荣榜上每月公布"优秀护河队"和"护河能手"，着重标榜获得市县荣誉的"优秀护河队"和"护河能手"，村委干部坚持走村串户亲手颁发荣誉证书，推动全民争做"榜上有名"的护河优秀模范。

三是媒体宣传树典型，讲好护河新故事。鼓励各村根据地域文化特色，因地制宜打造特色亮点。邑口村将河流"村级自护站"与美丽乡村建设同台推进，获评"湖南乡村振兴2021年'十大'优秀案例典型村"；粗石江社区将护河队纳入村规民风评比活动，获评"永州市清廉乡村示范村"；凤凰社区推行河流"村级自护站＋一村一警长"机制，共同打击非法行为，涌现出一批先进护河事迹和典型经验，中央省市主流媒体相继推介11篇典型经验和护河故事。创新河流"村级自护站"建设的典型经验也被河湖长制工作部际联席会议办公室工作简报和中国水利报报道、推介。

创新推行河流"村级自护站"以来，江永县各村把护河工作与乡村振兴工作放在同等位置，坚持"同研究、同安排、同考评"原则，推进河湖建设与乡村振兴建设融合发展，着力建设粗石江社区"党建＋河长制主题公园"、凤凰社区"河长制文化主题公园"、女书园"湿地公园"、源口社区"河长制文化长廊"、新潮村"水美乡村"、邑口村"样板河"等项目。全县 2 条主要河流出境断面水质、水源地水质、地表水水质达标率 100％，水质优良率连续 5 年位居全市第一。

江永县进一步完善"智慧河长"管理平台，开发全民护河新程序，将问题处置及纪委监督功能模块嵌入智慧河湖管理平台，通过互联互通无人机巡河信息和"自护站"护河信息，推动"治河"向"智河"转变，"公管"与"自护"同台，逐步实现"云里巡、网上管、全民护、纪委督"的管水新格局。

三、经验启示

（一）全民参与共治，打通基层河湖管护"最后一公里"

河流治理是各级党委政府河长制工作的重点，不仅需要各级党委高度重视，同时也需要全民参与，自觉维护。河流"村级自护站"是引导群众参与到爱河护河行动的桥梁，有力提升了河湖村级管护能力和水平，通过全民参与共治，进一步打通河湖村级管护"最后一公里"。

（二）完善工作机制，确保高效运行、持续发展

良好的工作机制对组织的运行和发展至关重要，是提高工作效率，优化组织协作，强化风险控制，提升组织创新力，实现更好的治理和管理，推动组织可持续发展的关键。为推动河流"村级自护站"可持续化发展，各村镇要加强工作调研，摸细工作落实情况，积极反馈工作开展中所遇到的困难，及时完善工作机制缺陷，不断完善河流"村级自护站"工作机制，推动河流治理工作常态化。

（三）加强宣传教育，凝聚社会各界爱河护河强大合力

实行河流的综合治理，必须充分发挥人民群众的力量和作用。坚持"面向全民、广泛参与、注重实效"的宣传原则，依托河流"村级自护

站"，开展活动宣传示范，引领全民参与，张榜公布选优秀，推动比学赶超，媒体宣传树典型，讲好护河故事。从思想意识上凝聚全民护河大意识，把公众从旁观者变成环境治理的参与者、监督者，形成"政府主导、群众参与"的工作格局和人人"关心河道、珍惜河道、保护河道、美化河道"的强大合力，使昔日"溪水细流"之景、人民宜居的"幸福河流"重现。

（执笔人：刘龙君）

"绿城水都"描绘水清岸绿新图景

——广西梧州市全面推进河湖长制推动河湖长治[*]

【摘　要】梧州市作为广西的东大门,河网密布,水系发达,过去由于经济无序发展需要,江河水污染问题与侵占河道现象较为突出。全面推行河湖长制以来,梧州市坚持党政同治,推动河湖管理保护工作从上到下有效覆盖;强化重点整治,全面清理妨碍行洪突出问题,保障江河安澜;推动联防联治,切实强化上下游跨区域协作,较好地解决了长期以来的河湖治理难题,实现从"突击治水"向"长效治水"转变。2022年,梧州市成为广西首个获得国务院河湖长制督查激励的地级市。

实践证明,全面推进河湖长制,必须把党建引领作为统筹各方要素的主要方针;必须把生态优先作为经济社会发展的重要原则;必须把改革创新作为解决突出问题的必要措施。

【关键词】　河湖长制　党建引领　清四乱　"河湖长＋"

【引　言】全面推行河湖长制,是以习近平同志为核心的党中央部署开展的一项重大改革,是推进生态文明建设的重要内容。近年来,广西梧州市全面推进河湖长制,切实促进各级河湖长和相关部门履职尽责,常态化开展河湖违法问题治理,积极协调各方力量参与河湖管护工作,治水管水护水取得了显著成效。

一、背景情况

广西梧州市,地处珠江流域西江干流中游,扼浔江、桂江、西江总汇,山环水抱,风光秀丽,被誉为"绿城水都"。全市共有大小河流381条,河网密布,水系发达,广西85%以上的江河水量汇集此处流入广东,三江交汇的区位优势与丰富的水资源让梧州成为重要的商埠和口岸,同时也承受着巨大的治污和防洪压力。

---

[*]　广西梧州市河长制办公室供稿。

过去，梧州作为西江干流上重要的内河港口，辖区两岸码头、厂房林立，河道内密布停泊大小客船、货船。工业废水和生活污水肆意向河里排放，水污染问题较为严重。同时，当地部分群众任意占用岸线乱搭乱建，更有群众在河里无序搭建网箱进行养鱼。大量违法建筑物、构筑物侵占河道，严重影响行洪安全。

针对上述一系列河湖治理突出问题，梧州市深入贯彻落实习近平生态文明思想，把全面落实河湖长制作为推进生态文明建设的重要举措和有力抓手，坚持党建引领和党政同治，强化重点整治，推动联防联治，实现从"突击治水"向"长效治水"转变。2022年，梧州市在全国地级及以上城市地表水水质排名全国第九，广东、广西交界的西江断面水质连续三年保持Ⅰ类水质，确保一江清水向东流。

二、主要做法和取得成效

（一）以上率下，拧紧管水"责任阀"

梧州市委、市政府自觉把"绿水青山就是金山银山"的理念落实到履行总河长责任和具体行动中，持续构筑西江生态屏障，把系统做好"山、岛、江、湖"四篇文章，一体推进西江流域生态保护、生态治理、生态修复作为"十四五"时期打造"一极三城"，建设"四个梧州"的重点任务。出台《梧州市厚植生态环境优势推动绿色发展迈出新步伐实施意见》，明确"深入打好碧水保卫战""强化江河源头、水源涵养区的重要水源地保护"等重点任务，为落实落细河湖长制工作指明方向。市双总河长全面履行总督导、总协调职责，定期召开全市总河长会议，签发总河长令，进一步压实各级河湖长治水主体责任，推动河湖管护突出问题得到有效解决。将河湖长制工作纳入绩效考核和党政领导干部综合考核评价体系，与中心工作同部署、同推进、同督查、同考核，促进基层河长湖长履职尽责。

（二）铁腕出手，打好治水"保卫战"

为推动河湖长制落地见效，梧州市以整治河湖"四乱"问题为抓手，加强水资源、水域岸线保护，全面开展排查饮用水水源地范围内排污口和违法建设项目、深入整治河道采砂秩序、调减网箱养殖规模等工作。

先后出台《梧州市河道采砂管理办法》《梧州市非法码头整治实施方案》《梧州市人民政府关于做好我市水库电站船闸坝前垃圾清理工作的通知》《关于加强公益诉讼工作协作配合的意见（试行）》等长效治理的法规和制度。通过落实各项治理方案，结合河湖"四乱"问题排查整治，先后投入资金近30亿元，对江河湖库实施分流域、分区域、分阶段科学治理，不断推动河湖长制从"有名""有实"向"有效""有能"转变，使全市主要江河水环境质量总体保持良好水平。

2021年9月，西江干流梧州段网箱养殖情况泛滥，严重危及防洪、供水、生态安全。为确保西江干流行洪安全，进一步优化西江水生态环境，按照上级水利（河长）部门工作要求，梧州市坚决贯彻落实清理整治西江干流网箱养殖的部署要求，以壮士断腕的决心，充分发挥河湖长制统筹协调作用，成立工作专班，部门联合办公，市县通力合作，科学谋划，高位推动，挂图作战，倒排工期全力推进。

2022年以来，梧州市累计发动3.3万人次，出动各类作业机械2680台（次），筹措清理整治资金约1亿元，于5月25日全面完成约40.66万平方米网箱养殖清理整治工作，累计清理存鱼约3074.43万斤，清理养殖网箱9717个，提前6天完成水利部下达的工作任务，确保了6月西江4次编号洪峰行洪安全，有效保障西江流域洪水调度的高效实施，获得水利部、自治区政府主要领导批示肯定。

（三）创新机制，蹚出护水"新路子"

梧州市坚持改革创新，不断完善河湖治理体系，推动河湖长制工作深入发展。一是探索建立"河湖长＋"协作机制。成立市检察院派驻市河长办联络室，通过河湖长与检察长、警长联合对整改问题挂牌督办，近年来共侦破涉河湖刑事案件74起，抓获犯罪分子376人，有力震慑了破坏河湖生态环境违法犯罪活动。二是建立联合执法工作机制。与贺州、玉林、贵港、肇庆等相邻地市签订水利执法合作协议，已覆盖西江、浔江、桂江、北流河等主要江河。实行多地联合巡河执法与交界2公里河段跨区域执法，构建跨界河湖联合执法管护机制。三是推进跨界河流水污染联防联治。梧州与上游的贵港、贺州及下游的肇庆、云浮等市建立跨界流域突发水污染事件联防联控工作制度，全力做好突发水污染事件情

西江干流梧州段网箱清理整治前后对比

况下应急水量调度工作。2021年与肇庆市合作成功处理一起西江突发油污泄漏事件，及时有效保护西江水环境安全。四是积极探索"河砂采销分离"监管机制。率先在藤县试点实行"河砂采销分离"模式，从关键的"采砂权"与"销售权"下手，毅然斩断河砂利益链，有效破解了积弊多年的河道采砂管理"老大难"问题。

（四）党建引领，构建管护"新局面"

2022年，梧州市以党史学习教育为契机，构建"西江生态党建联盟"，以党建引领西江生态环境保护。按照"1+6+N"模式，由市生态环境局牵头，会同市工业和信息化局、水利局、城市管理监督局、交通运输局、农业农村局、乡村振兴局各部门党组为常驻成员单位，联合相关县（市、区）、园区、部门等组成西江生态党建联盟，并以"机关党建＋生态融合"新模式全面对接粤港澳大湾区，通过与肇庆、云浮、茂名等相关部门共同巡河执法、签订联防联控框架协议、开展"帮企减污"和实施西江流域水环境综合治理工程项目等方式，实现党建和业务工作的双促进。此外，梧州市还在辖区西江、浔江、桂江沿岸7个镇（街道）、9个村（社区）设置"党员护河瞭望哨"和"护河志愿者服务队"，构建"河长＋党员＋志愿者"护河机制，形成党建引领、党员带头、群众参与、多级联动的江河管护新机制。

梧州市组织开展志愿护河活动

三、经验启示

（一）要把党建引领作为统筹各方要素的主要方针

河湖管理保护是一项复杂的系统工程，涉及上下游、左右岸、不同行政区域和行业，因此要有全局意识、长远意识，要注重全域治理、统筹治理。梧州市坚持以党建先行，强化政治引领，做好顶层设计与基层探索，强化跨区域联动与上下游协作，全面系统治理河湖环境，全域加强生态保护修复，加快推进人与自然和谐共生的现代化。

（二）要把生态优先作为经济社会发展的重要原则

全面推行河湖长制是落实绿色发展理念、推进生态文明建设的内在要求，必须把生态环境保护作为加快转变经济发展方式的重要抓手。梧州市坚持生态优先，践行绿色发展，坚决淘汰落后生产模式，统筹推进产业结构调整升级与引导生产生活方式转变，将良好的自然禀赋当作发展的巨大潜能，努力推动在实现绿色发展上取得更大进展。

（三）要把改革创新作为解决突出问题的必要措施

河湖"清四乱"是推动河湖长制"有名""有实"的第一抓手，面对涉及面广、成因复杂的"四乱"问题，必须以新思维、新方法进行深入清理整治。梧州市坚持创新思维，把握问题导向，积极探索、先行先试一系列工作机制办法，多措并举促进河湖突出问题得到及时有效解决，着力推动城乡人居环境明显改善、美丽中国建设取得显著成效。

（执笔人：高立基　谭亮）

创新举措呵护郪江美

——四川省绵阳市三台郪江流域"4+2"模式破解河道清理难题*

【摘 要】 近年来,三台郪江流域各级深入践行习近平生态文明思想,坚定贯彻河湖长制决策部署,持续探索流域基层河道管护治理新路径,聚焦问题思策,创推"四种"清理,践行"三项"机制,有效破解河道常态清理、突击清理、跨界河道清理等难题,凝聚起上下游,左右岸齐抓共护合力,助力郪江水质持续保持Ⅲ类,流域河畅水清、岸绿景美、人水和谐、碧水厚泽、繁荣昌盛的生态画卷背后凝聚着郪江流域各级各地清河护水的创新举措和不懈努力。

【关键词】 生态扶贫 提质行动 管护协会 监督补偿 轮包联清

【引 言】 河湖面貌整洁美丽是幸福河湖评价标准中一项重要指标,事关群众对河道管护效果的直观评价和满意度,事关人民对美好水环境的期盼和幸福获得感,而扎实做好河道清理就是一项为河湖常态"梳妆美颜",确保河畅水清、流域安澜和创建幸福河湖的常态工作。实践中,看似简单的河道清理工作,但要做深做细做实,不仅需健全清理队伍、创新清理保障,确保各种清理力量方式互补,还需坚持问题导向,深化协作监督,切实凝聚起上下游和左右岸联动共管合力。

一、背景情况

郪江是涪江一级支流,全长 150.91 公里,流域面积 2147.42 平方公里。郪江三台段干流长 34.6 公里,流经观桥镇、郪江镇、建中镇共 8 个村社,辖区锦江河、麻柳河、陈古溪为郪江支流,流经三台景福镇、紫河镇和沿线 42 个村。流域内绵阳三台县建中镇、紫河镇分别与德阳中江

---

* 四川省绵阳市河长办公室供稿。

县通山乡、普兴镇和射洪大英县象山镇、涪西镇构成上、下游关系，三台观桥镇、郪江镇、建中镇分别与中江联合镇、万福镇、普兴镇之间构成左、右岸关系，共管责任河段长达30余公里，跨市、县、镇河道管护特点明显。

全面推行河湖长制之初，郪江流域各地因经济发展不平衡、河湖长制落实力度不同等原因，一定程度上制约了河道清理管护工作，导致部分河段镇村在河道常态清理中存在统筹抓手不力、人员经费保障不足、常态清理不及时、跨界河道清理监督难落实，河道相邻镇村推诿扯皮、水环境"脏乱差"等问题。对此，流域县镇从创新抓手保障，解决河道清理问题入手，不断凝聚河道清理监督管护合力，持续提升郪江颜值，创建幸福郪江。

二、主要做法和取得成效

（一）创推"四种"清理，破解河道常态和突击清理难题

一是"1+N"承包清理。三台郪江流域沿线建中镇、郪江镇等乡镇针对责任河段存在的水深面宽和清理风险难度等问题，率先推行"1+N"清理监督模式，即由政府购买服务，将境内河道常态保洁工作承包给1个具有相关资质的专业合作社，并监督指导专业合作社选拔退役军人、懂涉水救护常识等人员组成专业清漂保洁队，配置清漂船只、救生衣等专业清理装备，开展水上作业培训后，分组定河定段履行清理职责。同时，由辖区"N个"村级河长和网格巡河员负责监督检查责任河段内清漂工作落实情况，发现问题及时交由专业清漂队清理，并将检查监督情况与人员奖惩及解聘续聘紧密挂钩，推动辖区河段常态保洁工作高质高效完成。实行"1+N"清理方式以来，三台郪江3支专业清漂队凭借专业清理优势和分段专人监督机制，确保河道清漂工作高质高效安全，减轻了镇村干部护河压力，降低了水上清理风险，解决了无人清理"脏乱差"、常态组织清理成本高等难题。

二是"生态扶贫"清理。郪江流域内景福镇、紫河镇和郪江镇部分村庄针对责任河段水域情况和清漂工作量，结合精准扶贫和乡村振兴，推行设立河道保洁公益岗位、整合乡村环境保洁与河道保洁岗位及专人

清理负责制，沿线各村根据责任河段距离和清漂工作量，分别聘用1~2名有劳动力的贫困户担任河道专职保洁员，分段就近进行河道巡查清漂工作，并由村级河长及巡河员监督其尽职尽责情况，按月支付劳务工资，让流域贫困户在家门口就收获了"生态红利"，实现河道管护与困难家庭增收双赢。截至目前，三台郪江流域内已帮助300余户低收入家庭年增收7000余元。

三是"提质行动"清理。流域县镇以全市城乡环境综合提质行动和流域工作推进会为抓手，强化责任河段水环境整治，健全末端管护体系，共组建志愿护河队35支，有效解决河道集中突击清理时人员力量不足的问题。流域镇村每月根据责任河段及辖区水环境问题实际，结合环境卫生整治和党团主题公益活动，组织干部、党团员和护河志愿者，集中开展1~2次河道、沟渠、塘堰等垃圾漂浮物、水葫芦和岸线垃圾清理整治行动。同时，针对汛期洪水冲倒的河岸树枝拦河、大量漂浮物淤积阻河等临时清理任务，乡村党员干部带头冲锋在前，号召组织辖区护河志愿队和机械清理装备突击清理，解决了突发清理难题，确保了河畅安澜，弥补了常态清理力量难以单独完成的集中清理任务。

四是"协会"参与清理。流域乡村持续深化爱河护水宣传引导，通过推广"生态惠民超市"，大力开展"护河积分兑奖"等活动，不断激发河道沿线群众积极参与保护母亲河的行动热情，凝聚群众护河力量。建中镇吸纳120余名爱河人士组建麻柳河环境保护协会，郪江镇等流域相关地区发动300余名热心环保事业的群众和钓鱼爱好者，自发成立了郪江流域环境保护协会，让垂钓者担当护河人，规范引导管护协会人员带头参与护河行动，监督举报乱倒垃圾、非法捕捞等违规违法行为，壮大了河道清护监督力量。截至目前，郪江流域管护协会已组织拾捡岸线垃圾和护河宣传120余次，累计参与1100余人次，沿岸全民护河氛围越来越浓厚。

（二）践行"两项"机制，破解跨界河道清理和监督难题

一是上下游"监督补偿"机制。针对跨界流域镇村之间平级监督协调落实难题，三台率先在郪江流域联合推行县、镇河长办及镇村河长负责协调监督实施的基层跨界河道漂浮物清理"监督补偿"机制，即流域

内上、下游相邻乡镇、村社之间相互监督。对非洪水等不可抗力原因造成的漂浮物下排情况，通过"元道经纬"现场拍发到微信工作群通报，协调双方现场联合核查监督，下游组织清理后由上游"认领"，并补偿下游清理费用。倒逼上游主动清理，并通过增设拦阻设施等，防止非汛期垃圾漂浮物下排，为下游监督上游提供了制度抓手。

机制实行以来，三台郪江干、支流乡镇之间累计组织跨界漂浮物监督清理和现场"认领"12次，上游地区累计补偿下游地区清理费15000余元，有效预防减少跨界河流漂浮物故意下排等问题，辖区跨界河段非汛期水面垃圾清理量平均减少70%以上。

二是左右岸"轮包联清"机制。针对左右岸分属不同县镇管辖、日常管护清漂中划界原因导致的责任不明、互相等靠等问题，三台县河长办协调指导辖区郪江镇、观桥镇分别与中江县万福镇、联合镇合力探索践行"轮流承包"清理机制，即左、右两岸乡镇通过签订《共管责任河段轮流承包清理和联合监督协议》，明确双方清理监督责任，实行每年轮换承包清理，当年未担负清理任务的一方常态监督担负清理工作一方的工作落实情况，每年年底双方对共管责任河段清理工作核查移交，并建立清理移交文书，确保双方责任明确。三台县建中镇与中江县普兴镇针对左右岸毗邻管护难点，签订《共管责任河段联合清理管护监督协议》，建立"定期联清"机制，双方落实每周五联合清理制度，持续在联巡、联商、联清中强化责任共担和相互协作意识。"轮包联清"机制实行以来，有效破解左右岸共管河道清理中责任界定不明、互相推诿等靠等难题。

三、经验启示

（一）提高站位统筹是确保河道清理工作落实有效的首要前提

近年来，绵阳市总河长亲自谋划推动城乡环境综合提质三年行动，督导流域各级各地将河湖水环境整治作为环境提质"月督季考"和"十佳十差"乡镇考评奖惩的重要内容，引领各级重视清河护河，坚定责任担当，为流域河道常态清理管护注入强劲动能，有力破解河道清理工作不重视、不落实和河渠水面"脏乱差"等问题。

（二）协调监督明责是破解跨界河流清漂落实难题的关键环节

针对跨市、县、镇、村河段清理管护中易出现的责任界定不明，垃圾漂浮物下排等问题镇村间平级协调处理不积极、"不认账"，问题"认领"处理中出现分歧和推责等情况，市、县河长办和三台郪江县级河长积极与遂宁市大英县、射洪市和德阳市中江县协调沟通，通过定期联合巡查和联席会商，引领推动流域乡镇持续强化跨界、共管河段清理管护。同时，通过县、镇级河长和河长办协调监督责任流域内涉及跨界河道的乡镇和村社，明晰上下游责任界限，强化联防联控，创新相互暗查监督手段，推动跨界河道清理监督问题有效解决，实现一般性问题不出乡镇、突出问题不出区县。

（三）创新清理保障是确保河道清理工作落实的重要支撑

针对镇村工作头绪多、任务重、清理工作量不同以及经费保障难等情况，流域镇村以推广基层河湖管护"解放模式"为契机，大力组建村级护河队，广泛吸纳社会各界护河志愿者，持续优化拓展"四种"清理力量，破解了河道"谁来清理、怎么监督"等难题。同时，通过将县、乡、村各级河湖长制经费保障统筹纳入河湖综合治理项目、人居环境整治和乡村振兴治理中，通过专项列支预算、定向监督使用，结合企业社会捐赠等多元化保障，有效解决河道清理人员装备经费保障等难题。

（执笔人：李云刚）

以水绘就茶乡美　唱响富民幸福歌

——贵州省遵义市湄潭县坚守"四全四治"推进河湖治理管护[*]

【摘　要】 湄潭地处黔北遵东,是长江上游乌江水系的重要生态单元,因湄江绕城,积潭如眉而名,素有"云贵小江南"之誉。1935年,罗炳辉将军率红九军团在湄潭保卫了遵义会议胜利召开,播撒了革命火种。作为"十谢共产党"发源地,全县82条河流延续红色血脉,映带锦绣山川,哺育人民感恩奋进。近年来,湄潭县把压实基层责任,创新河湖管理保护工作举措作为全面落实河长制工作出发点和落脚点,积极拓展工作思路、创新工作机制、完善工作制度,通过"四全四治"模式,将生态优先、绿色发展融入生产生活全过程,河湖管理保护力度进一步增强。

【关键词】 河长制　绿水青山　基层河湖管护

【引　言】 湄潭县认真贯彻习近平总书记视察贵州重要讲话精神,深入践行习近平生态文明思想,坚守发展和生态两条底线,围绕习近平总书记"节水优先、空间均衡、系统治理、两手发力"治水思路及省、市各项要求实施系统治理,秉承"保护眼睛"的斗争精神及农村改革试验区的创新魄力,全面推进河长制,大胆创新改革、先行先试,通过以城带乡、以乡促城、城乡互动、城乡共治开展河长制工作并形成了湄潭县河长制工作的显著特色和鲜明亮点。

一、背景情况

近年来,湄潭县秉承农村改革试验区的创新魄力,将生态优先、绿色发展融入生产生活全过程。2012年率先成立全国第1个河道生态管理综合执法队,2014年申请划定全国第1个全境禁渔县,先行先试整县禁用水生态高毒农药及生态补偿、退耕护河制度,以钉钉子精神持续推动

---

[*] 贵州省遵义市湄潭县河长办公室供稿。

治河护河。11年来查处涉水生态案件逾2000件，先进事迹被新华社"习近平时间"及央视报道。荣获"全国生态建设示范县"、"国际生态休闲示范县"称号，获得国务院通报激励贵州省河长制湖长制工作推进力度大、成效明显的县，新时代春风吹开了贵州最美乡村新画卷。

二、主要做法和取得成效

为全面推动湄潭经济绿色发展，湄潭县委、县政府大胆创新改革、做好先行先试。通过创建"四全四治"模式，开创治河新思路。

（一）"全员共治"不漏一河，依靠人民强化必胜保障

一是党政示范，先进引领。由县委、县政府主要领导担任双总河长，38名县处级领导干部担任县级河长，带头包保责任河流（段），定期开展巡河检查督导。将河长制工作纳入县级高质量目标考核，结合文明城市创建等活动常态化开展督查，对工作滞后履职不力的，严格执行组织纪律措施。

二是"一龙治水"，压实责任。建立一家牵头，纵横联动的河长制管理体系，抓好河长制日常工作。在2012年执法队基础上抽调公安、环保、水利、林业、农牧、交通等涉水管理执法部门业务骨干脱产办公，进一步充实河道生态综合监管队伍，全面落实"一河一策"管理。针对严管河段，配齐专职"护河员"21名。组织县直部门定期清理包保河段，对各镇（街道）实行"日报告、旬调度、月通报"制度，明确镇、村河长，将河道综合执法由城区主干河流拓展到全县河流。

三是网格自治，群策群力。用好"寨管家"及"一中心一张网十联户"基层自治新机制，全县划定1275个寨子（网格），纳河入网，下沉管理。推广"人民护河队"经验，选取1112名乡贤寨老、老党员、老教师、老村干部等组成"管水员"队伍，确保有水网格必有专人日常管护。

目前，湄潭县累计查处排污企业200余家，刑事打击122人。据统计，人民监督举报线索占案件总线索60%以上。近年来涉水案件量断崖式下跌，实现了重大案件零发生。全县常年地表水达标率、断面水质优良率均为100%，绝迹20余年的世界红色濒危食鱼鸟"蓝翡翠"重回湄江。"游鱼细石，直视无碍"，河滨成为人民休闲首选去处。

湄潭湄江河景色

(二)"全面精治"不漏一域,系统推进确保成色过硬

一是聚焦面源污染,管好生产空间。大力推动种植业绿色生态化、养殖业规范集约化,实现甲氰菊酯、氰戊菊酯等高毒农药整县禁用,大力推进畜禽粪污循环利用,下足"面上"功夫。目前,全县已发展"稻鱼""稻虾""稻鸭"等"优质稻+"业态16.5万亩,通过生物共生、天敌抑制、理化诱杀等实现了农药化肥使用量"0增长"。在重要河流(段)、水源保护地、水库库区共计151.72平方千米区域设立23个禁养区,严禁大型养殖活动。引进有机肥加工企业3家,推动全县畜禽粪污综合利用率达87%以上,从根本上扭转了农业面源污染形势。

二是聚焦城乡治"废",提升生活空间。补齐基础设施短板,大力提升城乡污水、垃圾处理及循环利用效能,点好根源关键"穴位"。建成中心城区及各集镇污水处理厂16个,完善雨污管网352.4千米,城市污水处理率达99.2%。整合各类资金1亿余元,建成人工湿地、一体化处理等农村污水处理设施132套,扎实推进农村"厕所革命",进一步完善黔北民居卫生厕所及三格式化粪池设计方案,完成改厕9.4万户,农村粪污外溢横流现象基本绝迹,人居环境改善率达98%。建设垃圾焚烧发电厂及餐厨垃圾资源化利用项目,扭转了传统填埋方式渗漏、二次污染问题,完善农村垃圾收运系统,城市垃圾无害化处理率、全县行政村垃圾收运覆盖率均达100%。

三是聚焦内在功能，修复生态空间。按照"上下一体、水岸共治、事前干预与事后修复并重"原则，无死角推动系统溯源治理，激活水生态内在活力。纵向环节上，破除行政壁垒，与上下游县（区）建立联合监管沟通机制，累计开展跨区域溯源协同治理50余次；横向覆盖上，开展山地"治土涵水"工程，提升全县森林覆盖率至66.1%，建成桃花江、大溪沟等湿地13个，中度以上水土流失面积下降了62.8%，年均减少土壤侵蚀50余万吨，实现植绿保水"双提升"。推行生态型护岸技术，优选固土防洪树种，对主干河岸4米全部退耕复绿，树牢"第一线"生态屏障。实施湄江河、复兴河等12条重点河道流域综合治理，拆除辖区河道养殖网箱4504个，共计168.89亩，彻底解决水产养殖污染及淤堵等问题。

在生态管护过程管理上，严格落实全境禁渔、长江十年禁渔要求，加大有益动植物培育投放力度，主动干预恢复生态。印发《生态环境保护工作衔接机制》《破坏水产资源、水生态环境类案件办案指南》。实行生态补偿制度，自2014年实施以来，督促责任人、责任单位投入生态修复金共计2090余万元，补投鱼苗约128万尾，恢复植被500余亩，严格跟踪修复结果并作为重要的悔罪、量刑指标。

（三）"全年常治"不漏一时，动态覆盖做实底线支撑

一是坚持问题导向，因时制宜。针对治水工作呈现的季节性、时令性差异，结合基层工作特点提高问题处理预见性。完成全县12座小水电清理整顿，制定生态流量下放指标，在线实时监管生态流量。完成178个违规取水工程查处整改，统筹好冬春农业用水及生态水位，加大冬春河岸非法用火教育、打击力度，降低风险隐患。针对春季鱼类繁殖习性，在相关河湖仿照自然生态设置"鱼窝"，自2012年来累计已设置600余个。根据近年来"放生热"趋势及民间信仰特点，查获投放巴西龟、清道夫等入侵物种300余起，有效维护了本地水生态环境。

二是坚持结果导向，全时覆盖。针对长期以来涉水生态违法与监管"躲猫猫"特点，改变常规"朝九晚五"和"节假放空"弊端，河长制工作专班实行全年24小时轮班、值班制度，做到全时段监管覆盖。涌现出以全国"最美河湖卫士"陈敬飞、宋聚勇等为代表的护河尖兵。

三是坚持目标导向，技防升级。通过无人机及16套智能监控设备，实现特殊危险区域巡查全覆盖、关键点位实时可视化监测，有效弥补了人防盲区，极大震慑了各类违法及不文明行为。

（四）"全产促治"不漏一业，"两山"转化增强不竭动力

一是突出节水农业导向，改革政策强支撑。以农村灌溉设施提升及水价综合改革为重点，改变粗放型高水耗生产方式。累计投资1.73亿元建成高效节水灌溉示范农田12.45万亩，探索"企业＋用水者协会＋农户"模式推动分类、阶梯收费改革，示范面积23.94万亩，累计节约灌溉用水1.2亿立方米，入选水利部农业水价综合改革典型案例。

二是突出绿色工业定位，一票否决划红线。立足生态资源及农特产品优势，锁定全国绿色食品工业示范区建设目标，严格禁止高能耗高污染工业入驻。历年来累计否决"两高"项目80余个，涉及投资约150亿元。

三是突出三产融合转化，"两山"红利富人民。按照"产业生态化，生态产业化"及一二三产业融合思路释放生态红利，让人民共享生态发展成果。选定茶首位产业，发挥丘陵山区固土保水增绿效果，全县60万亩生态茶园植被覆盖贡献率达10%，增加茶区农民年人均纯收入3000元。"靠水吃水"形成湄江航运旅游、桃花江偏岩塘、"花时间·曲水"等旅游精品，被国际旅游联合会授予"中国乡村休闲游首选地"称号。

湄潭乡村风光

三、经验启示

湄潭县把建立健全组织保障、压实基层责任,创新工作机制、凝聚群众合力、立足县情实际、坚持久久为功作为全面落实河长制工作出发点和落脚点,建立"全员共治"不漏一河、"全面精治"不漏一域、"全年常治"不漏一时、"全产促治"不漏一业"四全四治"工作模式,开创治河新思路。通过以城带乡、以乡促城、城乡互动、城乡共治开展河长制工作,形成了湄潭县河长制工作的显著特色和鲜明亮点。坚持规划先行、全面统筹、全域治理,在发展中保护,在保护中发展,将生态优先、绿色发展融入生产生活全过程,打造具有西南特色水美茶乡。

(执笔人:周映江)

助力世界遗产活态传承
让太湖溇港永续生辉

——太湖溇港世界灌溉工程遗产保护传承利用的探索实践*

【摘　要】　太湖溇港是我国太湖地区特有的古代农田水利灌溉工程，距今已有两千多年的历史。2016年，太湖溇港入选"世界灌溉工程遗产"名录。近年来，通过编制《太湖溇港遗产保护利用专项规划》《湖州市溇港水系"一河一策"实施方案》等工作，将太湖溇港遗产保护、传承和利用融入河湖长制，助力河湖长成为太湖溇港的守护者、宣传者，持续擦亮"世界灌溉工程遗产"金名片，奋力打造太湖流域耀眼明珠。

【关键词】　太湖溇港　世界灌溉工程遗产　保护　传承　利用

【引　言】　全面推行河长制是落实绿色发展理念、推进生态文明建设的内在要求，是解决我国复杂水问题、维护河湖健康生命的有效举措，是完善水治理体系、保障国家水安全的制度创新。河长制发源于太湖流域，是太湖流域片的一张名片，近年来，太湖流域积极开展具有太湖流域片河湖长履职特色的探索，创新工作方法，以水利前期、一河一策等工作为抓手，谋划、细化、实化河湖长履职机制，助力太湖流域片河湖长制不断升级迭代。

一、背景情况

太湖溇港是我国太湖地区特有的古代农田水利灌溉工程，始建于春秋战国时期，历经1000多年的修筑和整治，至北宋时期形成了完整的溇港水利体系。它是特定自然环境下，人类求生存、谋发展和顺应自然、改造自然的产物，是太湖流域劳动人民变涂泥为沃土的一项伟大创举。

---

* 太湖流域管理局水利发展研究中心供稿。

历经千余年的变迁，太湖溇港至今仍发挥着"灌""排""引""降""泄""蓄""调""分""运"等九大功能。2016年，太湖溇港成功入选"世界灌溉工程遗产"名录，成为太湖流域的一张世界级金名片。

但随着经济社会的不断发展，这个绵延了两千余年的水利工程面临着萎缩、消逝的风险。一是城市（镇）建筑布局调整导致部分溇港堵塞，浜缩窄或填埋，驳岸塌损，与溇港相关的物质文化遗产存在遗漏，未建立系统性的保护档案；二是遗产保护涉及自规、文保、水利、农业等多个部门，各部门在溇港河道保护范围的划定上存在差异，尚未划定统一的保护范围，管理体制上存在分层分条分片管理的问题；三是太湖溇港相关的文化内涵及相关非物质文化遗产禀赋挖掘不足，需深入挖掘其文化内涵，培育特色文化，加以传承和利用。

通过编制《太湖溇港遗产保护利用专项规划》（以下简称《规划》）、《湖州市溇港水系"一河一策"实施方案》（以下简称《实施方案》）等文件，积极践行"绿水青山就是金山银山"理念，强化了太湖溇港的河湖管护要求，夯实了太湖溇港的河湖管护基础，实现了河长履职更加规范，溇港保护更加科学，溇港面貌更加美丽，溇港品牌更加响亮，推动溇港生态环境不断改善、功能价值不断提升、知名度和影响力不断扩大，助力湖州构建"水清、流畅、岸绿、景美、人和"的幸福溇港新格局。

二、主要做法和取得成效

（一）顶层谋划，明确溇港保护要求和任务

《规划》全面梳理了溇港遗产要素，划定了溇港保护范围线，创新提出了溇港遗产保护"五大制度"和传承利用总体布局，为各级河湖长维护太湖溇港的原真性、完整性和延续性提供了规划依据。2022年10月，《规划》由湖州市人民政府正式批复实施。

1. "三精保护"厘清溇港管护职责

一是全面摸清62条溇港、3条横塘、12处湖漾、14片圩田以及142项其他相关遗产现状，制定保护清单，为溇港河长提供真实、完整的太湖溇港遗产信息，实现太湖溇港保护的"数据精准"。二是划定16.33平方千米的核心保护区以及14.14平方千米的一般保护区，为太湖溇港遗产

的保护和管理明确界限，实现太湖溇港保护的"定位精确"。三是提出"建立制度、划界立桩、生态修复、严控建设"的太湖溇港遗产保护策略，实现太湖溇港保护的"管护精细"。

"三精保护"的提出为沪渝高速和长深高速湖州市区联络线、213省道吴兴段、南浔段等重要的跨河、跨湖工程提供技术指导，在保护溇港的同时促进地区经济发展。

2."五项制度"健全溇港管控机制

一是建立太湖溇港遗产保护综合协调制度，统筹规划实施，推进太湖溇港遗产保护传承利用各项工作，协调解决太湖溇港遗产保护工作中的重大问题。二是全面深化河湖长制，将太湖溇港遗产河道、湖漾保护纳入各级河湖长履职范围，实现太湖溇港常态化管护。三是完善水域空间管控机制，将溇港管理和保护范围划定成果与空间规划相衔接，严格溇港水域岸线管控。四是建立太湖溇港遗产安全预警机制，按照应急预案，及时启动对应级别的应急响应，采取相应处置措施，消除安全隐患。五是探索水生态产品价值实现机制，通过系统治理，恢复溇港水生态系统的功能，在供给端实现水生态产品价值提升和价值"外溢"。

3."深入挖掘"助力溇港文化弘扬

深入挖掘延续数千年的溇港文化，提出"一网引领、两区示范、三群并进、多点融合、全域发展"的太湖溇港遗产传承利用总体布局，以太湖环湖大堤、溇港横塘以及口门、涵闸等控制工程组成的溇港水网"一网引领"，发挥湖漾生态功能区和圩田农业生态功能区的"两区示范"作用，推动古村落群、古桥群、溇港馆群"三群并进"，崇义馆、太湖溇港文化展示馆等7个溇港展示馆年均接待游客量达12万人次，实现溇港文化与太湖文化、文化、桑蚕文化、运河文化、鱼文化的"多点融合"，促进遗产的专题研究、宣传教育及交流合作"全域发展"，不断扩大溇港文化影响力。

太湖溇港先后被人民日报、中国水利报、人民网、水利网等多个媒体进行多角度、全方位、立体式广泛宣传，激活溇港文化生命力，加强溇港文化传播力，实现溇港文化的活态传承。

太湖溇港——罗溇

（二）对症施策，压实溇港管护责任和措施

《实施方案》梳理分析每一条溇港存在的问题，提出改善提升措施，为河湖长推进水域岸线保护、水环境治理、水生态修复、执法监管、溇港文化工程等工作提出了分年度 5 方面 31 项任务。

1. 强管控，落实溇港管护要求

一是设立界桩，在溇港水系核心保护区范围统一设置界桩 600 个和公告牌 100 个，严格核心保护区内水域岸线管控。二是严控建设，在 16.33 平方千米的核心保护区范围内，原则上禁止新、改、扩建项目，建设必要的基础设施或公共服务设施，须加强建设项目"事前、事中、事后"的全过程监管，完成水域监管平台建设。三是常态巡查，常态化开展执法监管和河湖清四乱等监督检查，做到市级河长每季 1 次、县级河长每月 1 次、乡镇级河长每旬 1 次、村级河长每周 1 次的巡河要求，做到守河有责、守河有方、守河有效。

2. 抓治理，助力溇港焕发生机

一是防治水污染。开展太湖沿岸纵深 10 公里范围内入河排污口整治，强化农业面源污染管控，推进湖州织里东郊水质处理有限公司等 5 个污水处理厂提标改造，加强对 10 条通航溇港码头污水垃圾收集转运设施建设与运营的执法监管，保障入太湖水质连续 14 年维持在Ⅲ类及以上。二是治理水环境。加快水系综合治理，实施市级河道重要堤防养护堤防回固、清淤清障等工程，恢复水体流动性。提升蓝藻防控及打捞能力，每日保证2次以上的巡查清理频次。三是修复水生态。开展溇港范围内水生态修复工程，新（重）建口门建筑物50座，推进湖州市中心城区河道、水生态功能提升，实施南太湖新区启动区防洪排涝工程，整治河道34.43千米，加快修复溇港及周边河湖水生态环境。

3. 促传承，弘扬溇港千年文脉

一是做好结合文章，赋予河长履职新的内涵，做好河长培训与遗产保护的结合文章，强化河长巡河过程中对溇港遗产的保护，争做太湖溇港的守护者、讲解者、宣传者。二是出版文学作品，推进溇港文化深度融合，出版《浙水遗韵·清丽湖州》展示太湖溇港水文化蕴含的治水思想和时代价值，将本土人文、历史等元素深度融入治水、护水、兴水工作中，图书成功入选2023年6月精选浙版好书榜。三是强化遗产修复，丰富溇港文化展示体系，全面建成小沉渎村溇港展示馆和溇港水系展示图，持续修复溇港沿线古桥群等，充分利用现有遗产因地制宜开展宣传展示活动。

太湖溇港

三、经验启示

（一）坚持自信自立，扩大溇港影响力

水文化是中华文化的重要组成部分，推进水文化建设，讲好中国水

故事，对于延续历史文脉，弘扬中华文明，坚定文化自信，为实现中华民族伟大复兴的中国梦凝聚精神力量，具有重大而深远的意义。《规划》《实施方案》将水文化的传承利用纳入河长制的工作范围，鼓励各级溇港河长充分利用互联网、报纸杂志、自媒体等宣传手段，加强溇港文化宣传推介，助力太湖溇港获得"国家水利风景区高质量发展标杆景区"等荣誉称号，不断扩大太湖溇港影响力，以文化自信提升溇港两岸的人民群众的获得感、幸福感、安全感。

（二）坚持问题导向，构建溇港新格局

人类认识世界、改造世界的过程，就是一个发现问题、解决问题的过程。太湖溇港经历千余年的历史变迁，尤其是近年来随着城市发展，溇港面临的保护问题越来越严峻。通过落实好《规划》《实施方案》，敢于正视问题、善于发现问题，深入现场进行调研，梳理每一条溇港的现状，分析存在问题，做到对症下药、有的放矢，通过建立健全"五项制度"，着力解决溇港堵塞、多头管理、文化挖掘不深等问题，制定年度工作任务，用咬定青山不放松的耐心和恒心，在攻克一个又一个问题堡垒过程中，构建"水清、流畅、岸绿、景美、人和"的幸福溇港新格局。

（三）坚持系统观念，巩固溇港共同体

山水林田湖草沙是一个生命共同体，通过落实好坚持系统治理、水岸同治，统筹好上下游、左右岸、干支流，统筹好陆上水上、地表地下，统筹好水资源保护与水环境治理，统筹好河湖生态空间管控与水污染防治。将頔塘以北的纵溇横塘体系全部纳入了流域系统治理范围，聚焦沿河生产生活污染，全面关停搬迁太湖沿岸全部工业涉污企业，整体拆除 24 条水上餐饮船，拆解 1840 艘座家渔船，安置 2607 户渔民，实施纵溇横塘清淤，完成清淤 1000 万立方米，一体推进溇港水系集中"治乱"、系统"治病"和科学"治根"，大幅度提升溇港的引排水能力，改善区域水环境，促进太湖溇港遗产长久保护。

（执笔人：李敏　李博韬　陆沈钧）

智慧河湖建设与公众参与

共护瀛洲碧水　同享幸福河湖

——上海市崇明区构建"万、千、百"爱水护河体系，奋力书写全民治水新篇章*

【摘　要】崇明岛位于长江入海口，是世界最大河口冲积岛和我国第三大岛，也是长江大保护的最后一道防线。因水而生、因水而兴的崇明，坚持把水生态环境保护摆在重要位置，大力加强河湖长制工作宣传，通过选聘11569名民间河长、17124名护河志愿者，建立1175个河湖长制工作站和"爱水护河"宣传点，实现了全区269个村居联动治水，成功构建"万、千、百"爱水护河宣传体系，通过凝聚起广大人民群众的力量，营造出"全民治理、全民护水"的浓厚氛围，确保一江碧水在"最后一公里"的清澈，也让居民群众看得见绿水，留得住乡愁。

【关键词】宣传体系　河湖长制　全民治水　爱水护河

【引　言】2020年3月，中共中央办公厅、国务院办公厅印发《关于构建现代环境治理体系的指导意见》中明确提出了"着力建立健全环境治理全民行动体系"的要求。水环境污染问题的形成，主要源于各社会主体行为的叠加，而水环境的改善，也必然要依靠各社会主体的共同参与。加快构建全民参与爱水护河的行动体系，努力将广大人民群众培养成节水爱水的积极倡导者、河道治理的忠实参与者、水清岸绿的坚定捍卫者，才能形成最强合力，真正实现让幸福河湖水流淌在每一个百姓身边的美好夙愿，为长江大保护画上"点睛"之笔。

一、实施背景

崇明区河网密布、阡陌纵横、江海交汇，共有河道（湖泊）16285条（个），河湖面积124.5959平方公里，全区水面率达到10.52%。其中，镇管河湖732条（个），村级河道15163条。

---

* 上海市崇明区河长办供稿。

自崇明世界级生态岛建设跨入新时代以来,崇明区秉承发扬"绿水青山就是金山银山"理念,全面建立河湖长制责任体系,不断发挥河湖长制统筹协调作用,瞄准村级河道治理短板,扎实推进"消黑除劣"工作,"十三五"期间,全区共完成劣V类水体整治6364条段,打通断头河2634条段,水环境面貌显著提升。进入"十四五"以来,如何进一步巩固水环境治理成效,提高群众爱水护河意识,加快引导群众全面参与水环境治理和保护已成为关键性问题。

二、主要做法

崇明区坚持以"河湖长制"为抓手,遵循"政府主导、社会参与、村民自治、全民护水"总基调,创新构建崇明区"万、千、百"爱水护河宣传体系,选聘11569名民间河长,吸纳17124名护河志愿者;坚持建队伍、强阵地,在全区18个乡镇建成287个村居河湖长制工作站和888个"爱水护河"宣传点,积极聚民心、汇民力,将河湖长制工作触角延伸至村居、村民小组等"细胞"组织,充分激发基层治水智慧和全民参与热情,打响了崇明区水环境治理保护"全民战役"。

(一)建队伍、重机制,构建生态崇明新特色

1. 招募"万"名民间河长、志愿者

招募一批在职或离休村支书、离休老干部等具有一定号召力的人员为基础的志愿者队伍,组建了一支万人民间河长团队;通过组织"万名河长大巡河"、常态化爱水护河等行动,充分发挥民间力量,用"万"名民间河长的身先垂范、建言献策,以桥梁纽带作用积极动员周边群众,推动"全民治水"工作不断向纵深发展。

2. 创建"千"个爱水护河宣传阵地

在各乡镇村居基层党群服务点、睦邻点创建了287个河湖长制工作站和888个"爱水护河"宣传点,将爱水护河宣传触角延伸至乡镇、村居、村民小组等"细胞"组织,确保各级河长办有宣传阵地,民间河长有活动阵地,村(居)民有学习阵地,定期组织爱水护河宣传活动和发放各类宣传材料,为群众解疑答惑,使"爱水护河"意识深入民心。

"万、千、百"宣传阵地建设

3. 推动"百"个村居联动治水

实现"百"个村居联动,全面推进全区"村民自治"全覆盖,线上通过"河长说河""典型案例"等专栏推广治水经验、先进典型;线下以开展现场交流互访、喜闻乐见的节目巡演等方式推动全区水环境治理工作提质增效。不断营造全民治水、全民动员、全民监督的良好氛围。

(二)广宣传,联阵地,夯实水美乡村好基底

1. 建立理论宣讲平台

充分发挥基层党组织和广大党员作用,持续开展爱水护河"星火行动",定期开展村居宣传"周周讲""村村讲"等各类志愿活动,大力宣传治水理念,普及治水常识。实现18个乡镇269个村居的全覆盖宣讲,进一步提升群众对河湖长制及水环境治理等相关工作的知晓率。

2. 建立学校宣传平台

组织开展"水知识进课堂"主题宣讲活动,以主题讲座和户外实验相结合的形式,开展生动活泼、寓教于乐的水法宣传活动;结合"世界水日""中国水周",开展学校"水文化节"主题征文活动,提高学生们对水文化的兴趣,加深学生们对水文化的情怀。

3. 建立文化宣传平台

深度挖掘治水先进典型，研讨问题短板，编排反映乡镇特色的治水模式或先进治水案例的文艺节目，组成治水文艺汇演组，前往各村居进行宣传表演，渲染全区上下"河长带头、全民参与"的良好治水氛围。

4. 建立科普宣传平台

联合崇明区生态科技馆，开展"河湖'变身'记"知识科普、节水知识小讲堂活动。组织群众和学生参观"一滴水的旅程"教育实践基地，通过"情景式体验"深度了解"一滴水"如何从长江进入水库水厂制水开始，历经生活、生产排入污水处理设施净化处理，再回到长江的循环过程，直观呈现富有崇明水务特色的水环境治理流程。

5. 建立"生态+"宣传平台

组织民间河长开展河道巡查、河道清理等志愿活动，动员广大党、团员志愿者和群众志愿者参与百人"大净滩"活动，建立全民治水参与机制，积极推进村级河道"村民自治"，根植"自己的家园自己建、自己的家园自己爱、自己的家园自己管、自己的家园自己护"的思想理念，带动一大批热爱家园的群众主动参与治水护河，不断改善全区水环境面貌。

（三）兴产业、提效能，锻造金山银山强引擎

依托"万、千、百"爱水护河宣传体系，全区上下积极探索，创新发展，形成了诸多更适宜崇明水环境管护的特色做法，涌现了许多凝聚民心、展现民智的先进典型，为全区河道水环境治理积累了可复制可推广的村民自治工作经验。

1. 在齐抓共治中提升管护效能

依托河湖长制工作平台，广泛动员群众参与河湖的日常监督和管护，通过在河湖显要位置设立河长公示牌，全面公示河湖名称、河长名称、监督电话等基础信息，同时在"上海崇明"App开通"'河'你一起"崇明区河湖问题监督平台，方便群众发现问题并及时反馈，切实发挥人民群众监督主体作用，打造由"河湖长制"向"全民河长"转变。

在"万、千、百"爱水护水体系推广中，崇明区还鼓励村民积极参与村级河道自治管理，各村居纷纷"各显神通"。绿华镇华西村围绕"六

个跟着走"分配原则，精细化实施村民自治，将全村约48公里村级河道的管护责任全部分配到每户、每人，河段任务细化到米，将考核结果与"六档"村民奖补机制挂钩，标准明确、公平合理，充分调动了群众参与的积极性，实现了从"要我管"到"我要管"的转变；庙镇合中村探索民间河长轮值，确保河道每天有人巡，推行星级管理，确保治理效果有人评，建立智慧平台，实现河道治理有人管。

2. 在因地制宜中展现群众智慧

"万、千、百"爱水护河宣传体系构建后，为群策群力提供了有效基础和平台，以往许多治河治水难题迎刃而解。

新河镇井亭村曾面临过一个河中浮萍的治理难题，由于只能靠捞，网兜又过于稀疏，治理效果一直不佳，而在一次河湖长制工作站活动中，经村级河长、民间河长、周边百姓坐在一起出谋划策，最终想出了用网纱包裹塑料泡沫抛投水面驱赶浮萍，再将聚集一起的浮萍"全歼"的新方法，实现了水面浮萍的一次性"清零"。

港沿镇园艺村在河道治理过程中，"金点子"频出，有利用美丽乡村建设中用剩的脚手架毛竹和拆除农户"五棚"的旧椽子、旧木料为桩，以旧平瓦为挡板，打造成木桩、竹桩加平瓦的"三合一"护岸，也有在河坡上种植波斯菊等绿植，既起到了护坡防坍作用，又点缀了河道生态景观，达到了经济、美观、实用、生态的多重目的。

3. 在水旅融合中打造绿色经济

崇明区坚持生态优先、绿色发展主线，准确把握河湖保护与发展的关系，结合乡村振兴，持续开展骨干河道整治，以治水促进"水经济"，实现共同富裕，又以乡村旅游"反哺"水环境整治，打造人民满意的幸福河湖。

在三星镇新安村与平安村交界以南早年有近30多个连片鱼塘，由于高密度养殖使得该片区域水质恶化严重，后新安村对此进行了生态化改造，将216亩高密度养殖鱼塘华丽转变为低密度养殖湖泊，并与周边水系勾连贯通，不仅有效解决了面源污染问题，还提高了区域防洪除涝及水资源调度能力，同时将湖区环境打造成了三星镇一张亮丽的明片和最美"生态观光带"。

湖泊的建成也成了区域经济发展的"活力源",围绕湖泊打造"一草、一花、一湖""海棠湖"特色产业,有效助力乡村振兴,新安村先后完成了近3亿多元的固定资产投资。村民共同配合参与整治,更多的老百姓从站着看,到撸起袖子跟着干,全面改变了新安村"老、旧、破、乱"的环境面貌,全村增加了3000多万元的收入,村民爱水护水的参与感和获得感显著提升。新安村不仅成为上海的"最美生态村",也是远近闻名的"富裕村"。

三星镇海棠湖

三、经验启示

实践证明,水环境治理是更需要全民参与的一场持久战,只有呼吁更多群众加入到爱水护河队伍中来,才能真正打通河湖长制的"最后一公里",为人民群众打造一片清水绿岸的宜居环境。

(一)构建立体式宣传体系,努力打通全民参与治水的"最后一公里"

爱水护河宣传体系建设更需要人民群众的广泛参与,通过打通全民参与治水护水的"最后一公里",实现从"政府九龙治水"到"全民共同治水"的转变。崇明区将4D立体式党建服务体系和"叶脉工程"深度融合,充分发挥基层党组织的领导核心作用,将河道水生态、水环境治理聚焦到微网格，构建"万、千、百"爱水护河宣传体系，让基层党组织成为带领群众治理水环境的"主心骨"，让民间河长志愿者、村民骨干成为基层治理的"领头羊"，让群众成为提升水环境质量的"主力军"。

（二）加大多维度宣传力度，奏响一支全民爱水护河的"交响曲"

为进一步巩固河湖长制工作成效，增强群众对河湖长制的认识与支持，营造全民爱河护河良好氛围，崇明区委区政府多措并举，多维度、多角度、全覆盖的深度宣传，联合工青妇等社会团体、新闻媒体，创新宣传载体和方式，将用水节水、污水处理、水环境治理保护等河湖长制知识和理念，送到田间地头、百姓中间，让广大群众能自觉成为爱水护河的传播者、实践者和示范者。

（三）把握"重点日"宣传契机，提振创建"幸福河"、百姓乐享生态美的信心

为不断提高社会公众对河湖长制工作的参与度，推动河湖长制从"有名"向"有实""有效"转变，崇明区主动把握宣传契机，不断创新宣传模式，紧紧把握中国水周、世界水日、海洋日等重要时间节点，建立宣传阵地，为志愿者颁发聘书，开展"一滴水的旅程"，组织乡镇巡回宣讲，带领全区群众积极投身生态岛水环境建设中去，力争"三年造氛围、十年磨一剑"，依靠全民智慧力量，实现全区水环境质量的持续稳步提升，推动形成"一村一河一风景、一镇一域一风情"的水美崇明新格局，让幸福河湖水流淌至每一个百姓身边，让一江清水浩荡东流！

（执笔人：徐皆欢）

"数字明湖"赋能幸福河湖管护迭代升级

——安徽省滁州市数字明湖项目驱动管护方式"智慧转型"[*]

【摘　要】　2021年，滁州市积极响应习近平总书记在视察黄河时讲话号召，在明湖开展幸福河湖建设，先后被命名为安徽省幸福河湖、淮河流域幸福河湖。2022年被水利部列入首批国家级幸福河湖建设名单之后，全面集成了系统治理、管护能力提升、助力流域发展3个方面的核心成果，积极探索数字河湖建设模式，建立了有利于防洪保安、水生态调控、河湖巡查的数字化服务业务体系，实现了以流域为单元，充分利用信息化技术开展河湖管理保护的新模式，打造了可复制、可推广的数字明湖系统。建设数字明湖是提升河湖长效管护水平的重要手段，也是践行水利高质量发展路径的探索实践。数字明湖项目交付使用后，效率提升、效果明显，为明湖幸福湖泊建设增添了坚兵利器。

【关键词】　明湖　数字明湖　长效管护　幸福湖

【引　言】　习近平总书记强调，要全面贯彻网络强国战略，把数字技术广泛应用于政府管理服务，推动政府数字化、智能化运行。《光明日报》发表李国英部长署名文章：加快建设数字孪生流域，提升国家水安全保障能力。2022年水利部印发了《关于大力推进智慧水利建设的指导意见》，对智慧河湖建设提出了具体的要求。为贯彻落实水利部决策部署，明湖立足于更好提升湖长管护能力，打造国家幸福河湖建设的样板工程，在流域内高标准实施数字明湖建设，已经初见成效，形成经验，有参考价值。

一、背景情况

明湖位于滁州市南谯区，是合肥都市圈、南京都市圈的中心地带，

---

[*] 安徽省滁州市水利局供稿。

明湖流域面积69平方公里，核心区域水面面积约5.5平方公里。明湖原是胜天河周边的洼地，为彻底解决洼地洪涝问题，滁州市实施了明湖工程项目建设。项目2015年开工，2017年汛期形成湖区，2017年启动集文化创意产业、旅游度假、康体健身和高档居住区于一体的高品位低碳示范明湖新城建设，截至目前，综合投入已近100亿元。

明湖形成后，主要存在四个方面问题。一是在防洪保安方面。明湖流域坡度陡，产流快，洪涝灾害风险大。2008年本区域遭遇强度超100年一遇的特大暴雨，虽未造成人员伤亡，但财产损失十分严重。之前防洪决策仍旧依托传统人工观测预判，精准性不高。二是在水资源方面。区域降雨时空分布不均，水资源自然调控能力微弱，生态水位保证率不高，引调水缺乏数据支撑，调控随意性太大，矛盾较多。三是在水生态方面。明湖作为新建水生态系统，生境极易受到外力破坏，且湖区平均水深不足3米，又背依滁州市主城区，来水情况复杂，个别时段水质不稳定，监测和调度费时、费力。四是在水文化方面。水文化挖掘深度不够，湖区及湖区周边的文化脉络还没有得到系统的整理，在体现方式上还没有得到有效的串连，传统字画模式展现，吸引力不强。

数字化手段解决这些问题虽然不是决定性因素，但能助力湖长和管理单位调配相关资源或决策，起到智囊团、锦囊袋的作用。在现实使用中，功能模块使数字明湖项目能够在预设各种条件下，在解决四个方面问题上提供不同状态的模拟效果，非常直观地体现出数字化给湖泊管护

明湖全貌

"数字明湖"赋能幸福河湖管护迭代升级

带来的跨时代革命。

二、主要做法

数字明湖是为数不多的在小流域开展数字化建设的数字化项目，功能化模块的集成采用了许多最前沿的信息化技术，有非常强的创新优势，为其他小流域数字化建设提供了可以借鉴的经验。数字明湖建设按照"需求牵引、应用至上、数字赋能、提升能力"要求，主要以数字化、网络化、智能化为主线，建设数字孪生湖泊样板。包括GIS底图、三维孪生底板以及鹰眼视频，抽取核心感知数据和业务信息，综合展示"防洪保安全、优质水资源、宜居水环境、健康水生态、先进水文化"的建设成果，形成具体的、实操性极强的河湖治理管护解决方案。

（一）防洪排涝大厅快速精准模拟洪水过程

"四预"模块通过流域视角宏观掌握明湖流域适时防洪形势，满足管理人员日常防洪研判与决策的需求。一是对接包括卫星云图、雷达图、台风以及降雨预报信息，监测预报通过全面接入流域实时雨水情、工程运行和视频信息，在后台集成流域综合模拟模型，实现在线滚动预报，可提前掌握明湖及流域水情形势，为防汛预留决策时间。二是调度预演具备复演过去、重现现在、预演未来洪水特征的能力，为指挥调度提供不同的直观视觉场景。三是以"监测预报、动态预警、场景预演、调度

防洪排涝"四预"系统

预案"作为核心功能，能够实现水工程智能调度，自动启闭相关防洪工程设施。

（二）水生态大厅实现明湖健康在线体检

模块综合展示了明湖及周边区域主要的水生态和水资源工程分布情况，通过自动检测站和高空视频、水下视频，展示明湖生物多样性监测成果。同时可全局掌握明湖及区域水资源量，为水生态环境用水保障能力提升提供决策依据。一是利用高光谱水质仪秒级监测明湖水质状况，利用环境 DNA 自动采样站实现生物多样性指标快速监测。二是智能调控模块可以自动推送生态水位及补水方案，满足明湖精准及时调度要求。以水资源调度为例，当明湖实时水位低于 13 米时，系统将自动提示下游清流河及上游 5 座小型水库水位、水量情况，推送引调水的最佳方案。三是引入了河湖健康评价的相关指标，周期性地对河湖幸福状态、健康状况进行自动评估，动态展示明湖和健康评价成果，并生成"幸福码"在室外显示屏上显示，任何人都可以通过扫码得知明湖的幸福程度。

（三）水文化大厅清晰勾勒明湖文化脉络

模块通过户外展示屏、展馆展厅、手机终端等方式展示明湖水文化。模块设置科普展示、历史巡游、文学艺术 3 条虚拟游线，了解游客对水文化参观热度，动态调整水文化展示的方式、位置，提升水文化宣传广度。一是采用线下游览、线上人机互动的方式传播明湖水文化，拉近明湖与历史文化的距离，也加强了河湖保护科普宣传力度。二是挖掘展示了全国的治水名人、故事、诗篇、水利科学研究等水文化知识，集成了湿地科普知识、河湖长制知识、河湖健康评价知识等。还把经研究以滁州市当地的欧阳修为主的北宋山水诗词文化和明朝朱元璋开国文化、王阳明独特的儒学文化进行集中展示。三是借助游人对室内外触摸屏的感知兴趣，优化配置了屏显系统触摸展示流程，调动游人了解明湖水文化的热度。

（四）长效管护大厅增添河湖管护智慧大脑

模块的接入，使管理者有了千里眼、顺风耳。一是能够随时掌握湖区人数、车辆、路况等基本信息，了解警示牌、安全设施、服务中心基础设施情况以及值班人员值守信息。二是通过高塔预警、环湖安全监控等综合手段，第一时间处置报警事件，显著提升了处置效率。三是无人机机场常态化起降无人机开展常规巡检，消除固定监控系统监测盲区，解决了日常巡查出现的时间、死角问题。四是减轻管理成本，不用通过增加人力资源保障日益增强的管护需求。自动呼叫警示系统，可以有效避免因突发情况发现不及时造成的事故。

三、取得成效

数字河湖的重要作用是帮助管理者更加有效的管理河湖，数字明湖建设实施后成效十分明显。从管理上看，明湖适时动态管理已经脱离的单纯依靠湖长巡湖这一简单的发现问题、处理问题模式，数字明湖实现了明湖管理的智能化。从效率上看，"第一时间"再次提前，甚至可以做到从发生到发现只是瞬间，无论管理人员在哪，从反馈问题到解决问题的时间极大地缩短。从科学处置上来看，数字明湖提出的方案办法集成了科学有效的数据，为管理者科学决策提供了最有力和最有分量理论基础。

（一）防洪保安智慧决策

"四预"系统的集成，不再需要人工计算相关数据支撑决策调度。系统可以模拟各种水情、雨情和工况下的调度方案，改变了防洪保安集体会商、集体研究、集体决策的传统防洪指挥调度模式，调度命令的发出不但快速而且精准。2023年7月流域内发生了24小时超过100毫米的强降雨。系统在降雨来临前就准确的做出了此次降雨不会对明湖水工程和下游村庄产生影响的判断，并提醒实施了小流量泄洪的应对措施。实践证明了系统在防洪保安决策和实施过程中实战应用的良好效果。

（二）河湖管护提质增效

明湖管护大量使用数字技术，为全面推行河湖长制提供强有力的助推剂。理论上实现了足不出户，可以巡查了解到流域的每一块区域。对出现的问题，实现了智能判断问题类型，制定解决问题方案的需求。在河湖管护上将数字明湖这一理念进行创新使用，极具推广意义。

（三）社会效益显著提升

数字明湖从网络上传播了明湖区域优美的生活环境、健康的生态产品，推广基于自然景观、人文景观与城市景观的特色经济发展体系，促进了明湖旅游观光发展和文化繁荣，吸引水上乐园、露营、景区交通、餐饮、游乐园等多种业态发展。数字明湖的管护理念、实践模式，成为幸福明湖的一张新名片，给群众提供了一个全新的旅游打卡景点。利用热成像技术，实时计算客流人数，准确掌握客流集中区，动态调整服务类设施的位置和规模，为游客提供更加优质的服务。数字明湖建成后，近半年来，周末日均游客超万人，节日日均游客超5万人，较2022年同期增幅152%。

（四）河湖生态明显改善

数字明湖监测体系不断为管理者提供动态水生态水环境监测数据，对区域复苏和综合治理进行智慧管控。明湖生态岸线比重≥60%，水质稳定在Ⅲ类向Ⅱ类过渡，幸福河湖指数达到95分，河湖健康得分90.9分，提升了生态稳定性，吸引越来越多的鸟类栖息，流域动物类生物增加到127种，植物类生物增加到88种。

（五）数据资产成果丰富

系统建设运行产生了大量的基础数据、监测数据、业务数据和地理空间数据，形成数据资产积累，可以为水利、住建、生态环境等部门以及社会公众提供越来越多有价值的数据，推进未来数字经济发展。

四、经验启示

（一）决策模块功能应与实际场景契合

系统产生的数据和场景与流域内已经发生过的实际场景相比对，并不断修正系统的相关参数，以取得与实际相符、科学合理的应用成果。数字明湖通过水文系统模拟，证明明湖"四预"系统与传统预测预报高度契合，并具有极大的速率优势。

（二）数字化应用要与社会公众互动融合

数字化应用要畅通群众参与河湖管理和监督的渠道，打造融合、共享、便民、安全的"互联网＋河湖监管"模式。数字明湖打造成三维立体明湖，空中和水下摄像设施，支撑人水互动、人鱼互动，通过互动屏、VR、小程序等多种方式宣传引导公众参与河湖管护，让有亲身体验的游人们对更好地管理好明湖有了发言权。

（三）数字生态系统应在实践中不断完善

明湖数字流域为一个单元整体，建设空-天-地-人水上水下一体化监测体系，覆盖气象-水文-水动力-水质-生态等全要素信息，能及时发现"水""盆""生物"等方面问题并提供告警。但这些模块没有经过长时间的使用实践，实际情况与模块模拟的结果是否高度吻合，还需要通过不断运用才能证明。为此，使用单位要与开发单位签订长期的维保协议，从实践中不断地完善系统，形成最理想的数字明湖巡湖和解决问题体系。

明湖的数字流域系统已经建成并逐步发挥效益，但滁州市数字流域建设仍然还在路上，滁州市河长办将通过数字明湖的不断完善积累经验，在全市积极推广流域数字化建设，为更好地管理保护好皖东大地的河湖库渠而勇毅前行。

（执笔人：阚乃立　杨帆）

探索河湖治理多元参与
同心共守绿水青山

——福建三明市以民主监督
推动幸福河湖建设实践[*]

【摘　要】　三明是福建省老工业基地，为有效治理传统产业发展带来的水生态环境问题，三明在全省率先探索和推行河长制，创新打造流域保护管理新模式。为进一步扩大河长制群众参与，2020年8月以来，三明创新探索选聘政协委员担任"委员河长"工作机制，引导政协委员带头巡河护河，围绕水资源保护、水污染防治、水环境治理、水生态修复等开展调研视察，反映社情民意，积极建言献策，并对各级行政河段长的履职情况开展民主监督，及时反映群众对河湖治理的意见建议，构建共建共享生态幸福河湖的新格局。三年来，"委员河长"认真履职尽责，主动担当作为，积极参与河湖治理保护，推动水岸常绿、河湖常清，筑起了同心共守绿水青山的坚实屏障。

【关键词】　"委员河长"　民主监督　公众参与

【引　言】　为深入贯彻习近平生态文明思想，落实中央和省委、市委关于生态文明建设工作部署，进一步深化河湖长制工作，三明市创新建立"委员河长"工作制度，选聘政协委员担任"委员河长"，以民主监督、参政议政、反映民意等形式参与巡河问水，并示范引领社会各界人士共同关心、支持、参与和监督河湖管理保护，提高全社会对保护水资源、防治水污染、治理水环境和修复水生态的责任意识和参与意识，对打造"河畅、水清、岸绿、景美"的幸福河湖具有重要的现实意义。

一、背景情况

三明位于福建省西北部，地处闽江上游，境内河网密布，水资源丰

---

[*] 福建省三明市河长制办公室、三明市政协人口资源环境委供稿。

富，是闽江、汀江、赣江的发源地。作为一座新兴的工业城市，三明具备较为完整的工业体系和扎实的工业基础，集聚了全省最大的钢铁、造纸、水泥、重型卡车等生产企业。辉煌背后，烦恼接踵而至：肆意采矿、非法采砂、污水乱排、清流变黑……粗放的发展方式一度让三明水生态频亮红灯，辖区内各水系中下游水质不同程度受到污染。"绿水青山是无价之宝，用之不觉，失之难存。"守住绿色，三明坚定转型。2009年，三明市大田县在全省率先实行河长制。

河湖长制工作离不开社会的参与和监督。政协委员是社会各界的代表人士，一言一行都具有影响力和示范性，组织政协委员巡河护河，有利于发挥政协委员在界别群众中的示范带动作用，充分体现政协委员的责任担当。民主监督是人民政协的一项重要职能，组织政协委员巡河问水，围绕水生态环境保护建言资政、凝聚共识，是围绕中心、服务大局的重要举措。2020年8月，市政协、市河长办在全市选聘115名政协委员担任"委员河长"，正式拉开"委员河长"工作序幕。"委员河长"通过巡河问水、视察监督、协商建言等方式，充分发挥政协民主监督作用，示范引领群众共同关心、支持、参与河湖治理，集智聚力打造"河畅、水清、岸绿、景美"的幸福河湖，同心共守绿水青山。

二、主要做法

三明深入贯彻习近平生态文明思想，选聘"委员河长"参与河湖治理，坚持高位推动、机制带动、协作联动、创新驱动一体推进，让"委员河长"履职有平台、有动能、有合力、有实效。

（一）坚持高位推动，搭建履职平台

市委、市政府高度重视河湖长制工作创新，支持把"委员河长"工作作为创新民主监督、发挥委员作用、服务发展大局的新平台、新载体。市政协、市河长办联合下发《关于进一步深化河湖长制选聘百名政协委员担任"委员河长"的通知》，明确其意义及"委员河长"的选聘条件、选聘程序、报名渠道，广泛宣传发动政协委员报名参与，为生态文明建设贡献智慧力量。目前，全市共选聘市级"委员河长"226名、县（市、

区）级"委员河长"165名，让大河小溪都有了委员守护者。市政协、市河长办定期召开全市"委员河长"工作部署会、工作联席会、现场推进会等，为"委员河长"工作提供有力组织保障。市、县政协领导带头开展集中巡河，聚焦污水直排入河、城区雨污分流、改善流域水环境等问题进行调研座谈，形成专题调研报告，为党委政府科学决策提供有益参考。

（二）坚持机制带动，激发履职动力

一是建立责任落实机制。制定印发"委员河长"工作实施意见，对"委员河长干什么""河湖怎么巡""监督怎么查""问题怎么报""意见怎么提"等提出指导意见，明确"委员河长"的主要职责和履职要求，引导"委员河长"当好巡查员、宣传员、参谋员、联络员、示范员，切实管好河、治好河、督好河。二是建立评价激励机制。出台《三明市"委员河长"履职考评办法》，细化考评内容、方式、标准、运用等，对巡河情况实行"每月一通报"，公开通报表扬履职考评前20名的"委员河长"，每年组织评选"最佳委员河长"和"优秀委员河长"，营造争先进位的良好氛围。三是建立履职保障机制。依托"巡河"App（应用程序），搭建"委员河长"高效履职平台，实现"问题（建议）上报—中心分办—部门处置—河长评价"的闭环运行机制，推动相关问题及时解决；强化"委员河长"履职保障，定期向"委员河长"通报有关河湖长制工作文件、会议精神，为"委员河长"配备巡河工具包，购买人身意外险，让"委员河长"履职更顺心、更安心。

（三）坚持协作联动，探索共治模式

一是加强上下联动。以市县联动的形式，组织"委员河长"共同聚焦污水直排入河、农业养殖污染整治、河湖管护长效机制等课题，开展专项视察监督活动，着力提升巡河问水实效；把"委员河长"工作与委员工作站（室）、界别议政厅、乡镇联络组等一线协商载体建设结合起来，进一步促进"委员河长"作用发挥。二是加强区域联动。组织"委员河长"开展跨区域联合巡河，通过实地考察国省控断面水质及养殖污染、入河排污口等面源污染情况，共同分析研判流域水生态治理保护，针对问题提出对策建议，推动形成上下游联巡共督、协同共治、互惠共

享的工作新格局。三是加强部门联动。市政协、市河长办定期召开联席会议，研究推动"委员河长"工作走深走实；组织"委员河长"到水利、生态环境、城管等部门单位走访调研，充分调动部门协同积极性，推动相关问题及时解决；探索河湖长制与司法衔接的工作机制，促进"委员河长"工作与治水执法司法形成联动。

（四）坚持创新驱动，打造特色品牌

一是鼓励多元化。支持各县（市、区）因地制宜探索创新，让"委员河长"工作更具生机活力。沙县区在重点流域沿线设立"委员河长工作站（室）"，示范带动各界群众参与河湖治理工作；建宁县政协探索一季一主题、一河一对策、一片一协作等"六个一"工作法，做到委员在一线巡河、建议在一线提出、问题在一线解决；宁化县探索推行"看、查、巡、访、督"五步工作法，着力提升"委员河长"履职实效。二是探索标准化。坚持试点先行与标准建设一体推进，编制完成全国首个《政协"委员河长"民主监督规范》省级地方标准，从履职要求、责任义务、进退机制、履职保障等方面，探索形成可复制、可推广的经验做法。三是促进品牌化。大力宣传推介各县（市、区）政协"委员河长"工作的好经验、好做法，并通过现场观摩会等形式互学互鉴、交流提升；把"委员河长"与文明创建相结合，积极申报学雷锋志愿服务"五个最美"先进典型，做好宣传推广。

2022年以来，全市"委员河长"累计巡河9.4万公里，推动解决具体问题1373件；市县政协组织集中巡河护河活动162场次，开展专项视察监督78场次，举办相关协商活动61场次，反映相关社情民意信息323条，有力推动了河湖治理保护工作。三明"委员河长"工作，得到了全国政协、省政协领导的肯定和省水利厅等有关部门的充分认可，省河长办发文在全省推介三明"委员河长"工作经验，成为把政协制度优势转化为基层治理效能的创新实践和生动案例。在"委员河长"工作的助推下，2022年，三明河湖长制工作交出新答卷，专项考评连续4年全省第一，综合水质指数连续3年全省第一，有5个县水质综合排名进入全省前十，数量全省第一。2023年，将乐县池湖溪幸福河湖建设项目获批水利部全国15条幸福河湖建设项目之一。

幸福金溪将乐县段——红杉绿水

三、经验启示

（一）深入贯彻习近平生态文明思想，为"委员河长"工作提供科学指引

习近平生态文明思想，是新时代建设社会主义生态文明的强大思想武器。做好"委员河长"工作，必须深入贯彻习近平生态文明思想，坚持山水林田湖草是一个生命共同体，坚持区域共治、水岸同治，统筹水资源、水环境、水生态治理，才能推动"委员河长"工作有效推进、取得实效。

（二）探索河湖治理多元参与，促进政协制度优势转化为基层治理效能

打造幸福河湖，是民之所望、施政所向。必须立足党政所需、群众所盼、政协所能，在建言资政和凝聚共识上双向发力，聚焦水资源、水环境、水生态治理等开展调研视察、协商议政、民主监督，在调研中发现问题，在协商中凝聚共识，在监督中推动落实，才能凝聚起河湖治理保护的强大合力。

（三）充分发挥委员示范作用，引领更多界别群众加入巡河护河大军

建立责任落实、考评激励、履职保障等工作机制，激发"委员河长"

履职内生动力，并不断完善委员联系界别群众工作机制，才能更好发挥"委员河长"的示范性、引领性、带动性，营造社会各界共同关心、支持、参与幸福河湖建设的良好氛围。

（四）持续激发基层创新活力，推动"委员河长"工作规范化、品牌化

"委员河长"工作，在实践中产生，在创新中发展。必须尊重基层首创精神，鼓励各县（市、区）结合自身实际，大胆实践、持续创新，并通过制定地方标准、争取示范典型，对实践中的好经验、好做法予以规范和固化，才能进一步扩大"委员河长"工作的知名度和影响力。

（执笔人：李茜　叶峰　曹朝文　周永东　周驰）

建设智慧河湖 演绎"靖安经验"

——江西省宜春市靖安县智慧河湖建设实践[*]

【摘 要】 2015年,靖安县在全省率先实施河长制,坚持以"河"为贵工作理念,按照"政府主导、属地管理、分级负责、部门联动、全民参与"的原则,构建了"群策群治群力"的大管护格局。2022年,靖安县建成"天空地"一体化的水环境监测与河湖管理平台,实现了"智慧河长"智能治河的目标。平台利用遥感、无人机、地理信息、大数据、物联网等先进技术手段,面向县河长办、水利、环保、城管及社会公众等,涵盖监测与预警、问题处理与闭环、综合考核和评价、民众高度参与等一体化流程,为全省进一步提升河湖长制管理质效,建设人水和谐的智慧河湖提供了"靖安经验"。

【关键词】 河湖长制 河湖管理 智慧河湖 监测

【引 言】 靖安县位于赣西北,地处九岭之巅,潦水之源,国土面积1377平方公里,辖6镇5乡,人口15万。境内森林覆盖率高达84.1%,有北潦河和北河,总长度205公里,水域面积43.2平方公里,总流域面积1415平方公里。靖安县水环境监测与河湖管理平台,将科学的水环境监测、河湖管理思想和信息现代化管理手段进行有机的结合,并按照水环境监测监管体系、河湖管理体系对水环境监测过程和河湖管理数据、设备等资源进行规范化管理,加强了靖安县的水环境监测、机构管理和能力建设。

一、背景情况

靖安县位于赣西北,面积1377平方公里,总人口15万人,辖6镇5乡、75个村,境内河流主要有北潦河和北河,总长度约205千米,2千米以上支流69条,水库30座,山塘139座,全县水域总面积约43.2平方公里,是全省率先实施河长制的县。靖安县把河道当街道管理,把库区

---

[*] 江西省靖安县水利局供稿。

当景区保护，实现了河湖"水中有鱼，岸上有绿，绿中有景，人水相亲"总体目标。但仍存在以下几个方面的问题：一是在水资源、水环境监测方面，还是以传统点源人工采样监测手段为主，缺少针对靖安县全域的面域监测手段；二是河湖周边存在生活垃圾倾倒、非法采砂等河湖水环境污染现象，主要是通过河长巡查等常规人工巡视方法来监督；三是靖安县已全面推行河长制，但基层河长的日常巡河、问题上报、协调、交办处理、督查、执法等日常工作均通过电话、微信等传统手段进行，无法做到全流程精准考核；四是水环境监管各部门系统之间相对独立，且存在重复建设，数据孤岛现象严重，各种数据价值未得到高效挖掘，不能辅助水环境监管部门进行水资源调查、水生态管理、纳污能力管理、纳污补偿等决策支持；五是靖安县水环境监管涉及部门众多，但缺少部门联动和应急决策机制，缺少数据支持和响应机制。且各部门的水环境监管工作过分依赖领导者的个人能力、经验、风格、习惯、主观能动性等人为因素，未能有效调动民众参与的积极性，民众水环境保护的意识还比较薄弱、环境保护知识宣传不足，距离共同参与、全民环保的局面还有很大的差距。

2021年以来，水利部先后印发关于智慧水利和数字孪生建设的系列指导性文件，谋划推进智慧水利建设。强调要按照需求牵引、应用至上、数字赋能、提升能力的要求，以数字化、网络化、智能化为主线，以数字化场景、智慧化模拟、精准化决策为路径，以算据、算法、算力建设为支撑，加快推进数字孪生流域建设，实现预报、预警、预演、预案功能。靖安县于2022年建成水环境监测与河湖管理平台，实现了监管手段全方位、监管时空全天候、监管人员全民化，初步打造出河湖监管智慧化的智慧河湖平台。

二、主要做法

靖安县河湖管理平台的建立，加强了水利、生态环境、住建、城管、农业农村等部门间的合作机制，提高了流域和区域水资源与水环境综合管理水平，并同省级河长办信息管理系统实现信息互通，对进一步深化河湖长制、拓宽智慧河湖建设思路有着较好的示范意义。工作成效主要体现在打造以下五个体系。

（一）建立了全面覆盖的综合监测体系

利用智能物联网手段，对县域河湖管理的水量、水质、污染源等进行监测，构建了智能化、多元化、网格化的天空地立体化的整体监测体系。如利用卫星遥感监测河湖水质变化，采用无人机进行水资源分布、河湖水域动态、水环境污染等方面的巡查监测与监管，采用定点视频监管与人工巡查的方式对河道与垃圾污染源进行管理，采用驻测（水质自动监测站）与巡测（人工取样）相结合的方式进行河湖水质监测，采用流量计、水位计对河湖水量进行监测。

（二）建立了科学规范的河湖监管体系

平台建立了县域河湖长制管理系统，实现了县、乡镇、村三级河长制监管和考核，实现了县域河湖管理信息的全覆盖，突出了河长制管理的六大任务（水资源保护、水域岸线管理保护、水环境治理、水生态修复、执法监管、水污染防治）的管理。构建了责任明确、协调有序、监管严格、保护有力的河湖管理保护机制，为维护鄱阳湖区的河湖健康生命、实现河湖功能永续利用，提供了管理制度保障。

（三）建立了高度集成的工作管理体系

通过平台建立了县域跨水利、生态环境、住建、城管、农业农村等相关部门间的河湖管理综合业务系统，实现了县域河湖统一管理，其中包括水环境监测系统、泵站监测系统、垃圾收运处理系统、水环境监测预警管理平台，河湖管理系统、生态环境安全可视化监管平台，河湖长制管理系统、排水管网系统，村镇垃圾管理系统、移动 App 等。

（四）建立了灵敏精细的水质管控体系

在县域河湖水系乡镇界均设置了水质监测断面，实现了污染源县域总量控制、乡镇分级管控。在北潦河，建立了河湖水系污染模型，对污染源进行溯源分析，实现了对各类点源、面源污染物的管控。

（五）建立了协同高效的信息共享体系

靖安县河湖管理平台直接融入江西省河湖长制管理系统，实现了信息在线实时交换，实现了县河长办与省河长办之间的信息交换。利用平台系统实现了县域水利、生态环保、城建城管、农业农村等有关部门的河湖管理数据共享，如：实时监测的卫星遥感数据、水质监测数据、水文监测数据、视频监测数据等，业务管理的电子地图、水系图、污染源、管网数据、行政乡镇、河长、河段、巡河记录、河长制管理上报事件等数据。

三、取得成效

靖安县河湖管理平台的开发建设与管理实施，进一步打破了县域内涉水各有关部门和管理单位现有基础数据、监测数据的壁垒，实现了数据共享。通过标准化手段对各子系统及相关监测设备进行统一标准化集成，借助信息化的管理工具与建设方式，以智能感知网为基础，以大数据等先进技术为支撑，充分挖掘现有数据价值，实现水环境监测数字化、智慧化的管理，为推进靖安县河长制工作与水环境监测体系的建立与完善，提供了有效的手段与管理工具。其成效主要体现在以下5方面。

（一）利用卫星遥感等智能方式，实现了未雨绸缪

利用卫星遥感＋无人机＋算法，生成水质反演、水资源调查、水土保持、岸线侵占、内涝积水预测等11种专题产品，涉及算法类别43个，实现了空基监测和预测。

（二）利用平台App，丰富了公众线上互动途经

通过河湖管理平台，公布分享水质状况报告，让广大公众全方位了解治水情况及进程，更好地促进公众监督，引导公众多方位参与河湖管理。同时，公众可通过"靖安河湖"App参与巡河获得巡河积分，积分可兑换奖品，还有机会获得年度优秀达人的称号。

（三）利用数字集成、AI模型技术，优化了风险及时告警

全县河库水系，实时接入10座水质监测站点数据，20套超声波流量计和30套液位计用于进行污水流量监测和雨水液位监测；当水质或设备出现异常时，及时告警提醒。集成116个视频监控智能识别人车越界、岸线侵占、非法采砂案件，实现及时告警及语音喊话功能，针对识别的案件进行派发、处置、核查、结案等闭环流程。

（四）通过三级等保测评，确保了平台安全稳定运行

异地备份：将系统程序及数据从宜春市政务云机房备份至靖安县水

利局机房，采用线上增量备份方式，起到灾难后立刻接管的作用。对平台整体功能以及平台所在的服务器性能安全、网络安全等多方面进行测试，并通过三级等保专家评审。

（五）引入 VR、AR 技术，建成了全省首个河长制展示馆

展示馆分为"千年流淌、岁月荣光、我是河长、创造辉煌和水美靖安"五大篇章。结合 VR、AR 等富有科技感的呈现方式，让公众感受靖安县河湖环境的变化，了解河长制的历程以及河湖管理的效果，展示"白云深处靖安人家"的美丽画卷。

四、经验启示

靖安县水环境监测与河湖管理平台从"需求侧"查找问题，从"治理段"崭露头角，从"智能化"解锁思路。充分应用云计算、物联网、大数据等新兴技术，构建了"天空地"一体化的高效、共享和协同的水利智能管理模式。主要经验启示有监管手段要全方位、监管时空要全天候、监管人员要全民化、平台维护要全链条。

（一）监管手段要全方位

通过收集的数据等信息，结合遥感水质反演算法、水文水质模型、智能识别算法、大数据污染成因分析算法等高新技术手段，做到智能分析、智能识别，为防汛抢险、应急救援等提供决策支持。

（二）监管时空要全天候

通过卫星、无人机、地面监测站数据（1个水环境监测调度中心、3座水环境自动监测站、9个交界断面水质自动监测点、116个视频监控、13艘巡查船），对靖安县河湖水质等情况进行全天候监管。

（三）监管人员要全民化

通过平台可以清晰地看到河长制六大任务以及调度决策情况。根据业务需求的不同，App分为"领导版""业务版""群众版"三个版本，所有群众均可下载"群众版"App，参与到河湖管护中。这种方式可充分调动群众的关注、参与和监督的积极性和主动性，营造"我家在靖安，人人是河长"全民参与氛围。

（四）平台维护要全链条

完备的后续运维，是保障项目持续产生效益的重要支撑。为保证平台后续工作正常开展，明确运维责任主体，项目成立了以县水利局为主导、建设单位为主体的运维小组，采用 7×24 小时电话支持、远程诊断、定期回访、应急维修、正常保修等方式，持续提供设备运行、软件平台升级、需求变更、售后技术支持等服务。

（执笔人：王艳凤　戴瑛　涂丽娟）

"一网统管"智能管理
赋能河库精细管护

——湖北省襄阳市智慧河湖建设工作实践*

【摘　要】 水利部在推动新阶段水利高质量发展的实施路径中明确提出"复苏河湖生态环境，推进智慧水利建设，全面强化河湖长制，建设幸福河湖"。智慧河湖建设是加强河湖管理保护的重要手段，也是深化河湖长制的创新举措，襄阳市建设江河水库智慧监管平台，"一网统管"智能管理，赋能河库精细管护，为强化河湖长制及河库管理保护提供技术支撑和管理保障。

【关键词】 河湖长制　智慧河湖　改革创新　数字赋能

【引　言】 2022年以来，襄阳市积极探索"智慧化"河湖治水新模式，着力在河库治理管护科学化、精细化、智能化上下功夫，打造江河水库"一网统管"智慧河湖系统。对水利、水文、气象等部门的物联感知资源进行整合，通过水利一张图，全力打造"资源一网联接，预防一网联勤，处置一网联动"的智慧网络平台；对河湖长制主要工作内容进行全面整合，实现了"责任体系一网通连，履职履责一网统管，交办整改一网通办"；加强重点河库管理，通过"云巡""数巡""民巡"三巡联动，实现一网通巡。襄阳市加强智慧河湖建设，不断提升智慧河库监管能力，以数字赋能助力幸福河湖迭代提升，"人防＋技防"实现"人人是河湖长"，让"治水"变"智水"，襄阳河库管理步入数字化时代。

一、背景情况

襄阳，被誉为汉江上一颗璀璨明珠，素有南船北马、七省通衢之称，境内河流纵横、水库众多，大小河流668条，其中：流域面积在50平方公里以上的河流共计126条；各型水库1197座，其中大型9座、中型57

---

* 湖北省襄阳市水利和湖泊局供稿。

座、小型 1131 座。丰沛的河库资源和多样的水生态环境，是襄阳的显著特色和优势，为改善生态环境、增进民生福祉、推动经济社会发展提供了强有力的支撑保障。

襄阳江景

近年来，襄阳市委、市政府认真践行习近平生态文明思想，牢固树立"绿水青山就是金山银山"的重要理念，坚决扛起治水兴水政治责任，把深入推进河湖长制作为推动高质量发展的重要抓手，积极推进智慧河湖建设，强化河库管理保护、持续推进河湖长制工作提档升级，一批长期积累、多年想解决而未解决的河库沉疴顽疾得到有效治理，水生态环境持续改善，国家和省考核断面、县级以上集中式饮用水水源地水质达标率均为100%，人民群众幸福感、获得感不断增强。

二、主要做法

（一）全力打造网络平台，实现感知资源一网管控

对水利、水文、气象等部门的物联感知资源进行整合，通过水利一张图，全力打造"资源一网联接，预防一网联勤，处置一网联动"的智慧网络平台。

一是资源一网联接。将全市江河水库和主要水利工程数据资源进行整合，并在一张图中进行展现。全市668条河流，1197座水库，699千米堤防，279座涵闸，31处灌区渠系，14个泵站，61座水电站，全部在时

空地图上显示，主要技术数据全部纳入平台管理。

二是预防一网联勤。系统整合了全市 2000 多个服务于水利工程安全运行的物联感知终端，实时掌握全市水雨工情信息，为河湖长决策提供科学数据支撑。同步对接了水文、气象、水利等与江河水库相关的预警信息，一旦出现风险即可进行提示预警，迅速防范处理，通过蓝、黄、橙、红四级预警体系，实时监测水位到达预警值时，平台实时显示相应等级的预警信息，为河湖长调度指挥提供技术支撑。

三是处置一网联动。坚持问题导向，充分利用政务微信系统，及时向各级河湖长发送重点工作提示和重大问题督办信息，进一步提高涉河库事件的处置效率。为视频探头加载科学管用的智能算法，完善事件发现和处置机制，进一步加强日常监管的自动化程度，提高河湖长巡河查库效率。2022 年 6 月 7 日 20 时，平台预警雷达显示襄阳市精信催化剂公司排水 pH 值超标，平台迅速启动应急响应，通知企业停止排水。6 月 8 日 14 时，该公司将应急水池超标污水抽回重新处理。3 小时后，该公司报告整改完成，检测人员复查确认 pH 值达标后，企业恢复正常排水。

（二）全面整合工作内容，推动河湖长制一网落实

对河湖长制主要工作内容进行全面整合，实现了"责任体系一网通连，履职履责一网统管，交办整改一网通办"。

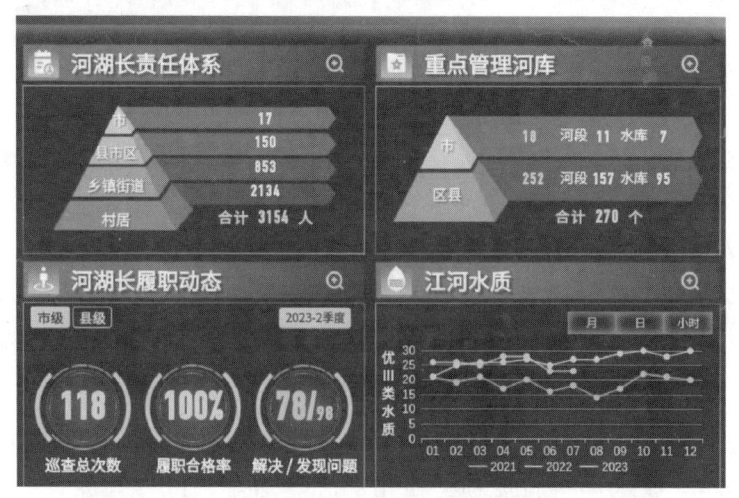

智慧河湖监管平台对河湖长制主要工作内容进行全面整合

一是责任体系一网通连。在河湖长维度上，分级呈现市、县、乡三级河湖长及联系单位和村级河湖长领责履职情况，实时展示全市3154名河湖长巡查责任河库情况，压实各级河湖长及其联系单位责任。一网通连，河湖长责任体系一目了然。

二是领责履职一网统管。在河库维度上，重点展示市、县两级重点管理的270个河库及相应河湖长履职的情况，对市、县、乡、村四级河湖长巡查领责河库情况，全部进行线上管理，实时掌握履职动态，根据巡查频次规定，通过江河水库监管平台设置的政务微信方式，及时发出提示，提醒河湖长履职尽责。

三是交办整改一网通办。将河湖长履职和河库监管重点工作情况进行公开，既督促河湖长这些关键"人"履职，又推动"清四乱"这些重点"事"解决。适时发现的问题通过大数据中心"事件枢纽"、政务微信等途径实时线上交办、动态跟踪，给河库管理保护扩容赋能，给事件处置提速增效。河湖长巡查发现的问题——在地图上撒点展示，给相关责任单位明确提示，督促加快事件处置，其中绿色表示已完成整改，橙色表示未完成整改。2022年发现的1374起，已办理完结1353起。2022年5月10日上午，市级河湖长巡查发现汉江谷城安家岗堤防迎水面有堆放预制块和植草砖的现象，工作人员及时将问题通过政务微信上报事件枢纽，当日13点29分大数据中心将工单派发给谷城县，13点50分谷城县处置事件完毕并拍照上传，事件处置的效率较以往有了很大的提升。

（三）加强重点河库管理，实现日常监管一网通巡

加强重点河库管理，通过"云巡""数巡""民巡"三巡联动，实现日常监管一网通巡。

一是云上巡。2022年以来，在水利部门自建的92处视频监控资源基础上，全市整合了政法、住建、交通、农业农村等相关部门沿江53处监控资源，实现了对汉江沿线重点监管区域的全覆盖。同时，通过襄阳市城运中心"城市之眼"平台，迅速发现并锁定问题。襄阳市目前已将"云巡河"作为日常管理的重要内容，着力于提高河湖长巡河查库的覆盖面和精准性。2022年汉江襄阳市级河长通过在线"云巡河"模式，发现襄州区张湾街道岸边有漂浮物和垃圾，通过政务微信将事件进行反馈，

襄州区立即处置，问题处置销号后及时通过政务微信上报事件交互枢纽，形成事件处置全闭环。

二是数据巡。积极对接湖北省河湖长制办公室、襄阳市生态环境局工作平台数据，实现上下同步、部门互联。河湖长履职情况、巡河库情况、发现的"四乱"问题和整改情况由市、县两级河湖长制办公室采集填报，省、市两级审核跟踪，实现了省、市、县三级河湖长制办数据互联共享，重点工作同步跟踪推进。共享主要江河水质断面的实时数据，按照小时、日、月维度监测水质变化，及时启动河湖长工作机制。2022年1—4月，监测发现滚河汤店国控断面水质有3个月超标，滚河襄阳市级河长了解到这一情况后，迅速组织相关部门现场专题研究，督促枣阳、襄州两地强化措施，切实改善滚河水质。

三是全民巡。通过打通社会层面的数据通道，实现系统"涉水事件"模块与襄阳市政府12345政务热线互联，确保及时获取人民群众反映涉水热点事件，明确阶段工作重点。2022年春节前后，近20件唐白河水质变差的问题通过襄阳市政府12345政务热线进行反馈，唐白河襄阳市级河长迅即现场督办，启动鄂豫跨界河流联防联控机制，襄阳市河湖长制办会同襄阳市生态环境局追根溯源到河南省南阳市新野县，提请南阳市、县加强截污治污，切实提升唐白河水环境质量。

三、经验启示

加强智慧河湖建设，"一网统管"智能管理，为强化河库管理保护提供技术支撑和管理保障，不断提升河库监管能力，以数字赋能助力幸福河湖迭代提升，"人防＋技防"实现"人人是河湖长"，让"治水"变"智水"，强化河库精细管护，襄阳河库管理步入数字化时代。

（一）"一网统管"，提高事件处置效率

襄阳市智慧河湖建设，不断加强河库管理保护与信息技术深度融合，数字赋能河库治理体系和治理能力现代化，不但扩大了河湖长巡河查库覆盖面，还提高了水污染、"四乱"等事件处置及时性，涉水事件处置效率大大提高。2022年江河水库监管平台录入的全市132项河库"四乱"问题，全部整治到位。

（二）"一网统管"，提升河库监管能力

襄阳市智慧河湖建设，提高问题整治精准度，数字化赋能助力河库治理管护科学化、精细化、智能化，河库监管能力大大提升。鄂豫加强唐白河跨省流域联防联控协作的经验做法，在长江委召开的省级河湖长专题联席会议上交流推广。

（三）"一网统管"，助力幸福河湖建设

襄阳市智慧河湖建设让人民群众参与进来，像绣花一样精细管护河库，助力幸福河湖建设，让自然之河成为人文之河、美丽之河、幸福之河，人民群众安全感、获得感、幸福感进一步增强。据监测，汉江干流襄阳段水质稳定保持Ⅱ类标准，襄阳市15个国控断面优良率达100%，28个省控断面优良率高于省定年度目标。

（执笔人：黄茂松　张峰　谭天福）

五位一体 共筑清水梦

——广东省广州市全民参与爱水护水工作实践[*]

【摘　要】广东省广州市通过构建品牌、平台、机制、队伍、阵地"五位一体"的"共筑清水梦"全民参与工作体系，致力于促进社会公众更加广泛、有效、深度参与治水行动，打造共建共治共享社会治水新格局。广州市系统化调动社会力量参与爱水护河，夯实了治水的群众基础、社会基础，为其他地区提供了一条可复制、可推广的有效经验。

【关键词】共筑清水梦　河湖长制　爱水护水　公众参与

【引　言】"人民城市人民建，人民城市为人民"。经过多年奋战，广州治水取得了显著成效，但水环境依然脆弱，各类问题有反弹风险，问题也更加隐蔽、分散。2021年起，广州治水重点从"全面消除黑臭"转变为"防止黑臭反弹""落实长效机制"上，并将全民参与爱水护水作为实现长效机制的重要举措。从2017年发行第一本帮助河长快速上手工作的河长漫画开始，到如今构建品牌、平台、机制、队伍、阵地"五位一体"全民参与工作体系，广州成功将"河长治"从官方延伸至全民，将治水从政府"单打独斗"转化为政民协同共建共治共享，是习近平生态文明思想在广州的生动实践。

一、背景情况

党的二十大报告指出，健全共建共治共享社会治理制度，提升社会治理效能。建设人人有责、人人尽责、人人享有的社会治理共同体。在推进国家治理体系和治理能力现代化背景下，构建共建共治共享格局是党和国家关于社会治理的顶层设计和行动框架，也是打赢打好碧水保卫战的必由之路。近年来，广州深入贯彻习近平生态文明思想，以河湖长制为抓手深入开展源头治理、系统治理、综合治理，全市河湖面貌根本

---

[*] 广东省广州市河长办供稿。

性改善。特别是在此期间,广州市河长办坚持"开门治水、人人参与"理念,从2017年发行第一本帮助河长快速上手工作的河长漫画开始,到如今构建品牌、平台、机制、队伍、阵地"五位一体"全民参与工作体系,在实践中探索创新出公众参与治水的新模式。

二、主要做法

通过品牌打造、平台建设、机制确立、队伍孵化、阵地构建等建立"五位一体"共筑清水梦工作体系,有效拓展治水主体、拓宽公众参与渠道、拓强公众话语权,促进社会公众更加广泛、有效、深度参与治水行动,为河湖"长制久清"筑牢思想根基,推动实现全民参与爱水护水。

(一)品牌打造,塑造"共筑清水梦"全民护水品牌

一是创新打造品牌。2020年年底,广州市河长办率先推出"共筑清水梦"全民爱水护水文化品牌,旨在通过打造统一的治水品牌凝聚全市治水力量,推动全民参与在政府的指导下凝聚鲜明的品牌理念、强大的品牌效应、丰富的品牌内涵。通过统一品牌塑造,建立了与市民沟通的桥梁,打破治水是政府"一家事"的传统观念,促进治水从政府治理向共建共治转变。二是推出衍生产品。广州河长办围绕"共筑清水梦"推出了一系列衍生产品,如诠释"绿水青山就是金山银山"的"共筑清水梦"品牌LOGO;以趣味漫画体裁科普河湖长制的河长系列漫画,已派发逾5万册;制作宣贯河湖长制的系列挂图,在全市各区张贴2000余份;制作朗朗上口的公益歌曲《清水如许》,排演跌宕起伏、引人入胜的公益宣传舞台剧,讲述民间河长故事的《河,美好同行》等,在全网发布后收获逾300万浏览量,被学习强国、中国水利、广州日报等各大媒体报道。三是获得多方认可。"共筑清水梦"项目获得第六届中国青年志愿服务项目大赛节水护水志愿服务与水利公益宣传教育专项赛二等奖;全民参与研究课题"漫趣河长制——广州河长漫画推动实现人水和谐共生加强水文化理论建设研究""科普融传媒 共筑清水梦——推进思想文化工作与河长制工作深度融合研究"连续2年获得全国水利系统水利思想政治工作及水文化研究成果二等奖;广州促进全民参与工作连续3年入选"粤治——治理现代化"优秀案例;《共筑清水梦》河湖长制科普图书入选

2022年广州市优秀科普作品。

(二)平台建设,打造"共筑清水梦"线上治水平台

一是建设线上平台。随着科技飞速发展,手机占据了人们大量的碎片化时间,线上互动是市民主要的社交方式之一。为此,广州市河长办推出"共筑清水梦"微信小程序,开展全民参与线上护水工作,借助平台与大数据不断优化服务,推进实现数据赋能、以数促治的全民参与新模式。二是精心设置板块。小程序集治水科普教育、实践参与、趣味互动于一体,设立知水、治水、乐水三大板块。其中,知水板块聚焦市民参与能力不足的问题,通过趣味科普短视频、专家直播云课堂等方式,全面赋能市民治水能力;治水板块聚焦市民参与渠道不足的问题,提供巡河体验、问题投诉、建言献策等,让市民自主选择参与方式;乐水板块聚焦市民参与意愿不足的问题,通过趣味问答、点亮河湖、悬赏巡河等,让市民体验治水乐趣。三是推进深度参与。一方面深化公众话语权,开放投诉、监督、建言献策等窗口,为市民提供参政议政、行使公众监督权的渠道,为政府治理决策提供参考意见,形成政民互动的良好局面;另一方面深化公众体验感和收获感,通过悬赏巡河栏目,将广州河湖长

"共筑清水梦"小程序界面

制大数据推演预测有返黑返臭风险的河涌以"悬赏"的形式发布给市民，鼓励市民参与风险查控，既感受先进科技带来的福利，又获得河长履职的沉浸式体验；通过最美巡河路线、点亮河湖等栏目梳理整合广州市内河湖人文历史、涉水风景名胜、健康娱乐等内容，面向公众推荐巡河路线和打卡景点，吸引公众走出户外，深度体验治水成果带来的生态福利。四是推广初见成效。"共筑清水梦"微信小程序已运营三年，共上线60余个治水视频，收获逾100万次使用量。市民累计投诉问题2.5万条，发放奖励红包1.6万个共10.87万元。平台连续2年通过录播、直播形式面向全市中小学生讲授"习近平生态文明思想课程"，收获30余万次观看量。《开门治水、以数促治，广州探索全民参与数字治水新范式》案例入选2022年度普华永道"数治湾区——粤港澳大湾区数字治理创新案例"。

（三）机制确立，形成纵横贯通的协同工作机制

一是河长协同领治。广州市河长办坚持以河湖长制为统领，将推动全民参与爱水护水工作写入年度工作要点、作为年度考核重点内容，明确工作任务、工作机制。在2023年广州市全面推行河长制工作领导小组会议上，"共筑清水梦"品牌作为广州市河湖长制工作四大重点之一被写入会议纪要，爱水护水宣传、科普等内容作为河湖长制年度考核常规内容写入河湖长制年度考核方案。二是部门协同联治。广州市河长办充分发挥各部门职能优势，动员更多群体参与治水。自2021年起，广州市河长办联合团市委、市科协、市教育局连续3年发布《"一起来巡河 共筑清水梦""河小青"护河志愿行动方案》，按照"一河一策、一湖一策"，规划到河、责任到队，分段分片明确护河志愿者队伍责任。通过科普教育、培训提升、实践指导、统一宣传、制度保障等，帮助各级治水队伍形成上下联动、左右协同、实务专业、深入有效的治水模式。三是上下协同共治。广州市已经形成市、区（县）、镇（街）三级河长办联动机制。市级明确工作机制、工作方向，提供专业指导；区（县）级落实区域统筹规划，制定年度工作方案；镇（街）以进社区、进校园、进企业等倡导市民参与治水。

（四）队伍孵化，培育推介优秀民间治水队伍

广州市促进全民参与工作以及"共筑清水梦"品牌建设获得社会的

广泛响应，市河长办积极孵化优秀民间队伍，提供资金、课程、专家经验等全方位支持，形成"政府-骨干社会力量-一般市民"的全民参与传导机制，助力民间队伍专业化、精细化、深入化，更多引导社会力量参与爱水护水。目前，"共筑清水梦"品牌已与8位骨干民间河长、6个环保NGO组织、6所高校、8个中小学形成密切协同，保持常态化合作，每年协作开展治水活动逾100场。2020年以来，广州民间河长数量从1000余名增长至1.3万名。市河长办指导支持的"共筑清水梦 乐行驷马涌"恒常巡河活动已经持续开展十年时间，市河长办推动的"共筑清水梦 龙舟文化行"活动充分激发广州市龙舟文化，以文化带动治水，得到全市各地的积极响应。

（五）阵地建立，因势利导延展多元治水阵地

一是建设驿站阵地。联合团市委，在全市各区建设10座"绿美广州·志愿治水驿站"，依托驿站推动社区治水宣传、教育、实践、趣味互动一站式服务，打造社区治水"根据地"。二是建设学生阵地。依托各级少年宫开展"童心护花城 共筑清水梦"主题系列活动，以绘画、戏剧、巡河等多种形式让爱水护水理念在低幼龄学童的心里生根发芽。推动市内多所中小学建立民间小河长团体，将校园生活与师生联合治水有机结合，"小手拉大手"推动更多家庭参与治水。成立高校治水联盟，依托高校人才储备实现民间河长建设体系的构建。三是建设志愿阵地。扶持、培训优秀民间志愿治水组织，提供一系列指导、培训、支持、帮助，促使民间志愿治水组织工作标准化、内容特色化、服务精细化。市河长办统筹规划线下阵地的逐步建立，激活线下"根据地"，实现全民参与从广州市河长办的"单点触发"升级为全市各线下阵地互联互通的"多元并发全民参与线下网络"，推动线下治水工作进一步从官方走向全民。

三、经验启示

（一）贯彻治水新理念，从"硬治理"到"软提升"

2014年3月14日，习近平总书记在关于保障水安全讲话中强调，治水要从改变自然、征服自然转向调整人的行为、纠正人的错误行为。近年来，为打赢打好水污染防治攻坚战，广州市除了出台"硬措施"、推进

"硬工程"以外，始终坚持将治水宣传引导工作放在突出位置，着力提升人们的环保意识，引导全民爱水、护水、参与治水，有效提升治水成效稳定性。事实证明，要想治理好污染的"人为之水"，靠单一工程手段或管理手段"硬举措"是不够的，必须通过有效宣传引导，营造形成全民环保的"软环境"。

（二）构建治水新格局，从"政府治"到"大家治"

广州市在倡导全民参与实践中，不断贴近民众的需求，采用民众喜闻乐见、乐于接受的形式进行科普，有利于打破治水工作的专业壁垒，进一步实现政民互动，提升政府公共服务职能，从"政府一家治"转变为"政民一同治"。通过拓展治水主体、拓宽公众参与渠道、拓强公众话语权等途径，有效推动生态文明思想在社会公众群体生根发芽、开花结果，进一步推动形成共建共治共享社会治理格局。

（三）构建治水新常态，从"治已病"到"治未病"

过往的治水常常出现"头痛医头脚痛医脚"的情况，往往要等待问题出现才去解决，而加强治水科普宣传可以让民众全面且深入了解治水工作的艰难、黑臭水体的成因，该如何参与日常治水、护水等，从而动员广大人民群众参与到日常的治水工作中来，构建治水新常态。充分发挥公众监督、公众治理的潜能，从水质问题发生之后的补救措施转变防治水质问题发生的预防性措施，防患于未然，实现从"治已病"到"治未病"的转变。

（执笔人：李景波　柏啸）

深化拓展"河长+"体系 "污染者"变身"治理者"

——重庆市九龙坡区探索企业河长治水新思路[*]

【摘　要】 重庆市九龙坡区从涉河排污企业着手，探索由行政河长带动企业河长共同参与治河护河，通过充分发挥沿河企业能动性，帮助企业强化绿色生产意识、坚持源头治理严格污染管控、扶持企业创新生产方式、借助智慧手段开展企业尾水深度治理、政企合力处置企业突发水污染事件等措施，突破城市内河治理中水质提升瓶颈，探索出一条既有利于河湖健康生命维护、又有利于社会效益提高的绿色发展之路。

【关键词】 企业河长　河湖治理　绿色发展

【引　言】 全面推行河湖长制，是以习近平同志为核心的党中央，立足解决我国复杂水问题、保障国家水安全，从生态文明建设和经济社会发展全局出发作出的重大决策。全面推行河长制以来，重庆市九龙坡区通过深化拓展"河长+"体系，创新"行政河长+企业河长"合力治河，突破城市核心区河流水质提升瓶颈难题，河流水生态持续向好。2022年，九龙坡区长江和尚山国考断面连续12个月稳定保持Ⅰ类水质标准，跳磴河蝶变重庆市最美河流，桃花溪"让小花市集开在山城之春"闪报央视，大溪河乡村振兴蓬勃发展获国务院督查激励支持，九龙坡区实现河湖健康与企业效益双赢。

一、背景情况

重庆市九龙坡区为城市核心区，区内"一江三河"（长江、大溪河、跳磴河、桃花溪）为主要水域生态格局。2017年以来，九龙坡区先后投入近60亿元开展河长制工作，但是近两年在河湖治理过程中陷入城市次

---

[*] 重庆市九龙坡区河长办公室供稿。

级河流水质提升瓶颈，原因在于目前工业企业直排尾水执行标准与辖区内河流纳污能力不匹配。相关法律规定，污水处理厂出水引入稀释能力较小的河湖，作为城镇景观用水和一般回用水等用途时执行一级标准；排入地表水Ⅳ、Ⅴ类功能水域时执行二级标准。九龙坡区是重庆市工业大区，市场主体近24万户。区内企业多河流少，大量企业尾水按照工业排水标准直排入河后，城市内河一时难以稀释自净，城市河流纳污能力逐渐饱和，长此以往河流水质提升难度大。

二、主要做法和成效

九龙坡区在现有河长体系基础上，带动沿河企业参与河道管护，让企业从污染者变成河流守护者，将涉河企业纳入河长制管护名录，聘用重点排污企业一把手担任企业河长，负责管护各自企业上下游一公里河道范围。截至目前，全区共设置行政河长135名，聘用企业河长32名。累计整治涉河企业2152家，关闭散乱污企业550家，拆迁水源涵养区企业828家，规范排污企业416家。

（一）转变思想认识，强化绿色生产主体责任

推动河长制工作首先要扭转企业主体"重经济、轻生态"的思想认识偏差，树立生态文明理念。一是多学习。企业河长主动学习《重庆市河长制工作条例》《河长制工作手册》，组织企业员工参加中央、市级等绿色生产技能培训，让绿色生产意识深入人心。二是编规划。企业河长结合河流"一河一策"实施方案，编制本企业节水减排及环境保护方案，制定企业年度工作计划，同时选择相适应的技术生产工艺。三是严建制。各企业设置企业生态环保部门和节能减排部门，定人定责定岗位，健全人员管理制度和生产制度。明确企业河长及其环保管理员每周协同辖区行政河长开展上下游一公里范围内巡河检查，及时排查发现问题。

（二）坚持源头治理，强化沿河污水收集治理

找准污染源头，因河施策，严格管控。一是"点"上治污。通过"查"来源、"测"水质，分类整治涉河企业排污口372个，全面消除长江干流直排入河排口；同时将彩云湖、扬声桥、陶家镇等污水处理厂扩容提标至地表水准Ⅳ类标准，降低河流纳污负担。二是"线"上分流。通

企业河长制公示牌

过清水灌流、污水分流，改造雨污错混接点，实施完成跳磴河雨污分流、渔鳅浩清污分流、桃花溪雨污分流等工程，累计完成雨污管网改造100余公里，目前全区城镇污水收集处理达98%以上。三是"面"上修复。引进先进治水技术，探索微生物-食藻虫-沉水植物的环境治理模式，构建水下森林河道生态系统6万平方米，提升水体自净修复能力。

（三）创新生产方式，强化中水回用节能减排

九龙坡区以最严格水资源管理"三条红线"为准绳，控制尾水排放量，从源头减少污染。一是严管取水量。通过开展取水在线监测，杜绝无证取水，按照一户一证加强取水管理，严格征收水资源费。二是节约用水量。广泛宣传工业节水支持政策，组织企业申报工业水资源利用高效化改造项目，通过大数据驱动及能源精细化管理等方式，加强中水回用，推进节水技术进步。三是减少耗水量。企业主动更新改造破旧漏损管网，杜绝跑冒滴漏，把提高用水效率、降低用水消耗作为降耗管理工作重点。目前，西南铝已成功创建为重庆市节水型企业，年节水降耗节约费用近百万元；重庆和友碱胺实业有限公司实施节能减排综合项目，年节约用水7.2万吨。全区完成节水技术改造投入1568万元，实现节水278万吨。

长江九龙外滩消落带

（四）提标纳管并行，强化企业尾水深度治理

2021年开始，全区按照"能接就接、不能接就提标"原则，分类处置跳磴河、金竹沟沿线15家重点企业排污问题。对短期内不能接入污水管网的企业，企业自筹资金将其尾水排放标准提高至《地表水环境质量标准》（GB 3838—2002）准Ⅴ类水质标准后再排入河道；对于污水可生化性较好的企业，其尾水就近接入污水处理厂。目前，跳磴河、金竹沟等沿线直排企业已全部纳污和提标改造，该两条河流水质由曾经的黑臭水体提升到地表水Ⅴ类水体。同时完善"一江三河"水质在线监测系统，建成河流水质感知点104个，对企业尾水排放实现监测监管智能化，使企业尾水排放满足河流纳污要求。创新推行"企业环保码"监管。对企业履行环保责任实现"一码"监管、"一屏"督导，目前已在142家企业开展试点，实现对标整改问题200个。

（五）七步闭环销号，强化突发事故应急处理

为应对企业突发水污染、水资源短缺等事件，九龙坡区制定"发现报告问题—溯源排查—启动预案—控源截污—清污转移—规范处置—终止响应"七步闭环应急管理措施。以五十铃（中国）发动机有限公司突发水污染事件为例，五十铃（中国）发动机有限公司位于跳磴河岸边，其主要负责人担任九龙坡区企业河长4年。一是发现报告问题。2022年

10月26日7时10分，该公司员工巡河时发现跳磴河出现乳白色水污染事件，立即报告该企业河长，同步报告所在区域镇级河长及区级相关部门。二是溯源排查。7点55分锁定源头，为该厂第二制造部机加生产线集中切削液房第二输送泵减震软管破裂导致，350千克泄漏切削液渗漏跳磴河，造成下游约800米污染带。三是启动预案。区河长办协同区级相关部门立即成立现场指挥部全力开展应急处置。四是控源截污。企业利用河道上游拦截坝，切断上游来水，截断下游扩散。五是清污转移。10余台吸污车转运含切削液废水400余吨至附近应急事故池。10月26日23时，上游开闸放水，河段水质恢复到Ⅳ类。六是规范处置。吸油毡、活性炭等沾染物作为危险废物交有资质单位依法处置，避免造成二次污染。七是终止响应。10月27日0时30分，水质监测持续达标，河道恢复通畅，终止应急响应。至此，政企合力在24小时内成功化解突发水污染事件，有效维护辖区环境安全。

三、经验启示

（一）强化政府主导，确保护河方向与国家方针高度一致

河湖清则生态兴，生态兴则文明兴，河长制工作是习近平总书记在2016年提出的治河新制度，我们必须一以贯之。九龙坡区在河长制工作中，全区"一盘棋"，区委、区政府主要领导挂帅担任"双总河长"、10名区领导分别担任区级河流河长，135名镇（街道）和村（社区）负责人分别担任各级河长，78名区级部门负责人分别履行河长制职责和区级河流牵头职责，各尽其责、形成合力，实现所有河库层层有人抓、段段有人管，管护压力层层传导、管护措施处处精准，有力保障全民参与支持、全程无缝衔接、全域生态良好。

（二）深化政企协同，确保河流生态与企业生命协同发展

充分调动企业护河主动性，提倡每位企业河长"多走1公里"，行政河长协同经信、水利、城管等部门，督促企业执行内部环保体系。据实给予企业人财物等方面扶持，充分发挥行业部门优势，主动为企业节水排污出谋划策，为河流纳污减负，通过开展行政河长与企业河长联合巡河、联合治污、联合处置应急突发事件等，推动企业河长务实作为，实

现河湖治理和企业成长双赢。

（三）优化生态转型，确保河流治理与宜居宜业双管齐下

人因河湖美而乐，城因河湖美而兴。河流作为重要的自然生态资源，管理保护要从过去单一模式向综合模式转变，综合考虑生态、景观、文化、经济等各方面因素，实现人水宜居。九龙坡区将河流治理与市井集市打造结合起来，使"河长＋企业河长"理念深入人心，大企业的带动效应凸显，市井集市内各大小商贩主动做好自己的买卖市场垃圾收集和污水排放管理，经济增长和生态保护互利互助。

石坪桥小花市集坐落于桃花溪畔，丰富市民的闲暇时光

（执笔人：陈野　雷汪）

牵起家校之手 共建幸福之河

——四川省成都市双流区河长制进校园的探索实践[*]

【摘　要】 自全面推行河湖长制工作以来,各地不断织密制度体系、各级河长履职尽责,不断推动河湖长制"有名有实""有能有效",人民群众的获得感、幸福感日益提升。随着河湖长制的深入推进实施,大江大河治理成效显著,但房前屋后等小微水体仍需加大力度整治,因此新时代背景下治水应不再局限某一级河长或某一级政府的工作,应吸纳更多力量参与治水,形成共建共治共享的良好氛围。2022年,双流区在现有河长制工作体系上,创新探索"一河一校"工作机制,全区12所中小学校主动"认领"管护一条河流,通过开展水情教育、课题研究等,将水环境保护理念种子沁润童心,为中小学生扣好水情教育第一粒扣子,引导关爱河湖、珍惜河湖、保护河湖社会自觉,初步构建起"政府引领学校、学生带动家长、家庭推动社会"治水管水新格局。

【关键词】 河长制+　校地共治　全民治水

【引　言】 进入新时代,河湖长制成为中国生态文明建设的新实践。近年来,双流区以习近平生态文明思想为指引,落实落细河长制工作各项要求,坚定走生态优先、绿色发展之路,积极融入长江经济带发展,深入打好水污染防治攻坚战,不断筑牢长江上游生态屏障,实实在在地把"绿水青山"变为"金山银山"。2022年3月,双流区深化河湖长制改革,探索基层河湖管护模式,创新建立"一河一校"工作机制,旨在发挥学校启蒙教育阵地的作用,依托"河长制+教育",以政府带动学校、学校带动学生、学生带动家庭、家庭带动社会,开创校地共治新模式,不断深化全民治水,持续改善水生态质量,努力打造幸福河湖。

一、背景情况

双流区位于成都市中心西南郊,是四川天府新区重点区域,成都双

---

[*] 四川省成都市双流区人民政府供稿。

流国际机场所在地，成都市城市向南发展的中心地带。境内水资源丰富、河流密集，主要河流有金马河、锦江、江安河、杨柳河、白河和鹿溪河6条，长约110余公里，大小沟渠47条，均属岷江水系。

近年来，双流区深入践行习近平生态文明思想，牢固树立"两山"意识，持续推进河长制工作向纵深开展，虽取得了一定成绩，但仍存在工作模式较为单一、治水朋友圈不够丰富等问题，如：河湖治理主体单一，由各级政府主导，企业和公众的参与重视程度不足，水环境治理的社会性、共享性未能较好实现，不够充分理解河湖长制工作对全民生活环境带来的红利。2022年3月，双流区河长制办公室深化河湖长制改革，探索基层河湖管护模式，创新建立"一河一校"工作机制，依托学校这个教育启蒙阵地，扎实开展涉水课题研究、生态实验室、巡回研学课等水情教育宣传，将水环境保护理念种子沁润童心，为中小学生扣好水情教育的第一粒扣子，引导关爱河湖、珍惜河湖、保护河湖社会自觉，不断推动"美丽河湖"向"幸福河湖"汇流。

二、主要做法和取得成绩

（一）主要做法

1. 坚持统筹谋划，系统推进机制建设

结合双流"六河贯境、沟渠众多"现状，充分激发师生敢想善做的创新实践活力，强化"1＋4＋N"机制建设。"1"即一个总体谋划，系统思考"一河一校"如何开展，围绕"干什么、怎么干、干成什么样"对"一河一校"工作进行总体谋划，明确"一河一校"机制建设各成员单位职责；"4"即由双流区河长制办公室牵头整合水务、教育、环保和镇（街道）4部门优势资源，联合指导学校在重要时间、重要场合、重要地点开展"一河一校"具体工作；"N"即N所学校，双流立格实验学校、四川大学西航港实验小学、双流区公兴初级中学等12所中小学校已成为"一河一校"机制成员，且每年逐步扩充"一河一校"成员单位年龄段和覆盖面。2023年，双流区着力"一河一校2.0"建设，以区总河长办名义印发《成都市双流区2023年"一河一校"活动方案》，将原有的12所结对学校提升至24所，进一步扩大河长制工作朋友圈。

2. 坚持教学相长，不断丰富课题实践

聚焦教与学如何深度融合，多措并举丰富教育教学载体，增加学生学习乐趣。一是开设素质教育课。采取课外实践、课题研究、巡回研学等形式，丰富教育内容和教学手段，累计举办巡回研学课5次，以公开课的方式指导9个镇（街道）常态化开展河长制进学校宣讲工作；按照全境流域分布，整合学校资源组建2个流域课题组，开展《关注水资源，保护母亲河——双流区白河生态系统调查研究》《白河外来入侵物种福寿螺研究》等课题研究26个。二是建设教育基地。依托公兴（中电子）再生水厂，建成双流区首个水情教育基地，利用集环保科普教育、行业实训交流等于一体的多功能复合型再生水厂，打造新时代水情教育新中心，目前已累计吸引超2000人次前来参观学习。三是深化教学相长。充分利用双流优质教研资源研发河长制特色课程，开发河长制标准素质课程和建设生态实验室，形成覆盖全龄的"1+3+N"（即：围绕一个白河生态主题，基于小、初、高的三个学段，开展涵盖N个学科的课程）河长制素质教育体系，构建基于生态观视域下的小初高一体化课程发展模式；依托地埋式污水厂新建2个"一河一校"水情教育基地，打造1个"党建＋河长制"科普展览馆建成科普研学实践教育基地；联动高校、科研机构等领域专家，组建"一河一校智库"，为工作开展提供智力支撑。

3. 坚持家校联动，深入拓展朋友圈同心圆

注重发挥学校教育启蒙阵地作用，以点带面，辐射家庭共同参与到爱水护河的队伍中来。一是深化协同联动。构建"政府＋学校＋家庭"联动机制，通过家长课堂、家长会等途径提升家长和学生主动参与水环境保护行动的意识，加快构建"政府引领学校、学生带动家长、家庭推动社会"治水管水新格局。二是联动出击治水。区河长办联合区教育局、区文明办、区水务局、团区委等单位联合开展"好家庭"评选，在保证安全的情况下倡导在节假日以家庭为单位开展水环境保护行动等联动治水，参与一次行动获得相应积分，积分可兑换小礼品，并作为"好家庭"评选的重要指标。江昶邑是小学五年级学生，2021年3月22日被聘任为"小小河长"，受到他的影响，他的妈妈方艳秋在2022年6月申请加入双

流区民间河长队伍。每到周末或节假日，母子俩都会在河边走一走，开启假日巡河之旅。遇见不文明现象，他就会上前制止；遇见河道有漂浮物，他会马上通过妈妈，实时转达给河段党政河长。三是搭建联动平台。按照"一功能、三空间"布局，开设双流区"一河一校"微信公众号，引入点赞、评论等功能，打造"政府、学校、家庭"河长制工作线上联动阵地，进一步拓展了河湖长制朋友圈同心圆。截至目前，已有1100余家庭（用户）关注双流区"一河一校"微信公众号。

（二）取得成绩

通过一年多的探索和实践，学校扎实推进水环境保护教育，在学生心中播下水生态环保理念的种子，学生和家庭主动保护水环境的意识明显提高，更是有力促进了学校综合素质教学理念的转变。

1. 典型效果凸显

积极探索实践"河长制＋教育"工作理念，通过对"一河一校"提档升级，依托各级各类基础教育学术交流、科创大赛等活动平台，向全社会充分展示交流"一河一校"课题阶段研究进度、成果和成效。如今，"一河一校"已成为环保生态教育融入学校教育的典型案例，在全国及省市造成重大影响，对提高双流区河湖长制群众参与度起到了积极作用。

2. 争先氛围浓厚

"小小河长"是双流区河长制办公室创新打造的重点项目，自2018年双流区白河区级河长授予学生"小小河长"称号以来，双流区每年聘请20～50名不等的学生为"小小河长"，截至目前已连续开展五届，直接覆盖学生超150名，间接覆盖学生超1000余名。2020年，双流区"小小河长"被成都市河长制办公室评为成都市第一届"最美护河人"光荣称号。近年来，"小小河长"参与课题研究的论文多次在成都市青少年科技创新大赛、四川省青少年科技创新大赛、全国青少年科技创新大赛进行展示。

3. 理念效应突出

双流区多次接待水利部、教育部及国内外专家、兄弟单位调研学习，充分展示"一河一校"先进的水生态教育理念和成绩。

2022年，双流区锦江黄龙溪等5个国控市控水质考核断面稳定在Ⅲ

类及以上、达标率100%，其中锦江流域17个断面水质首次全部达标，双流区作为成都唯一区（市）县入选首批国家典型地区再生水利用配置试点城市，荣膺第六批国家生态文明建设示范区。

三、经验启示

全面推行河长制是落实绿色发展理念、推进生态文明建设的内在要求。要加快打造河湖长制3.0版本，就要凝聚各方力量，积极营造全民治水浓厚氛围，加快构建共治共建共享的良好格局。实践证明，"一河一校"是加强河湖管理保护的有效手段，是深化落实河长制工作的重要举措，也是谱写全民治水新篇章的积极实践，更是创新基层治理模式的有益探索。

（一）联动学校治水，要以"一盘棋"思维做好统筹谋划

学校作为学生成长主要场所和实施教育教学的主阵地，在学校广泛开展水情教育，有利于进一步普及水知识、弘扬水文化、传承水文明，更重要是的在孩子们心中播撒一颗爱水护河的种子，帮助学生培养正确的水生态价值观。双流区从推行"一河一校"工作机制之初，就对"一河一校"工作进行系统筹谋，在充分征询教育、水务、学校、镇（街道）等相关部门和责任单位意见的基础上，以区总河长办名义印发《成都市双流区"一河一校"活动方案》，明确工作思路、工作目标、工作任务，充分凝聚校地合力参与护河治水，以"一盘棋"思维有序推动"一河一校"工作高效开展。

（二）激发学习兴趣，要让"教与学"融合丰富教学手段

教育系统有丰富的教学经验，但缺乏专业知识，主要依赖一些传统的教育手段；水务部门有过硬的专业知识，但缺乏将专业知识转化为通俗易懂的语言传递给学生。双流区通过大力推行"一河一校"，坚持教学相长激发学生学习兴趣，一方面依托双流教育优势资源，开设水情素质教育课、研发河长制素质教育体系、流域课题等，不断丰富教育手段；另一方面打造水情教育基地（科普馆），不断丰富学习载体。

（三）实现全民治水，河长制"朋友圈"要不断深入拓展

河湖管理保护需要全社会共同参与，形成共治共建共享的良好氛围，真正让人民群众身边的河湖成为满意的幸福河湖。双流区通过"一河一校",初步构建"政府引领学校、学生带动家长、家庭推动社会"治水管水新格局,深入拓展河长制工作朋友圈同心圆。

下一步,双流区将坚定不移把"一河一校"工作推向纵深,从加快水情教育基地建设、拓宽"一河一校"覆盖面、创新河长制教学课程开发等方面入手,进一步强化"一河一校"机制、丰富"一河一校"载体,努力蹚出一条具有双流特色的河长制工作路径,推动"美丽河湖"向"幸福河湖"汇流,助力加快建设河畅、水清、岸绿、景美、人和的健康幸福河湖。

(执笔人:雷琴 李孟芮)

创新引领　数字赋能

——四川省遂宁市河道采砂数字化监管实现"云"护河[*]

【摘　要】 近年来，随着遂宁经济社会不断发展，砂石需求居高不下，加之河流总体来砂量持续减少，一些地方河道无序开采、私挖乱采等问题时有发生，造成河床高低不平、河流走向混乱、河岸崩塌、河堤破坏，严重影响河势稳定，威胁桥梁、涵闸、码头等涉河重要基础设施安全，影响防洪、航运和供水安全，危害生态环境。遂宁市按照长江委、省水利厅统一部署，扎实做好砂石改革"后半篇"文章，结合本地河道砂石开采、运输情况及砂石经营管理等现状，通过市级河长高位推动，河长制考核有力保障，技术单位创新推行，成功打造了"采运单平台"及河道采砂天地一体化系统，实现防洪安全、河势稳定、生态环境可持续发展、河道采砂有序管理的目标。

【关键词】　河长制考核　信息化监管　电子四联单　电子围栏　定位技术

【引　言】　习近平总书记在党的十九大报告中提出，建设人与自然和谐共生的现代化，其中就有"要加大生态系统保护力度、改革生态环境监管体制"等措施。在此背景下，2021年，水利部印发了《关于开展全国河道非法采砂专项整治行动的通知》，提出要多措并举，协调联动，严厉打击非法采砂行为；严格规划、许可、监管、执法各环节管理，规范河道采砂秩序；坚持疏堵结合，联防联控，建立河道采砂管理长效机制；精心组织，压实责任，确保专项整治行动取得实效。在河道采砂监管顺利推行过程中，离不开互联网科技技术支持。全国各地因地制宜以"云"治水护水成绩斐然，守护碧波绿水的屏障正在不断筑牢，河清湖秀的画面也在逐步显现，秀美的水生态文明正在绽放她的美丽。

一、背景情况

遂宁，地处涪江中游，157公里的水道纵贯全境、穿城而过，造就了

---

[*] 四川省遂宁市水利局供稿。

其"城在水中、水在城中"的西部水都风貌。水，赋予遂宁灵气，更为遂宁增添了一分休闲姿态。

随着经济社会快速发展，各类基础设施、房地产开发等工程项目大量建设，原本丰富的砂石资源市场需求量逐步攀升。在高额利润的驱使下，砂石企业乱挖乱采、乱堆乱倒、侵占河道、噪声扬尘扰民、污水直排等问题，致使河道满目疮痍、功能急剧退化、"西部水都"黯然失色。长期积累的"顽疾"、治标不治本的困境，已成了遂宁多年来河道管理的一块心病。根据调查，遂宁市河道突出问题主要表现在以下几方面：一是思想认识仍不到位。县（市、区）地方财政压力大，普遍存在重采轻管、重经济利益、轻环境保护的现象，对河道采砂管理工作造成一定困难。部分企业法纪意识淡薄，片面追求经济效益，和行业主管部门打"游击战"，玩"猫鼠游戏"，超量、超范围、超时间、超深度等违规采砂现象时有发生，造成部分河床高低不平、河岸崩塌、河堤破坏。二是监管手段较为匮乏。水域数字化监管的应用和实践不足，砂石全流程监督缺乏信息化、智能化手段，主要依靠人工日常巡查监管，且县级层面队伍力量薄弱、装备较为落后，工作方法和举措不多，导致问题不能第一时间被发现并及时处理。三是执法层面存在痛点。大部分县（市、区）可用于采砂管理及执法的人员队伍有限，盗采超采往往都是隐秘行动，传统的监管手段难以取证，在多方因素限制下，监管部门往往难以对偷采行为实施严厉打击，存在执法方面的困难。

建设生态文明是中华民族永续发展的千年大计。遂宁市委、市政府牢记习近平总书记嘱托秉持为党和人民守护好母亲河的初心，充分利用中央环保督察和扫黑除恶专项斗争这两把"利剑"，以"壮士断腕"的决心，实行"疏堵结合""标本兼治"，强力推进河道采砂乱象整治和砂石资源经营管理体制改革，同步推进河道采砂数字化监管，扎实促进复耕复绿、岸线生态修复。

通过 2 年多时间的努力，涪江（遂宁段）非法采砂行为得到有力打击，砂石经营体制改革取得全面胜利，河道采砂乱象得到根本性遏制，河湖生态保护和健康水平得到全面提升，昔日河畅、水清、岸绿、景美、人和的壮美生态画卷得以重现。

二、主要做法

遂宁市委、市政府通过全面推行河长制，坚定不移推进砂石改革成果巩固和规范化管理，河道数字化管理已成为全市水利行业共识。

2022年年初，遂宁市在全省率先完成"采运单平台"建设任务，并创新研发建设河道采砂天地一体化系统和河道砂石采运车辆智慧监管系统，全市17个可采区、65艘采砂船舶全覆盖实现数据实时传输，步入河道采砂"云"监管时代，基本达成"成熟稳定、安全可靠、长久高效"建设目标。截至2022年5月底，"采运单平台"及河道采砂天地一体化系统在试运行期间已累计上报采砂总量127.29吨，收集采砂船定位数据400多万条，河道水深数据400多万条，系统报警信息累计达到800条。通过对运输车辆装载情况、船舶开采情况实时监控，健全河道采砂智慧监管"神经末梢"，最大程度避免了超载运输、无序开采、私挖乱采等问题发生，进一步强化了河道采砂规划和年度采砂实施方案的刚性约束，以及对河道采砂总量、范围、深度、时间的有效监督。

（一）装载运输"量力而行"

通过"采运单平台"建设，针对上岸点、堆料场、加工厂实施地磅系统升级改造及监控摄像头安装使用，建立进出场计重、监控、登记等电子监管"四联单"，实现"采-运-销"关键环节实时在线监控，有利于砂石追踪溯源，减少人为因素干扰，有效防止车辆不过磅或非法转运砂石情况，对开采量的掌握更为精准。

（二）开采轨迹"有迹可循"

通过卫星遥感技术，实时采集、传输船舶三维坐标、挖沙深度等，设置河道采砂电子围栏，利用"水利一张图"实时显示采砂船舶基础信息、具体位置、行驶轨迹、船舶状态等。对河道采砂行为采取全过程监控，切实增加行政主管部门对采砂船舶综合管理的科学性和时效性，大幅提升监管效率及水平。

（三）报警系统"发号施令"

研发移动App并建成报警管理系统，录入禁采区、禁采期等河道采砂管理关键要素，预设区域报警、非工作时段采砂报警、设备故障报警等报警情景，并对水行政主管部门管理人员分配管理账号，通过手机、电脑等移动终端，可在线监测并接收预警短信等信息，为及时、有效打击涉砂违法行为提供强有力的执法依据及技术支撑。

（四）巡河问河"有的放矢"

遂宁市建立河长挂帅、水利部门牵头、有关部门协同的采砂管理联动机制，形成河道采砂监管执法的合力。紧紧围绕水利厅"3226"总体部署，将"采运单平台"及河道采砂天地一体化系统升级改造纳入遂宁市"智慧水利"建设一盘棋。采砂智慧监管系统与河长制智慧平台互联互通，实现各级河长掌上巡河"一日千里"，问河"弹无虚发"，依托"河长＋警长＋检察长"机制，持续开展河道采砂专项整治和打击"沙霸""矿霸"专项行动。

三、经验启示

（一）高位推动强化组织领导是根本

遂宁市委、市政府多次召开市委常委会、政府常务会和河长制工作领导小组会专题研究河道采砂管理情况，市级河长安排部署河道采砂智慧监管工作，要求围绕长江委、水利厅实施目标，建立主要领导亲自抓，分管领导具体抓的组织领导体系，层层抓落实，取保遂宁市河道采砂智慧监管工作真正落地落实，取得实效。

（二）先破后立整合资源要素是关键

河道采砂智慧监管是全新课题，无论从技术框架，还是从管理机制上，都应当适应新形势、拿出新举措、力争新成效，为河道采砂工作的深入开展提供强有力的支撑和保障。凡事不破不立，遂宁市敢于打破传统"人防"模式，转而迈向"技防"方向，紧抓长江委、水利厅智慧化建设契机，大力整合现有资源，做到了机构、人员和经费"三落实"，为河道采砂智慧监管工作落实落地提供了坚强的组织保障。

（三）强化考核实行挂图作战是保障

遂宁市坚持目标导向，制定建设方案。遂宁市河长办邀请长江委、省河湖中心领导及技术单位莅遂指导，并于2021年11月底组织召开了全市河道采砂智能化系统建设推进会议，明确了建设目标、任务、责任、措施、时限，将"采运单平台"及河道采砂天地一体化系统建设任务纳入2021年度河长制目标考核，并作为各县（市、区）2022年采砂年度实施方案审批的重要参考指标，确保河道采砂智能化系统建设工作有力有序开展。

（执笔人：肖婧　金迎春　钱辰）

以"智水" 促"治水"

——新疆博州走出河湖智慧管护新路*

【摘　要】　博州河湖管理信息化是着眼于博州智慧水利建设,紧扣河湖长制"网格化管理、闭环式治理"的内在要求和工作需求,采用大数据、云计算、物联网、移动应用等技术,整合各方资源,构建层级互连、横向兼容、要素齐全、高效联动的管理信息系统。主要内容为:建立健全监测体系,完善水量、水位监测站点及视频监控站点的建设,实现河湖全方位无死角的实时监管;建立河湖数据库,便于河长办、河长实时掌握河湖信息,集中管理、快速处置;完善联动机制、河湖巡查机制,建立实时、公开、高效一体化管理体系,提高工作效能;搭建公众服务体系加大公众参与力度实现全民参与护河,建立数据分析决策和专业水利模型,为河湖治理提供科学的数据支撑。

【关键词】　博州智慧水利建设　河湖管理信息化　河道监管

【引　言】　博州认真落实"数字政府""智慧水利"建设要求,以"小步快跑、先行先试"方式,分阶段开展博州智慧河湖建设,逐步构建了一套纵向贯通四级河湖长、横向集成成员单位,上下联通的河湖信息化管理系统,用互联网思维、智慧化手段解决河湖管理难题,科技赋能走出河湖管护的"智慧"新路。

一、背景情况

博州境内分为博河、精河两大水系,共有大小河流 102 条,湖泊 5 个。自博州河湖长制管理体系全面建立以来,已全面建立州、县、乡、村四级河湖长体系,由博州党政主要领导共同担任河湖长制领导小组组长,配齐配强州县乡村四级河长 465 名,全覆盖博州境内所有河湖,形成横向到边、纵向到底,责任到人、不留死角的网格化河湖管理工作体系。但在河湖基础信息收集、感知、处理、决策、辅助等方面智能化水平方

---

* 新疆维吾尔自治区博州河湖管理保护中心供稿。

面还有差距，部分河湖上的监控等设施缺失，无法准确实时地查看到河湖情况，传统的"靠腿跑、用眼盯、靠手算"巡河监管模式已不能满足信息时代的工作要求，并且人工巡河方式单一，工作强度大，受河道地形和自然条件限制存在监管盲区和死角，发现违法占用河湖资源的行为、"四乱"问题、偷采河砂等情况不及时，给河湖管理工作带来一定的困难。

为不断完善河湖监测监管体系，博州以电子化地图为基础，围绕"管人＋管河＋管事"，坚持"信息可查、现场可视、指令可达、运行可控、精准可靠"的目标，加强"数据整合、监管留痕、自动预警、隐患闭环"的重点建设，全面系统构建河湖管理"一张图"，发力"智慧水利、河湖管理、河湖长履职"三大维度建设，以自动、直观、醒目的方式对涉河建设、采砂、乱堆乱占、污染源、河湖水质、水雨情、巡河等事项开展自动监视和预警服务，为各级河湖长、河长办提供河道保护工作动态和成效多样化的信息展现渠道。

二、主要做法及成效

（一）完善监测"感知网"

河湖监测设施就是河湖信息化的"眼睛"和"耳朵"，博州加强加快雨量、水位、流量、水质、墒情、地下水、取水量等监测设施建设，建立预警反馈机制形成业务闭环，初步实现重点河湖水资源管理、水旱灾害防御、河湖"四乱"等领域的全感知。

一是借助"火眼金睛"提升管护水平。在全州范围内的重要河段、堤防岸线、水库大坝布局在线视频监控系统136处，并全部接入"水利一张图"及安全生产指挥中心平台，完善集信息记录、河湖数字档案、监督检查考核、水质监测、水域岸线管护等于一体的信息化系统。加强水库等各类水利设施的安全管理工作，在重点区域安装预警广播监控系统3套，具备入侵报警提示（语音＋软件系统消息）、远程喊话、抓拍、录像、警示语字幕提醒等功能，可有效应对破坏水库护栏、下水捕鱼、游泳戏水等行为，发挥告警、驱赶、抓拍、录像等震慑作用。

二是运用"云上视角"消除监管盲区。州县（市）河长办配备无人机 3 台、手持 GPS 4 个，使巡河效率更高、效果更直观。在重点湖泊艾比湖湿地国家级自然保护区安装视频监控云台 4 座，通过瞭望塔高空云台、管护站监控视频、地埋式储备水源、管护人员现场巡查等措施，基本形成"天上有云、中间有频、地上有人、地下有水"的监测防控体系。

三是织密"信息网络"加强数据共享。通过系统对接相关部门的业务信息系统，完善河湖相关基础数据以及各类河长制专题数据的采集，打破各部门、各级之间涉河湖数据壁垒，实现河湖信息共享。博乐市 151 条干、支、斗渠，3 座水库，1313 眼机电井全部安装监测计量设施；精河县 4 条主要河流，9 条山溪，2 座水库，172 条干、支、斗渠，1005 眼机电井全部安装监测计量设施；温泉县在 3 座水库，1023 条干、支、斗渠，95 眼机电井安装监测计量设施，基本实现地表水、地下水全覆盖。

（二）打造监管"智慧脑"

强化河湖大数据汇集、治理、管理和服务能力建设，逐步搭建横向覆盖各水利业务领域，纵向贯穿区、州、市、县四级水行政主管部门的数字资源体系。

一是打造河湖信息化综合平台。整合河湖概况、河湖长制、采砂管理、清淤管理、岸线管理、清四乱、工作填报 7 个模块系统，涵盖了全州 102 条河流、5 个湖泊的分布。结合河湖信息化综合平台，在河湖长制信息管理系统和河湖长巡河 App 的共同作用下，生成河湖管理档案，对河道问题处理进行追溯，通过河湖资料的大数据处理，最终实现河湖智慧化的管理。

二是实施灌区综合管理信息化。在博尔塔拉河灌区信息化一期的基础上，对灌区量测水断面、计量设施、闸控设备、水库大坝安全监测进行了全面升级改造，形成了"信息采集、控制、传输和结算"为一体的管理体系。建成信息化量测水站点 118 处，各分水口基本达到全覆盖，极大程度解放了劳动力。引进新一代平板流速仪 21 部，进一步提高了计量精准度。建成渠道远程测控一体化试点 4 处，解决了灌区传统人工测水和摇闸门效率低、强度大、耗时长、成本高等问题。建成信息化中心 7 处，量测水采集数据每隔 10 分钟无线传输至灌区信息化平台，为防洪和水量调配提供了重要依据。历时 2 年通过不断测试优化，将原始的手工结算体系植入信息化软件平台，实现了"甩人工"自动化计量结算水量。

三是推行水资源信息化管理。搭建完成包含水资源概况、地表水监测、地下水监测、用水监管和工作填报等5个版块的水资源管理信息化平台，全州2509个一级取水口全部实现在线计量，并全部集成至水利信息化平台高分辨率卫星图上，实现取水口位置一键定位、用水量口径上下统一，水量数据来源可追溯，水量数据质量有保障。梳理取水口属地关系、供水关系，实现对取水口用水量的自动汇集和向上级部门数据的推送，为水资源用水量精细化监管奠定了基础。

四是建成水旱灾害防御智慧平台。整合全州9座水库大坝安全监测点位131处、水雨情监测点位34处，以及预警平台（目前暂未实现数据融合）的山洪站71处、水文站10处、气象站13处，实行水情、工情、位置信息的自动定位，构建气象预报预警、实时雨量（水位）预警等相结合的预警体系，实现了智能化的大数据整合，预警信息基层乡镇感知率100%全覆盖，做到及早预防、及早安排、及早响应。

（三）搭建信息"高速路"

借助互联网得天独厚的优势，解决传统办公模式时间地域限制、效率低的弊端，加快信息传递速度，减少成本支出。

一是依托网络媒介。搭建全州视频调度指挥系统，县级以上水行政主管单位、流域管理机构、大中型水库高清视频会商全覆盖，足不出户开展远程监测、应急指挥、联席会议及水利综合调度。充分发挥部门监管和群众监督作用，在政府网站开设专题版块，对河道采砂点或治理项目名称、负责人、作业方式、批复文件等内容及监督举报电话进行公示，为公众参与监督河湖管理和打击违法行为创造便利条件。

二是打破信息壁垒。通过水利信息化综合平台建设，实现4网（视频专线网、水利专网、互联网、博州电子政务网）融合，19处平台（各县市地表水管理、地下水管理、各水库安全监测系统等）数据汇集，并将服务器架设在博州电子政务服务中心，实现后期运营零费用。

三是推进数据共享。全州已有82个地表水取水口计量点、2427个地下水取水口计量点、34个大坝水雨情监测点、131个大坝安全监测点、334处水利工程和河湖视频监控实现州县两级数据互联互通，目前已汇集各县市数据4350万条，向自治区水利厅推送数据1452万条。

三、经验启示

（一）河湖管护必须以人民对美好生活的向往为落脚点

空间完整、功能完好、生态环境优美的河湖水域岸线，是最普惠的民生福祉和公共资源。加强河湖水域岸线空间管控，对侵占河湖岸线问题早发现、早制止、早处置，不断改善河湖生态环境条件，才能得到群众的真心支持和拥护。新时代要更加自觉站稳人民立场，想群众之所想，千方百计加强河湖智慧化监管，使广大群众有更多获得感、幸福感、安全感。

（二）加强河湖管理必须强化信息化手段

智慧河湖是通过遥感影像、空间定位、视频监控等技术手段，对河湖管理范围内自然面貌和破坏河湖生态环境的行为进行动态监控，及时发现侵占岸线、非法设障、影响行洪、水域变化、非法采砂等情况，为河湖日常管理和行政执法监督提供技术支持，是加强河湖管理保护的重要技术手段，必须持之以恒地强化。

（三）推进智慧水利建设必须加强智慧河湖建设

2022年全国水利工作会议提出"构建水利业务遥感和视频人工智能识别模型，不断提高河湖'四乱'问题、水利工程运行和安全监测、应急突发水事件等自动识别准确率"，这既对河湖建设提出要求，也指出了目标方向。智慧河湖建设是加快推进落实、弥补薄弱环节、实现智慧化监管的智慧水利建设重要组成部分，为强化河湖管理保护提供技术支持。

（四）保障河湖长制落实要强化智慧河湖建设

智慧河湖建设充分利用视频监控点位、大数据、物联网、无人机巡河等先进手段，完善和增加平台现有功能，提升大数据分析能力，及时收集、汇总、分析、处理地理空间信息和其他监测监控信息及事件信息，使管理部门及时、有效地掌握河湖治理的各项任务开展情况及相关事件处理情况，为各级河湖长决策和部门管理提供服务，并且为河湖的精细化管理提供了数据支撑。

博州积极探索"智慧化"治水和河湖管理新模式，着力在治理科学化、精细化、智能化上下功夫，以"管人＋管河＋管事"开启智慧河湖管理新模式，数字赋能助力河湖管理迭代提档升级，不断提高智慧河湖建设水平，提升监管能力。

（执笔人：王珊　干晓桐）